MATTHES & SEITZ BERLIN

PAPERBACK

John Muir

DIE BERGE KALIFORNIENS

Übersetzt,
kommentiert und
mit einem Essay von
Jürgen Brôcan

Mit Fotografien von
Eadweard Muybridge

Matthes & Seitz Berlin

INHALT

Die Berge Kaliforniens

Anhang

DIE BERGE KALIFORNIENS

(1894)

KAPITEL I

Die Sierra Nevada

Wohin man sich in den Grenzen Kaliforniens wendet, stets sind Berge in Sichtweite, die eine jede Landschaft verzaubern und erstrahlen lassen. Im Gesamtblick ist die Topographie dieses Staates jedoch so einfach und massiv, dass ihr wesentlicher Bereich nur ein Tal in der Mitte aufweist und zwei Gebirgsketten, die in Verlauf und Höhe beinahe vollkommen regelmäßig scheinen: die Coast Range auf der westlichen Seite und die Sierra Nevada im Osten. Diese beiden Ketten kommen im Norden und im Süden bogenförmig zusammen und umschließen einen erstaunlichen Talkessel; sein Grund ist mehr als 400 Meilen lang und zwischen 35 und 60 Meilen breit. Es ist das Central Valley von Kalifornien, dessen Wasser allein durchs Golden Gate ins Meer münden. Innerhalb dieser insgesamt sehr einfachen Strukturen gibt es allerdings eine große Komplexität verborgener Einzelheiten. Die Coast Range, die sich in einer Höhe zwischen 2000 und 8000 Fuß als gewaltige grüne Barriere gegen das Meer erhebt, setzt sich aus zahllosen bewaldeten Bergspornen, Graten und rollenden Hügelwellen zusammen, die eine Vielzahl kleinerer Täler umfassen; einige von ihnen blicken durch lange, baumgesäumte Korridore zum Meer, andere mit nur wenigen Bäumen ins Central Valley; tausend weitere, noch kleinere Täler jedoch werden von sanften Hügelkuppen umschlossen und verborgen, jedes mit einem eigenen Klima, Boden und Ertrag.

Unterwegs im hellen Frühling durchs Labyrinth der Coast Range zum Gipfel irgendeiner versteckten Bergspitze oder einem Pass gegenüber San Francisco, öffnet sich vor einem die grandioseste und eindrucksvollste Landschaft Kaliforniens. Das große Central Valley liegt einem zu Füßen, golden im Sonnenschein leuchtend, und erstreckt sich nach Norden und Süden weiter als das Auge reicht, ein einziges weiches, blumenüberzogenes, seeähnliches Bett fruchtbaren Bodens. Am östlichen Rand erhebt sich meilenhoch die gewaltige Sierra und ruht wie eine sanfte Kumuluswolke im sonnigen Himmel, und ebenso herrlich getönt und klar, dass sie nicht mit Licht bekleidet, sondern wie die Mauer einer himmlischen Stadt gänzlich aus ihm beschaffen zu sein scheint. Entlang ihres Kamms und ein gutes Stück weiter abwärts erkennt man einen blassen, perlgrauen Schneegürtel; darunter einen blauen, dunkelvioletten Gürtel, der die Ausdehnung der Wälder bezeichnet; und am Fuße der Kette einen breiten Gürtel aus Rosaviolett und Gelb, wo die Goldgräberfelder und die Gärten des Vorgebirges liegen. Diese sanft ineinander übergehenden Farbgürtel erschaffen eine unbeschreiblich herrliche Mauer aus Licht, schön wie ein Regenbogen, hart wie Diamant.

Als ich diesen herrlichen Ausblick an einem strahlenden Apriltag vom Gipfel des Pacheco Pass zum ersten Male genoss,[1] war das Central Valley, bis dahin noch kaum zertreten oder beackert, eine einzige pelzige, reiche Fläche aus goldenen Korbblütlern und die helle Wand der Berge schien in all ihrer Pracht. Ich hatte den Eindruck, dass die Sierra nicht Nevada[2] oder Schneegebirge heißen sollte, sondern Lichtgebirge. Auch nach zehn Jahren, die ich in ihrem Herzen verbrachte, erfreut und erstaunt, und in denen ich in grandiosen Lichtfluten badete und die morgendlichen Sonnenstrahlen zwischen Eisgipfeln, den Mittagsglanz auf Bäumen und Felsen und Schnee, die Röte des Alpenglühens und die tausend stürzenden Wasserfälle mit ihrem verblüffendem Übermaß an irisierendem Sprühnebel sah, scheint sie mir vor allem noch immer das Lichtgebirge zu sein, die göttlich schönste aller jemals von mir betrachteten Bergketten.

Die Sierra ist ungefähr 500 Meilen lang, 70 Meilen breit und zwischen 7000 und fast 15.000 Fuß hoch. Im Allgemeinen ist keine Spur von Menschen erkennbar oder irgendetwas, das auf den Reichtum des hier gehegten Lebens oder die Tiefe und Erhabenheit ihrer Skulptur deutet. Nicht einer ihrer wundervoll bewaldeten Kämme übersteigt sonderlich das allgemeine Niveau, um ihren Reichtum zu verkünden. Kein großes Tal ist zu sehen, kein großer See, kein Fluss und keine Gruppe markanter Punkte, die in deutlichen Bildern vorstechen. Hell und hoch am Himmel, scheinen selbst die Bergspitzen vergleichsweise sanft und konturlos. Dennoch wirken Gletscher in aller Stille im Schatten der Gipfel, und tausend Seen und Wiesen leuchten und blühen unterhalb; die gesamte Bergkette ist von Cañons bis in eine Tiefe zwischen 2000 und 5000 Fuß durchfurcht, in ihnen strömten einst die majestätischen Gletscher, und heute fließt und singt ein Ensemble schönster Flüsse.

Trotz ihrer enormen Tiefe sind diese berühmten Cañons nicht rauh, düster, Schluchten mit zerklüfteten Wänden, wild und unzugänglich. Noch immer bieten sie mit ihren holperigen Durchlässen hier und dort herrliche Pfade für die Bergsteiger, die von den fruchtbaren Ebenen zu den höchsten Eisquellen führen, Bergstraßen voll bezaubernden Lebens und Lichts, planiert und modelliert von frühzeitlichen Gletschern, und auf all ihren Routen präsentieren sie eine Fülle verschiedener neuer, verlockender Landschaften, die verlockendsten, die bisher in den Gebirgen der Erde entdeckt wurden.

An vielen Orten und besonders im mittleren Bereich der westlichen Bergflanke öffnen sich die großen Cañons in weiträumige Täler oder Parks, mannigfaltig wie künstliche Gartenlandschaften, mit Hainen und Wiesen und Dickichten blühender Sträucher, indes die hohen, zurücktretenden Wände, unendlich verschieden in Form und Gestalt, mit Farnen und blühenden Pflanzen zahlreicher Arten, mit Eichen und Immergrün gesäumt sind, die eine Verankerung auf den tausend schmalen Stufen und Bänken finden; das Ganze hingegen wird belebt und verschönt durch fröhliche Bäche, die über die sonnenbeschienenen Abhänge der Klippen tanzen und schäumen, um sich mit dem glitzernden Fluss zu vereinen, der in ruhiger Anmut in ihrer Mitte dahinzieht.

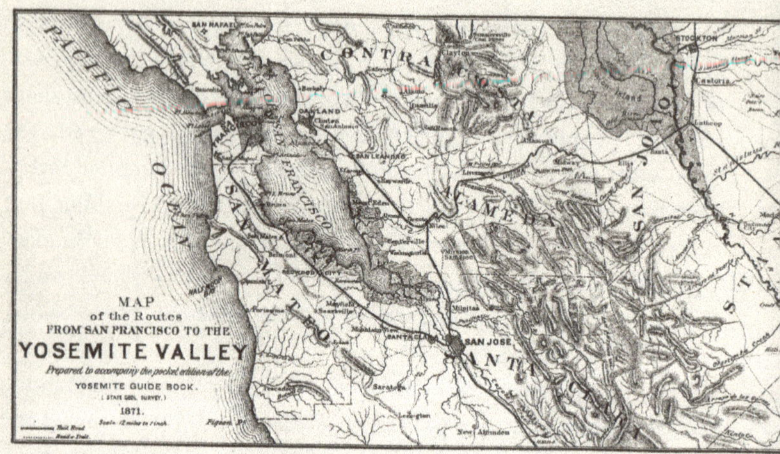

Die Wände dieser Parktäler der Yosemite-Art bestehen aus Felsen von der Größe eines Bergs, die voneinander teils durch schmale Schluchten und Nebenarme der Cañons getrennt sind; sie sind so steil und stehen so kompakt nebeneinander auf der Bodenebene, dass insgesamt gesehen die Parks, die sie umschließen, wie unermessliche Hallen oder von oben beleuchtete Tempel aussehen. Jeder Fels scheint vor Leben zu glühen. Manche lehnen sich in majestätischer Ruhe zurück, andere, die auf tausende Fuß nahezu oder vollkommen steil sind, schieben ihre Stirnen in nachdenklichen Posen über ihre Gefährten und heißen Stürme und Flauten gleichermaßen willkommen, scheinbar aller Dinge bewusst, die um sie herum geschehen, ihrer jedoch nicht achtend, schrecklich in strenger Majestät, Urbilder der Dauer, verbunden jedoch mit der Schönheit der zerbrechlichsten und flüchtigsten Formen; ihre Füße in Kiefernwäldern und munteren smaragdgrünen Wiesen, ihre Klippen im Himmel; in Licht getaucht, in Fluten singenden Wassers getaucht, während im Laufe der Jahre Schneewolken, Lawinen und die Stürme ringsum leuchten und branden und wir-

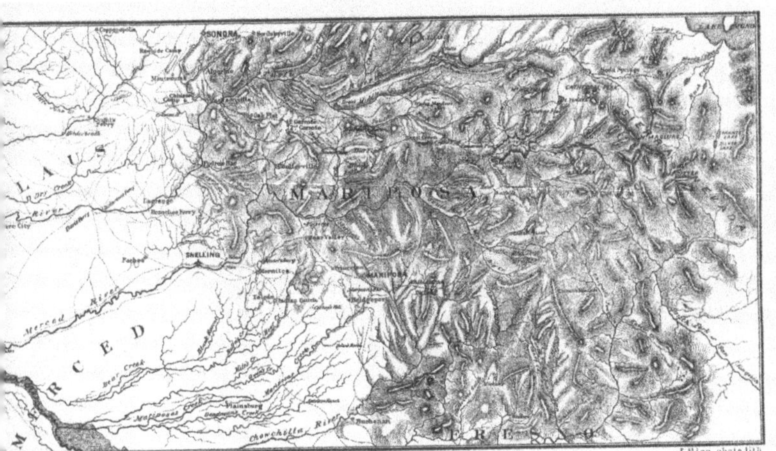

J. Bien, photo lith.

beln, als hätte die Natur Mühsal in diese Gebirgsvillen gesteckt, um ihre erlesensten Schätze zu sammeln, damit ihre Liebhaber in enge, vertrauliche Gemeinschaft mit ihr geführt werden.

Hier, in der mittleren Region der tiefsten Cañons, stehen auch die größten Bäume, die Sequoie, König der Nadelhölzer, die noble Zucker- und die Gelbkiefer, die Douglasie, Rauchzypresse und Grautanne, jede ihrer Art ein Riese, in ein und demselben Wald versammelt, alle anderen Nadelwälder hinsichtlich Artenvielfalt und Größe und Schönheit ihrer Bäume übertreffend. Melodiös gleitet der Wind durch ihre kolossalen Spitzen, und überall tönen sie mit Vogelsang und rinnendem Wasser. Unter ihnen blühen meilenweit die duftenden Sträucher des Kalifonischen Flieders und der Bärentrauben, Gärten und Wiesen voller Lilien, feuchte, farnreiche Klüfte in endlosen Duft- und Farbvariationen, die jedem Betrachter Bewunderung abnötigen. Über Grat und Tal streichen diese edlen Bäume dahin und ziehen von einem Ende der Bergkette zum anderen ein durchgehendes Band, in Abständen von rund fünfzehn oder zwanzig Meilen nur sanft von steilwandigen Cañons unterbrochen. Hier streifen die stattlichen Braunbären umher, mit den braunen Baumstämmen, unter denen sie fressen, harmonierend. Auch Rotwild haust hier zusammen mit einer Vielzahl kleinerer Bewohner und findet Nahrung und Unterschlupf im Gewirr der Fliedersträucher. Jenseits dieser Giganten-Region sind die Bäume niedriger, bis sie die äußerste Baumgrenze auf den stürmischen Berghängen in einer Höhe zwischen zehn- und zwölftausend Fuß überm Meeresspiegel erreicht haben; dort ist die Weißstämmige Kiefer so bescheiden und schwer von Stürmen und Schneefällen bedrängt, dass sie zu Gewirren gepresst wird, über deren Spitzen man leicht schreiten könnte. Unterhalb der Waldregion verringern die Bäume ebenfalls ihre Größe, denn Frost und sengende Dürre unterdrücken und vernichten gleichermaßen.

Der purpurrote Bereich entlang des Gebirgssockels umfasst beinahe die gesamte Goldregion Kaliforniens. Hier hatten sich die Goldschürfer aus aller Herren Länder in einem wilden, sturzbachgleichen Rausch versammelt, um ihr Glück zu finden. An den Ufern jeden Flusses, jeder Schlucht und jeder Rinne haben sie ihre Spuren hinterlassen. Alle Flussbetten aus Kiesel und Geröll haben sie wieder und wieder verzweifelt durchsiebt. Doch Picke und Schaufel, die man einst mit wildem Enthusiasmus geschwungen hat, wurden in dieser Region beiseite gelegt, und in beträchlichem Ausmaß wird nur der Quarzabbau[3] jetzt weitergeführt. Im Allgemeinen besteht diese Zone aus flachen, lohfarbenen, gewellten Ausläufern des Gebirges, da und dort aufgerauht durch Sträucher und Bäume und zutage tretende Schieferbrocken, grau und rot gefärbt von Flechten. Die kleineren Schiefermassen erheben sich jäh in schrägen Platten aus der dürren Grasnarbe und sehen wie uralte Grabsteine auf einem verlassenen Friedhof aus. Im beginnenden Frühjahr, von Februar bis April, sind die Gebirgsausläufer überall ein Paradies für Bienen und Blumen. Erquickende Regenschauer fallen, die Vögel bauen fleißig ihre Nester und die Sonne scheint angenehm und mild. Ende Mai jedoch sind Boden, Vegetation und Himmel wie in einem Ofen gebacken. Die meisten Pflanzen zerfallen unter den Füßen zu Staub und der Grund ist voller Risse; der durstige Wanderer aber starrt mit gierigem Verlangen durch die brütende Grelle zu den schneebedeckten Gipfeln, die in der Ferne wie diesige Wolken aufragen.

Die Bäume, meist dreißig bis vierzig Fuß hohe *Quercus Douglasii* und *Pinus Sabiniana* mit dünnem, blassgrünem Laub, stehen weit auseinander und spenden nur wenig Schatten. Über die Felsen schlüpfen Eidechsen, erfreuen sich einer Konstitution, die keine Dürre auszutrocknen vermag, und Ameisen, deren winzige Lebensfunken umso heller brennen, je weiter die Hitze ansteigt, streifen in erstaunlicher Zahl eifrig auf der Suche nach Futter in langen Zügen umher. Krähen, Raben, Elstern — Freunde in der Not — versammeln sich auf dem Boden unter dem besten Schattenbaum und schnappen mit hängenden Flügeln und weit geöffneten Schnäbeln nach Luft, selten hört man von ihnen einen Ton in den Mittagsstunden. Auch Wachteln suchen Schatten rings um die lauwarmen Tümpel inmitten der Flussbetten während der Hitze des Tages. Kaninchen huschen von Dickicht zu Dickicht zwischen den Fliedersträuchern, und gelegentlich sieht man einen langohrigen Hasen anmutig über die breiteren Lichtungen kantern. Während des Sommers sind die Nächte windstill und ohne Tau, und tausend Stimmen verkünden die Überfülle des Lebens, ungeachtet des verwüstenden Einflusses der dörrenden Sonnenstrahlen auf Pflanzen und größere Tiere. Nach Sonnenuntergang machen die Frösche eine wunderbar klare und ruhige Musik; und die Kojoten, die kleinen, geschmähten Hunde der Wildnis, tapfere, zähe Burschen, die wie welke Strohbündel aussehen, bellen stundenlang im Chor. In weiten Abständen tauchen Minenstädte entlang dieses Gürtels auf, die meisten ausgestorben, einige aber lebendig, mit hellen Stückchen Landwirtschaft ringsum, und von Kletterrosen berankte Hütten inmitten Orangen- und Pfirsichgärten und süß duftende Heufelder in fruchtbaren Ebenen, wo es Wasser zur Bewässerung gibt. Meist sind sie jedoch weit entfernt und bieten dem Auge kaum einen Anhaltspunkt.

Jeden Winter bekommen die High Sierra und die mittlere Waldregion Schnee in herrlichem Überfluss, und sogar die Hügel davor sind zuweilen weiß. Dann sieht die gesamte Gebirgskette wie eine riesige abgeschrägte Wand reinsten Marmors aus. Die rauhen Stellen sind geglättet, das Verfaulte und Verfallene des Jahres ist sanft und freundlich bedeckt, und der Boden scheint so klar wie der Himmel. Und wenn er still aus den Wolken fliegt und sich auf Fels, Baum und Graswiese legt, wie rasch findet der edle Schnee eine Stimme! Er gleitet von den Anhöhen, klumpt sich zu Lawinen, kracht und brüllt wie Donner und gibt eine prächtige Vorstellung, wenn er den Berghang hinabfegt, gekleidet in lange, seidene Bänder und sich windende, wirbelnde Schichten kristallenen Staubs.

Die nördliche Hälfte der Bergkette ist großenteils von Lavaströmen bedeckt und mit Vulkanen und Kratern besprenkelt, einige noch frisch und vollendet geformt, andere in den verschiedenen Stufen des Verfalls. Die südliche Hälfte besteht mehr oder weniger vom Sockel bis zum Gipfel aus Granit; eine beträchliche Anzahl Gipfel im zentralen Bereich des Gebirges, darunter Mount Dana und Mount Gibbs nach Osten zum Yosemite Valley hin, ist dagegen von metamorphem Schiefer überzogen. Mount Whitney, der höchste Punkt des Gebirges nahe seines südlichen Zipfels, erhebt seinen helmförmigen Kamm in 14.700 Fuß Höhe. Mount Shasta, ein kolossaler Vulkankegel, steigt am nördlichen Ende in eine Höhe von 14.440 Fuß und bildet eine edle Landmarke für die gesamte Umgebung in einem Hundert-Meilen-Radius. Rückstände vulkanischen Gesteins tauchen fast überall im südlichen granitenen Teil auf, ebenso eine erhebliche Anzahl alter Vulkane an den Bergflanken, vor allem längs des östlichen Bergsockels nahe dem Mono Lake und südwärts, doch nur nach Norden ist die gesamte Gebirgskette vom Sockel bis zum Gipfel mit Lava bedeckt.

Nichts als Granit sieht man vom Gipfel des Mount Whitney. Unzählige Bergkuppen und Spitzen, die nur wenig niedriger als seine sturmgebeutelten Steilhänge sind, erheben sich dem Blick preisgegeben in Gruppen wie Bäume im Wald, durch Cañons von ungeheurer Tiefe und Schroffheit getrennt. Am Shasta erzählt beinahe jede Struktur von den alten Feuern der Vulkane. Fern nach Norden, in Oregon, ragen die vereisten Vulkane des Mount Pitt und der Three Sisters über die dunklen immergrünen Wälder. Nach Süden verteilen sich zahllose kleinere Krater und Kegel entlang der Gebirgsachse und an jeder ihrer Flanken. Von diesen ist Lassen's Butte mit fast 11.000 Fuß über dem Meeresspiegel der höchste. Heiße Quellen dampfen und brodeln auf Meilen seiner Flanken, viele so ungestüm und schwefelhaltig, dass sie jederzeit bereit scheinen, sich in spuckende Geysire wie jene in Yellowstone zu verwandeln.

Der nahe Cinder Cone markiert den jüngsten Vulkanausbruch in der Sierra. Es handelt sich um einen symmetrischen Kegelstumpf von etwa 700 Fuß Höhe, bedeckt mit grauen Schlacken und Asche, auf dessen Gipfel ein regelmäßiger unveränderter Krater liegt, in dem einige kleine Drehkiefern wachsen. Sie beweisen, dass das Alter des Kegels mindestens achtzig Jahre beträgt. Er befindet sich zwischen zwei Seen, die kürzlich noch einer waren; ehe der Kegel entstand, strömte grobe vesikuläre Lava[4] in den See und schnitt ihn entzwei, dabei trat die Feuerflut über seine Ufer, drang in die Kiefernwälder vor und wälzte sich über die Bäume, die ihr im Wege standen; man kann noch heute einige ihrer verkohlten Stümpfe sehen, die unter der Schnauze des Lavastroms herausragen, wo dieser zur Ruhe kam. Später fand dort, wahrscheinlich aus demselben Schlot, eine Eruption von Asche und obsidianschwarzer Schlacke statt, die nicht nur den Cinder Cone formte, sondern auch einen starken Niederschlag zwischen sechs Zoll und mehreren Fuß Dicke meilenweit über die Bäume der Umgebung verteilte.

Die Geschichte dieses letzten Ausbruchs in der Sierra wird auch bei den Pratt-River-Indianern überliefert. Sie berichten von einer furchtbaren Zeit der Dunkelheit, als der Himmel schwarz von Asche und Rauch war, die jedes lebende Wesen mit dem Tod bedrohten, und die Sonne, als sie endlich wieder schien, rot wie Blut war.

Ältere Krater in großer Zahl rauhen die benachbarte Region auf, einige haben Seen in ihrem Schlund, auf anderen wachsen Bäume und Blumen; die Natur dieser alten Öfen und Kamine hat ihnen buchstäblich Schmuck für Asche[5] gegeben. An der nordwestlichen Flanke des Mount Shasta gibt es etwa 3000 Fuß unter dem Gipfel einen Nebenkegel, der nach dem Abschmelzen der großen Eiskappe, die einmal den Berg bedeckt hatte, noch aktiv gewesen ist, wie man aus seinem vergleichsweise unzerstörten Krater und den von ihm ausgehenden Strömen unvergletscherter Lava ersieht. Der Hauptgipfel misst im Durchmesser anderthalb Meilen, ist umgrenzt von kleineren zerfallenden Gipfeln und Kämmen, unter denen wir vergeblich nach dem Umriss des alten Kraters Ausschau halten.

Die verfallenen Massen und die tiefen Gletscherschrammen, die die Flanken des Berges zerfurchen, zeigen, dass er durch das Eis beträchtlich verringert und verwüstet wurde; wie sehr, darüber haben wir keine gesicherten Erkenntnisse. Gleich unterhalb des höchsten Gipfels steigen heiße schwefelige Gase und Dämpfe aus unregelmäßigen Spalten, vermischt mit einem Sprühnebel geschmolzenen Schnees, die letzte schwache Bekundung der gewaltigen Kraft, die den Berg erschaffen hat. Shasta wurde nicht in einer einzigen großen Konvulsion geboren, die Steilhänge des Gipfels und der seitlichen Bereiche, von den Gletschern enthüllt, geben genug von seinem inneren Gefüge preis, um zu belegen, dass vergleichsweise lange Perioden der Ruhe zwischen vielen einzelnen Ausbrüchen lagen, in denen die abkühlende Lava zu fließen aufhörte und zum dauerhaften Zuwachs des Bergumfangs beitrug. Abwechselnd mit Eile und Bedacht folgte Ausbruch auf Ausbruch, bis der alte Vulkan sogar seine heutige ehrfurchtgebietende Höhe übertraf.

Wenn wir auf der eisigen Spitze des großartigsten aller Feuerberge der Sierra stehen, können wir nicht anders, als uns auf seinen nächsten Ausbruch zu freuen. Gärten, Weinberge, Häuser sind voller Vertrauen an die Hänge von Vulkanen gebaut worden, die nach jahrelanger Standhaftigkeit plötzlich in gewaltsame Aktivität ausbrachen und überwältigende Feuerströme ausspien. Es ist bekannt, dass mehr als tausend Jahre kühler Ruhe zwischen den heftigen Ausbrüchen lagen. Wie ungeheure Geysire, die statt Wasser geschmolzenes Gestein spucken, arbeiten und ruhen die Vulkane, und wir haben keine sicheren Möglichkeiten, um festzustellen, ob sie, wenn sie schweigen, tot sind oder bloß schlafen.

Längs des westlichen Sockels der Bergkette enthält eine aufschlussreiche Sedimentgesteinreihe die Frühgeschichte der Sierra. Wenn wir diese ersten Kapitel für den Moment zuschlagen, erkennen wir, dass erst vor geologisch sehr kurzer Zeit, genau vorm Auftreten jenes Winters aller Winter, den man Eiszeit nennt, eine große Flut geschmolzenen Gesteins aus vielen Rissen und Kratern an den Flanken und auf dem Gipfel der Berge strömte, Seebecken und Flussbetten füllte und somit beinahe jede bestehende Form im nördlichen Teil auslöschte. Nach einiger Zeit hörten diese alles zerstörenden Fluten auf. Doch während die großen, entlang der Achse errichteten Vulkankegel noch immer brannten und rauchten, verschwand die gesamte Sierra unter der Herrschaft von Eis und Schnee. Dann begannen Gletscher über die nackten, konturlosen, feuergeschwärzten Berge zu kriechen und bedeckten sie von ihren Gipfeln bis hinab zum Meer mit einem Mantel aus Eis; schließlich setzte sich die Neugestaltung der Gebirgskette unendlich bedächtig fort. Diese gewaltigen Erosionskräfte hielten jahrhundertelang nicht inne, sie zermalmten und zerrieben die harte Lava und den Granit unter ihren kristallinen Falten, sie zerstörten und errichteten, bis in der Fülle der Zeit die Sierra wiedergeboren war, fast genau so ans Licht gebracht, wie wir sie heute sehen, mit Gletschern und schneegeknickten Kiefern auf ihren Bergspitzen und Weizenfeldern und Orangenhainen an ihrem Fuß.

Dieser Wechsel von eisiger Finsternis und Tod zu Leben und Schönheit vollzog sich nach unserer Zeitrechnung nur langsam und setzt sich im Norden und Süden noch immer überall fort, wo es Gletscher gibt, sei es in Gestalt einzelner Flüsse wie in der Schweiz, Norwegen, den Gebirgen Asiens und an der Pazifikküste; oder in kontinuierlichen Falten wie in Teilen von Alaska, Grönland, Franz-Joseph-Land, Nowaja Semlja, Spitzbergen und den Ländern rings um den Südpol. Doch meines Wissens können diese majestätischen Veränderungen nirgendwo gewinnbringender untersucht werden als in den Ebenen und Bergen Kaliforniens.

Gegen Ende der Eiszeit, als sich die Fruchtbarkeit der Schneewolken verminderte und die Schmelzkraft der Sonne stärker wurde, begannen in Kalifornien die unteren Falten der Eisdecke, die Eisbergflotten ins Meer entsandten, flacher zu werden und aus den Tiefebenen zurückzuweichen; dann zogen sie den Klimaveränderungen entsprechend allmählich die Flanken der Sierra hinauf. Der große weiße Mantel auf den Bergen zerfiel in eine Reihe mehr oder weniger getrennter und flussähnlicher Gletscher mit vielen Zulieferern, und auch sie schmolzen und teilten sich in kleinere Gletscher, so dass heute nur ein paar der kleinsten obersten Zweige des großen Systems an den kalten Hängen der Gipfelspitzen verblieben sind.

Pflanzen und Tiere warteten auf ihre Zeit und folgten dicht dem Rückzug des Eises, wobei sie den neugeborenen Landschaften eine rasche und fröhliche Beseelung verliehen. Kiefern wanderten in langen, hoffnungsvollen Reihen die von der Sonne erwärmten Moränen hinauf, bekamen Boden unter den Füßen und richteten sich auf ihm ein, sobald er bereit für sie war; die Scheiden-Segge franste die Ufer der neu entstandenen Seen; junge Flüsse brüllten in den verlassenen Gletscherbahnen; Blumen blühten zu Füßen der gewaltigen polierten Dome — derweil boten rasch fruchtbare weiche Bodenschichten, fest und warm, Nahrung für die zahlreichen ungeduldigen Kinder der Natur, große wie kleine, Tiere wie Pflanzen: Mäuse, Eichhörnchen,

Murmeltiere, Rotwild, Bären, Elefanten usw. Mit magischer Schnelle brachen der Boden in Blüten und die jungen Wälder in Vogelgesang aus: Leben in allen Formen wurde warm und mild und üppiger im Laufe der Jahre, die über die gewaltige Sierra dahinstrichen, die noch kürzlich bloß an Tod und völlige Zerstörung erinnerte.

Ohne langes und liebevolles Studium ist das Ausmaß des Werks, das in der letzten Eiszeit auf diesen Bergen durch die Gletscher verrichtet wurde, die nichts als dicht zusammengepresste Schneekristalle sind, nur schwer zu begreifen. Sorgfältige Beobachtung der dargestellten Phänomene zeigt, dass die präglaziale Beschaffenheit des Gebirges vergleichsweise einfach war: eine einzige gewaltige Steinwelle, in der sich tausend Berge, Dome, Cañons, Grate usw. verbargen. Und für ihre Entstehung wählte die Natur nicht das Werkzeug des Erdbebens oder Blitzschlags, um sie zu zerreißen und aufzubrechen, nicht den ungestümen Sturzbach oder den erodierenden Regen, sondern die sanften Schneeblumen, Nachfahren von Sonne und Meer, die lautlos durch ungezählte Jahrhunderte fielen. Mit vereinten Kräften mühten sie sich darum, die Felsen auf ihrem Marsch zu zermalmen, zu zermahlen und abzuschleifen, wobei sie breite Erdschichten schufen, und gleichzeitig gestalteten und formten sie die Landschaften zu dieser herrlichen Vielfalt an Hügeln, Tälern und gebieterischen Bergen, welche die Sterblichen Schönheit nennen. Das Gebirge ist auf diese Weise in der letzten Eiszeit vielleicht durchschnittlich mehr als eine Meile abgetragen worden — eine beinahe unvorstellbar große mechanische Arbeit. Unsere Bewunderung wird stets aufs Neue erregt, wenn wir uns bemühen und studieren und lernen, dass dies gewaltige Felswerk mit derart weitreichenden Einflüssen von Kräften bewirkt wurde, die so klein und zerbrechlich wie jene Blumen aus den Gebirgswolken sind. Ihre Stärke lag allein in ihrer Zahl, doch sie schafften ganze Berge fort, Stück für Stück, Felsblock um Felsblock, schleuderten sie ins Meer, bildeten, formten und modellierten die gesamte Gebirgskette und entfalteten deren vorbestimmte Schönheit. Alle neuen Landschaften der Sierra waren offenbar vorbestimmt, denn die physikalische Struktur der Felsen, von der die Landschaftsformen abhängen, wurde bereits erfasst, als sie noch mindestens eine Meile tief unter der präglazialen Oberfläche lagen. Während diese Formen in der Tiefe des Gebirges Gestalt annahmen und die Felsstücke im Dunkel im Hinblick auf die zukünftige Schönheit an ihre vorbestimmten Plätze wanderten, schritten Partikel eisigen Dunstes am Himmel in derselben Musik vereint voran, um sie ans Licht zu bringen. Nachdem sie ihre große Aufgabe erfüllt hatten, schmolzen diese Scharen von Schneeblumen, zogen sich die gewaltigen Gletscher zurück, als wären sich nicht wichtiger als der Tau, dem nur eine Stunde vergönnt ist. Dennoch haben nur wenige Kräfte der Natur solche edlen und dauerhaften Monumente hinterlassen. Die eine Meile hohen Granitkuppeln, die ebenso tiefen Cañons, die prächtigen Gipfel, die Täler Yosemites, sie und tatsächlich fast alle anderen Landschaftsmerkmale der Sierra sind Monumente der Gletscher.

Wenn man über das Werk dieser Himmelsblüten nachdenkt, könnte man sich leicht vorstellen, ihnen sei Leben verliehen: Boten, die herabgesandt wurden, um im Auftrag göttlicher Liebe in den Minen zu arbeiten. Still fliegen sie durch die dunkle Luft, wirbelnd und glitzernd, zu den ihnen zugewiesenen Stellen, sie scheinen sich untereinander abgesprochen zu haben: »Kommt, wir sind schwach; wir wollen uns gegenseitig helfen. Wir sind viele und gemeinsam werden wir stark sein. In geschlossenen, langen Reihen lasst uns gehen, um die Steine von diesen Gebirgsgrüften zu rollen und die Landschaften zu befreien. Wir wollen diese Ballung von Kuppeln freilegen. Wir wollen hier ein Seebecken einmeißeln; da ein Yosemite Valley; dort ein Flussbett mit geriffelten Stufen und Klippen für den Fall singender Katarakte. Drüben wollen wir breite Bodenflächen auslegen, damit Menschen und Tiere Nahrung finden; und hier Felsen aufstapeln für die Kiefern und riesigen Sequoien. Hier schaffen wir den Untergrund für eine Wiese, und dort für einen Garten und Hain, indem wir ihn weich und geeignet für Gänseblümchen, Veilchen und Beete voller Moosheide machen und ihn würzen mit Kristallen, hellrotem Feldspat und Zirkon.« So oder ähnlich, schien mir oft, sangen und planten und arbeiteten die wackeren Schneeblumenkreuzfahrer; und nichts, was ich schreibe, kann die Pracht und Schönheit ihres Werkes übertreiben. Wie der Morgennebel haben sie sich in der Sonne aufgelöst, bis auf ein paar kleine Kompanien, die noch immer an den kältesten Berghängen verweilen und wie die verbliebenen Gletscher noch immer eifrig das letzte Seebecken vollenden, die letzten Bodenflächen, die Skulpturen einiger der höchsten Gipfel.

KAPITEL II

Die Gletscher[6]

Von den kleinen Gletscherresten, die im vorigen Kapitel erwähnt wurden, fand ich fünfundsechzig in jenem Teil des Gebirges, der zwischen 36° 30′ und 39° westlicher Länge liegt. Sie treten an den Nordflanken der Gipfel der High Sierra einzeln oder in Grüppchen auf, geschützt unter breiten frostigen Schatten in den von ihnen selbst errichteten Amphitheatern, wo der aus den Höhen ringsum in Lawinen herabschießende Schnee am reichlichsten ist. Mehr als zwei Drittel liegen zwischen dem 37. und 38. Längengrad und stellen die höchsten Quellen für die Flüsse San Joaquin, Merced, Tuolumne und Owen dar.

Die Gletscher in der Schweiz sind, wie jene in der High Sierra, bloß schwindende Überreste der mächtigen Eisfluten, die einst die großen Täler ausfüllten und ins Meer strömten. So auch die Gletscher in Norwegen, Asien und Südamerika. Selbst die gewaltigen geschlossenen Eisdecken, die noch immer Grönland, Spitzbergen, Nowaja Semlja, Franz-Joseph-Land, Teile Alaskas und die südliche Polarregion überziehen, werden dünner und schrumpfen. Alle Gletscher der Erde sind heute kleiner, als sie es einmal waren. Überall erwärmt sich die Welt, und die Ernte der Schneeblumen nimmt ab. Wenn wir über den Zustand der Gletscher weltweit nachdenken, müssen wir uns, indem wir die bestehenden Veränderungen[7] zu erklären versuchen, daran erinnern, dass dieselben Sonnenstrahlen, die sie vernichten, sie auch entstehen lassen. Jeder Gletscher registriert, wie der Tyndall eindrucksvoll beweist, den Verbrauch enormer Sonnenwärme, derer es bedarf, um den Dunst für den aus ihm entstehenden Schnee vom Ozean ins Gebirge zu heben.

Den Brüdern Schlagintweit[8] zufolge beläuft sich die Zahl der Gletscher in den Alpen auf 1100, von denen einhundert als primär angesehen werden können, und das gesamte Gebiet von Eis, Schnee und *névé*[9] wird auf 1177 Quadratmeilen geschätzt, ein Durchschnitt von etwas mehr als einer Quadratmeile für jeden Gletscher. Nach denselben Gewährsleuten beträgt die durchschnittliche Höhe überm Meeresspiegel, ab der sie schmelzen, rund 7414 Fuß. Der Grindelwaldgletscher sinkt nicht unter 4000 Fuß, und einer der Gletscher des Mont Blanc erreicht einen beinahe ebenso niedrigen Punkt. Einer der größten Gletscher des Himalaya an den Hauptflüssen des Ganges steigt, Captain Hodgson[10] zufolge, nicht tiefer als 12.914 Fuß. Am Mount Shasta steigt der größte der Sierra-Gletscher bis auf 9500 Fuß über dem Meeresspiegel hinab, dies ist, nach meinen Beobachtungen, der niedrigste Punkt, den ein Gletscher innerhalb Kaliforniens erreicht; die durchschnittliche Höhe aller liegt bei annähernd 11.000 Fuß.

Die Veränderungen, die seit der Zeit der größten Ausdehnung in den eiszeitlichen Verhältnissen stattgefunden haben, verdeutlicht am besten eine Reihe von Gletschern unterschiedlichster Größe und Gestalt, die sich von den Küstenbergen bis nach Alaska erstrecken. Eine allgemeine Untersuchung dieser instruktiven Region zeigt, dass noch immer Gruppen aktiver Gletscher nördlich von Kalifornien, in Oregon und Washington, auf allen hohen Vulkankegeln der Cascade Range existieren — Mount Pitt, die Three Sisters, die Mounts Jefferson, Hood, St. Helens, Adams, Rainier, Baker und anderen —, einige ziemlich groß, obwohl keiner dem Meer nahekommt. Mount Rainier in Washington ist der höchste und am stärksten vereiste. Sein kuppelförmiger, 14.000 bis 15.000 Fuß sich erhebender Gipfel besitzt eine Eiskappe; von ihr gehen acht Gletscher aus, die sieben bis zwölf Meilen lang sind und die Quellen für die wichtigsten Flüsse des Staates darstellen. Der am weitesten hinuntersteigende dieser schönen Gruppe strömt durch herrliche Wälder in 3500 Fuß überm Meer und entlässt einen Fluss mit Schlamm und Sand. Bis nach British Columbia und ins südöstliche Alaska erstreckt sich längs der Küste die allenthalben gletscherzeugende Bergkette. Gletscher nehmen die oberen Äste nahezu sämtlicher Hauptcañons und Fjorde ein, sie werden allmählich größer und steigen tiefer hinab, bis die Hochregion zwischen Mount Fairweather und Mount St. Elias erreicht ist, wo sich nicht wenige ins Wasser des Ozeans ergießen. Das ist hauptsächlich das Eisland Alaskas und der gesamten Pazifikküste.

Weiter nördlich nehmen Größe und Dicke der Gletscher allmählich ab, und sie schmelzen in den Höhenlagen. Im Prince William Sound und Cook's Inlet zeigen sich viele wunderbare Gletscher, die aus den umliegenden Bergen strömen; nördlich des 62. Breitengrads verbleiben indes, wenn überhaupt, nur wenige Gletscher, weil das Bodenniveau niedrig und der Schneefall leicht ist. Zwischen dem 56. und 60. Breitengrad gibt es wohl mehr als fünftausend Gletscher, die kleinsten nicht mitgezählt. Aus den Wäldern steigen hunderte der größten auf Meeresspiegelhöhe (oder zumindest beinahe), obwohl meinen eigenen Beobachtungen zufolge, nach sorgfältiger Erforschung der Region, nicht mehr als fünfundzwanzig von ihnen Eisberge ins Meer strömen lassen. Natürlich sind die langen steilen Fjorde, worin diese prachtvollen Gletscher fließen, mit Eisbergen in allen denkbaren Formen angefüllt, im Abstand weniger Minuten brechen sie aus der imposanten, sich in tiefes Wasser schiebenden Eismauer mit donnerndem Krachen. Im Vergleich zu den Eisbergen Grönlands und der Antarktis sind die Eisberge der Pazifikküste klein, nur wenige entkommen dem verzwickten Kanalsystem, das diesen Teil der Küste säumt, ins offene Meer. Beinahe alle schwappen und treiben durch Wind und Gezeiten in den Fjorden vor und zurück, bis sie schließlich in Meerwasser, Sonnenschein, warmem Wind und ergiebigem Sommerregen schmelzen. Nach Professor Russells[11] Beobachtungen entlässt nur ein einziger Gletscher an der Küste seine Eisberge bei Icy Cape, gegenüber dem Mount St. Elias, unmittelbar in den Ozean. Der südlichste jener Gletscher, die das offene Meer erreichen, liegt in einem schmalen, malerischen Fjord etwa zwanzig Meilen nördlich der Mündung des Stikeen River bei 56° 50′ nördlicher Breite. Die Einheimischen nennen diesen Fjord »Hutli« oder Donnerbucht, wegen des Lärms der kalbenden Gletscher.

Ungefähr ein Grad weiter nördlich gibt es vier vollständige Gletscher, die am oberen Ende der langen Arme der Holkam Bay kalben; höher im Norden am Takhoo Inlet gibt es einen weiteren; und an der Spitze der Glacier Bay und an ihren Seiten befinden sich sieben, die vom Cross Sound zwischen dem 58. und 59. Breitengrad in nördliche Richtung verlaufen und Eisberge in die Bucht und ihre Seitenarme einströmen lassen, wodurch sie einen ewigen Donner aufrecht halten. Der größte, der Muir[12], hat mehr als 200 Nebenarme und ist unterhalb des Zusammenflusses seiner wichtigsten rund fünfundzwanzig Meilen breit. Zwischen der Westseite dieser Eisbucht und dem Ozean ist der gesamte Boden, ob hoch oder niedrig, mit Ausnahme der Gipfel der Fairweather Range mit einem wohl 3000 Fuß dicken Eismantel bedeckt, der an verschiedenen Mündungen ausströmt.

Diese fragmentarische Eisschicht und die gewaltigen Gletscher um den Mount St. Elias bildeten gemeinsam mit der Vielzahl einzelner flussähnlicher Gletscher, die auf den Hängen der Küstengebirge lasteten, offenbar einen Teil des kontinuierlichen Eisschildes, der sich einmal über die gesamte Region ringsum erstreckt hatte und vor vergleichsweise kurzer Zeit südlich bis zur Mündung der Juan-de-Fuca-Straße, vielleicht weiter, reichte. Alle Inseln des Alexanderarchipels und die Landzungen und Vorgebirge des Festlands weisen bemerkenswerte, nach wie vor frische und unmissverständliche Spuren dieses riesigen Mantels auf. Es sind Formen, die durch die enorme Kraft des starren Drucks von Norden und Nordwesten darüberströmenden Eises entstanden; und ihre Oberflächen haben ein glattes, rundes, geschmirgeltes, meist von allen Kanten befreites Erscheinungsbild. Das komplizierte Labyrinth der Kanäle, Rinnen, Straßen, Durchlässe, Sunde, Meerengen usw. zwischen den Inseln und ins Festland hinein, zeigt in ihren Formen, Richtungen und Merkmalen, dass sie sowohl den Reibkräften der Vergletscherung als auch ihrem Ursprung unterworfen sind und sich von den Inseln und Ufern der Fjorde nur darin unterscheiden, dass sie Teile des präglazialen Kontinentalrands waren, der stärker erodiert und deshalb mit dem Wasser des Ozeans bedeckt war, das einströmte als das Eis herausschmolz. Auf diese Weise schreitet die Entstehung und Ausdehnung der Fjorde noch immer voran, was sich anhand vieler Stellen in der Glacier Bay, der Yakutat Bay und den angrenzenden Regionen belegen lässt. Es ist bekannt, dass sich das Meeresgebiet durch Abtragung der Ufer ins Landesinnere ausdehnt, doch in diesen Eisregionen Alaskas und sogar noch südlich bis Vancouver Island waren die Küstenfelsen nur kurze Zeit den Wellenkräften ausgesetzt, so dass sie bis heute kaum versehrt sind. In diesen Regionen ist die Ausdehnung des Meeres, die in postglazialer Zeit durch dessen eigene Kräfte bewirkt wurde, verglichen mit jener durch die Eiskräfte hervorgerufenen kaum wahrnehmbar.

Spuren einstiger Gletscher, die in der Periode größerer Ausdehnung entstanden, sind in der Sierra bis zum 36. Breitengrad reichlich vorhanden. Sogar die geschmirgelten Felsoberflächen, die flüchtigsten aller Gletscheraufzeichnungen, findet man perfekt erhalten in der oberen Hälfte des Zentralbereichs des Gebirges, sie stellen das erstaunlichste aller Gletscherphänomene dar. Auf den Gipfeln und in den mittleren Regionen treten sie weitverbreitet an unregelmäßigen Stellen auf, und obwohl sie tausende Jahre der Witterung mit korrodierenden Stürmen ausgesetzt waren, ist ihre mechanische Qualität noch so, dass sie die Sonnenstrahlen wie Glas reflektieren und die Aufmerksamkeit jedes Betrachters erregen. Die Aufmerksamkeit des Bergsteigers wird selten gefangen genommen von Moränen, wie ebenmäßig und hoch auch immer, oder von Cañons, wie tief sie auch sein mögen, oder von Felsen, wie edel auch immer in Form und Gestalt; aber er bückt sich und reibt bewundernd seine Hände an den glänzenden Oberflächen, darum bemüht, ihre mysteriöse Glätte zu erklären.

Er hat Schneelawinen abgehen sehen, kommt jedoch zu dem Schluss, sie könne nicht das Werk des Schnees sein, denn er findet sie, wo keine Lawinen auftreten. Auch das Wasser kann sie nicht verursacht haben, denn er sieht diese Glätte an den Flanken und auf den Spitzen der höchsten Kuppeln schimmern. Von den ihm bekannten Kräften scheint nur der Wind fähig, in die Richtung der Kerben zu strömen. Die Indianer, die sich meist nicht sonderlich für geologische Phänomene interessieren, kamen manchmal zu mir und fragten: »Was machen den Boden am Lake Tenaya so glatt?« Sogar Pferde und Hunde starren den seltsamen Glanz des Bodens verwundert an, beschnüffeln die polierten Flächen und setzen, wenn sie zum ersten Mal dort sind, ihre Füße vorsichtig darauf, als fürchteten sie einzusinken. Die am vollkommensten geschmirgelten Böden und Wände befinden sich auf einer Höhe von 7000 bis 9000 Fuß, wo der Fels kompakter Alkaligranit ist. Kleine blasse Stellen findet man bis hinab auf 3000 Fuß in den sehr trockenen und beständigen Bereichen nach Süden gerichteter Steilwände und auf kompakten Bodenwellen, die durch eine Schicht großer Felsbrocken teils vor Regen geschützt sind. In der Nordhälfte des Gebirges sind die gekritzten und geschliffenen Oberflächen weniger häufig, nicht nur weil dieser Teil der Kette tiefer liegt, sondern auch weil das Oberflächengestein hauptsächlich aus poröser Lava besteht, die einem vergleichsweise raschen Verfall unterworfen ist. Obwohl in der Südhälfte gut erhalten, sind auch die alten Moränen nach Norden hin beinahe ausgetilgt, nur ihr Material findet man verstreut und zerfallen.

Ähnlich unscharfe Oberflächenaufzeichnungen über die Gletscherbewegung obwalten in Oregon, Washington, British Columbia und Alaska meist aufgrund zu hoher Feuchtigkeit. Selbst im südöstlichen Alaska, wo die ausgedehntesten Gletscher des Kontinents liegen, sind die vergänglicheren Spuren ihrer früheren größeren Ausdehnung, obwohl eher jüngeren Datums, undeutlicher als die Spuren der alten Gletscher in Kalifornien, wo das Klima trockener und das Gestein beständiger ist.

Dieser Überblick über die Gletscher der Pazifikküste wird den Leser in die Lage versetzen, einige Veränderungen, die in Kalifornien stattgefunden haben, zu verstehen und Licht auf die Restgletscher der High Sierra werfen.

Vor dem Herbst 1871 waren die Gletscher der Sierra unbekannt. Im Oktober jenes Jahres entdeckte ich dann den Black-Mountain-Gletscher in einem schattigen Amphitheater zwischen zwei Gipfeln der Merced-Gruppe, dem Black und dem Red Mountain. Diese Gruppe ist der höchste Teil eines Sporns, der von der Hauptachse des Gebirges in Richtung des Yosemite Valley abschweift. Zum Zeitpunkt dieser interessanten Entdeckung erforschte ich die *névé*-Amphitheater und verfolgte den Verlauf der einstigen Gletscher, die sich aus diesen üppigen Quellen ins Illiouette Basin und ins Yosemite Valley ergossen, ohne dass ich erwartet hätte, irgendeinen aktiven Gletscher so weit südlich im Land des Sonnenscheins zu finden.

Ich begann am nordwestlichen Ende der Gruppe und erkundete der Reihe nach die Hauptzuflussbecken, ihre Moränen, *roches moutonnées*[13] und herrlichen Grundmoränen, wobei ich sie in regelmäßiger Folge ohne Rücksicht auf die erforderliche Zeit untersuchte. Am interessantesten erschienen mir die Monumente jenes Zuflusses, der sein Eis zwischen dem Red und dem Black Mountain entließ; als ich seine prachtvollen Moränen sah, die sich in majestätischen Bögen aus dem geräumigen Amphitheater zwischen den Bergen erstreckten, versetzte mich die Arbeit, die vor mir lag, in ein Hochgefühl. Es war ein goldener Tag des Indianersommers in der Sierra, in dem das satte Sonnenlicht jede noch so felsige und kalte Landschaft verherrlicht und an alles andere als einen Gletscher denken lässt. Die Bahn des einstigen Gletschers war jetzt warm und leuchtete an vielen Stellen wie mit Silber überspült. Die auf den Moränen wachsenden hohen Kiefern standen verklärt im glänzenden Licht, die Pappelhaine auf den Ebenen des Beckens waren orange-gelbe Massen, die spät blühenden Goldruten fügten Gold an Gold. Ich schritt über meine rosenfarbene

Gletscherstraße an einem in festen Granitbasins gelegenen See nach dem nächsten und an allerhand Dickichten und Wiesen vorbei, die ein Fluss bewässerte, der dem Amphitheater entsprang und die Seen miteinander verknüpfte. Mal watete ich knietief in gelbem und violettem Torfmoos durch plüschige Sümpfe, mal lief ich über nackten Fels. Die Seitenmoränen, die links und rechts den Blick einschränkten, waren 100 bis fast 200 Fuß hoch und beinahe so regelmäßig wie künstlich aufgeworfene Uferdämme und prächtig mit Grautannen und Kiefern bewachsen. Aber dieser üppige Garten und Wald lagen rasch hinter mir. Die Bäume verzwergten, während ich aufstieg; Flecken alpiner Moosheide und Schuppenheide tauchten auf und Arktische Weiden, vom Winterschnee zu flachen Teppichen gepresst. Die Teiche, die einige Meilen weiter unten so reich mit blühenden Wiesen umsäumt waren, besaßen hier, auf 10.000 Fuß Höhe, nur schmale, braune Carexmatten und nacktes Gestein an mehr als der Hälfte ihrer Ufer. Doch inmitten dieser alpinen Niederhaltung schwang die Weymouthkiefer tapfer ihre sturmzerwühlten Äste auf den Gesimsen und Vorsprüngen des Red Mountain, einige Exemplare waren über 100 Fuß groß, hatten einen Umfang von vierundzwanzig Fuß und schienen so frisch und strotzend wie die Riesen der tieferen Zonen.

Der Abend brach an, als ich durchs Portal des Amphitheaters trat. Es ist ungefähr eine Meile breit und etwas weniger als zwei Meilen lang. Die zerfallenen Felssporne und Zinnen des Red Mountain begrenzen es im Norden, die düsteren, grob gehauenen Steilhänge des Black Mountain im Süden, und ein zerstücktes, splittriges Joch, das von einem Berg zum anderen führt, schließt es im Osten ab.

Ich suchte mir einen Lagerplatz am Ufer eines der Seen, wo mich ein Hemlocktannendickicht vor dem Nachtwind schützte. Nachdem ich einen Zinnbecher voll Tee gemacht hatte, setzte ich mich ans Feuer und sann über die Erhabenheit und Bedeutung der Gletscherprotokolle nach, die ich gesehen hatte. Als die Nacht fortschritt, schienen die gewaltigen Felswände meiner Unterkunft näherzurücken, während

Altes Gletscherbett, Lake Tenaya.

sich der Sternenhimmel strahlend hell wie eine Zimmerdecke von der einen Mauer zur anderen erstreckte und dicht in die spitzen Unebenheiten des Gipfels einpasste. Nach einer langen Rast neben dem Feuer und einem Blick in mein Notizbuch schnitt ich mir ein paar belaubte Zweige für ein Bett und fiel in den klaren, totenähnlichen Schlaf des erschöpften Bergsteigers.

Früh am nächsten Morgen brach ich auf, um den großen alten Gletscher aufzuspüren, der bis zu den entlegensten Quellen derart viel für die Schönheit dieser Yosemite-Region getan hat, und genoss den Zauber, den jeder Entdecker in den unbetretenen Wildnissen der Natur fühlt. Noch schliefen die Stimmen der Berge. Der Wind regte kaum die Kiefernnadeln. Die Sonne war wach, aber es war noch zu kalt für die Vögel und wenigen grabenden Tiere, die hier leben. Nur der Fluss, von Teich zu Teich in Kaskaden herabstürzend, schien hellwach zu sein. Der Geist des anbrechenden Tages verlangte nach Taten. Die Sonnenstrahlen strömten herrlich durch die gezackten Breschen des Jochs, leuchteten auf den polierten Oberflächen und entzündeten die silbernen Teiche; jeder von der Sonne entflammte Fels loderte weiß an den Kanten wie Eisenschmelze in einem Ofen. Ich umrundete das nördliche Ufer meines Lager-Sees und folgte dem Hauptfluss von Teich zu Teich an vielen Kaskaden vorbei. Die Landschaft wurde immer arktisch starrer, die Weißstämmigen Kiefern und Hemlocktannen verschwanden, der Fluss war von Eiszapfen eingefasst. Als die Sonne höher stieg, lösten sich Steine aus den zerborstenen Wänden und rumpelten in Lawinen herab, die wild von Klippe zu Klippe hallten.

Die Seitenmoränen, die sich vom Rachen des Amphitheaters bis ins Illilouette Basin erstrecken, laufen in zerstreuten Massen an seinen Wänden entlang, während einzelne, hunderte Tonnen schwere Findlinge hier und dort in der Mitte der Rinne gestrandet sind. Hier beobachtete ich auch eine Reihe kleiner Endmoränen, die sich an der Südwand des Amphitheaters entlangzogen und in Größe und Form mit den von den höchsten Bereichen geworfenen Schatten korrespondierten. Die Bedeutung des Zusammenhangs von Moränen und Schatten stellte sich später heraus. Als ich dem Fluss zum letzten See der Kette folgte, bemerkte ich eine feine graue Schlammablagerung auf dem Grund, außer an jenen Stellen, an denen die eindringende Strömung ein Absetzen verhindert hat. Sie sah wie der von einem Mühlstein abgeriebene Schlick aus, und sofort vermutete ich seinen Ursprung im Gletscher, denn der Fluss, der ihn herführte, gluckste aus einer Moräne, die noch im Entstehen befindlich schien. Keine Pflanze, keine Witterungsspur war auf der rauhen, unbeständigen Oberfläche zu erkennen. Ihre Höhe schwankt zwischen 60 und über 100 Fuß, und sie fällt in einem Winkel von 38°. Vorsichtig suchte ich meinen Weg, erreichte die Moränenspitze und war höchst erfreut, einen kleinen, schön ausgeprägten Gletscher zu sehen, der sich von den trüben Hängen des

Black Mountain in einem fein abgestuften Bogen zu der Moräne, auf der ich stand, hinabsenkte. Kompaktes Eis trat im gesamten unteren Bereich des Gletschers auf, allerdings grau mit Schmutz und Steinen durchsetzt. Weiter oben verschwand das Eis unter grobem Harsch. Außerdem kennzeichneten Schmutzbänder und die vorragenden Kanten der blauen Maserung, die auf die geschichtete Struktur des Eises verweist, die Oberfläche des Gletschers. Die höchste Spalte — oder der ›Bergschrund‹ —, wo der *névé* am Berg klebte, war zwölf bis vierzehn Fuß breit, an einigen Stellen überbrückten ihn die Reste der Schneelawinen. Ich kroch am Rande des Schrunds entlang, wobei ich mich mit tauben Fingern festhielt, und entdeckte freie Abschnitte, an denen die geschichtete Struktur wunderbar zutage trat. Obwohl von den Klippen gestürzte Steine über den Oberflächenschnee verstreut lagen, war er an manchen Stellen fast rein, wurde allmählich kristallin und verwandelte sich in weißliches poröses Eis in verschiedenen Farbtönungen, und dies wiederum verwandelte sich in einer Tiefe von 20 bis 30 Fuß in blaues Eis, einige seiner gebänderten Schichten waren fast rein und mit den blasseren Schichten überaus grazil und sanft ineinander übergehend verschmolzen. Eine Reihe schroffer Zickzacks ermöglichte es mir, weiter in die bizarre Unterwelt des Spalts hinabzusteigen. Dessen Hohlkammern waren mit Eiszapfen dicht behangen, in deren Mitte blasses, gedämpftes Licht unbeschreiblich anmutig pulsierte und schimmerte. Wasser tropfte und klimperte über meinem Kopf, und aus der Tiefe drang seltsames, feierliches Gemurmel von Rinnsalen, die im Dunkel ihren Weg durch die Adern und Risse suchten. Die Kammern eines Gletschers sind vollkommen bezaubernd, obwohl man sich in ihrer frostigen Schönheit fehl am Platz fühlt. Mir war bald kalt in meinen Hemdsärmeln, und die schräge Wand drohte mich einzuschließen; dennoch fiel es mir schwer, die exquisite Musik des Wassers und das entzückende Licht zu verlassen. Als ich wieder an der Oberfläche war, bemerkte ich Steinbrocken unterschiedlicher Größe auf ihren Reisen zur Endmoräne — mehr als hundert Jahre dauernde Reisen ohne eine einzige Rast bei Tag oder Nacht, im Winter oder Sommer.

Die Sonne brachte ein Netzwerk sanft klingender Rinnsale hervor, die den Gletscher anmutig hinunterliefen, in ihren hellen Tunneln plätscherten und wirbelten und saubere Schnitte durch das poröse Oberflächeneis ins feste Blau setzten, in dem sich die Struktur des Gletschers wunderbar darstellte.

Eine Reihe kleiner Endmoränen, die ich am Morgen längs der Südwand des Amphitheaters betrachtet hatte, korrespondierte in jeder Hinsicht mit der Moräne des Gletschers, und nun war ihre Verteilung bezüglich der Schatten verständlich. Im Laufe der klimatischen Veränderungen, die das Schmelzen und den Rückzug des Gletschers im Amphitheater verursachten, blieben einige Restgletscher im Schatten der Felsklippen, unter deren Schutz sie ausharrten, bis sie die Moränen bildeten, die wir jetzt untersuchten. Als der Schneefall allmählich nachließ, verschwanden sie der Reihe nach, mit Ausnahme des soeben beschriebenen. Der Grund für seine längere Lebensdauer liegt offenbar in dem größeren Areal des Schneebeckens, aus dem er sich speist, und dem besseren Schutz vor auszehrenden Sonnenstrahlen. Wie lange dieser kleine Gletscher noch bestehen wird, hängt natürlich ab von der Jahr um Jahr zugeführten Schneemenge im Vergleich zum Verlust durch das Schmelzen.

Ich unternahm nach dieser Entdeckung Exkursionen in die gesamte High Sierra, trieb meine Erkundungen Sommer für Sommer voran, und erkannte schließlich, dass es sich bei dem, was auf den ersten Blick aussah wie weitläufige Schneefelder in der Ferne, zum größten Teil um Gletscher handelte, die eifrig damit beschäftigt waren, die Skulptur der Berggipfel zu vollenden, die ihre gewaltigen Vorläufer prachtvoll entworfen hatten.

Am 21. August steckte ich eine Reihe Pflöcke in den Maclure-Gletscher in der Nähe des Mount Lyell und konnte feststellen, dass seine Bewegung im Mittel wenig mehr als einen Zoll pro Tag beträgt, in großem Gegensatz zum Muir-Gletscher in Alaska, der an seiner Stirn zwischen fünf und zehn Fuß innerhalb von vierundzwanzig Stunden fließt.

Mount Shasta besitzt drei Gletscher, doch Mount Whitney, obwohl der höchste Berg in der Kette, bewahrt inzwischen nicht einen einzigen. Kleine Flecken dauernden Schnees und Eises tauchen an seinen Nordhängen auf, sie sind allerdings flach und zeigen keine merkliche Gletscherbewegung. Jedoch sind seine Flanken an vielen Stellen geschrammt und geschliffen durch die Kraft früherer Gletscher, die nach Osten und Westen als Zubringer des großen Gletschers flossen, der einst die Täler des Kern und Owen's River füllte.

KAPITEL III

Der Schnee

Der erste Schnee, der die Sierra weiß einfärbt, fällt gewöhnlich gegen Ende Oktober oder in den ersten Novembertagen und erreicht, nach Monaten des bezauberndsten Indianersommerwetters, das man sich vorstellen kann, eine Höhe von mehreren Zoll. Doch innerhalb einiger Tagen schmilzt dieser leichte Überzug fast überall auf den der Sonne ausgesetzten Hängen wieder und bereitet den Bergsteigern, die sich um diese Zeit in den Hochgipfeln aufhalten, nur wenig Sorge. Der erste größere Wintersturm, der einen bleibenden Teil der jahreszeitlichen Schneezufuhr liefert, bricht in den Bergen selten vor Ende November aus. Dann eilen, vom Himmel gewarnt, die umsichtigen Bergsteiger gemeinsam mit den wilden Schafen, dem Rotwild und den meisten Vögeln und Bären in die Niederungen oder die Gebirgsausläufer; grabende Murmeltiere, Biberhörnchen, Waldratten und ähnliche Einwohner beziehen ihre Winterquartiere, einige von ihnen sehen das Tageslicht nicht mehr bis zum allgemeinen Frühlingserwachen und Auferstehen im Juni oder Juli. Der erste schwere Schneefall ist in der Regel zwischen zwei und vier Fuß tief; dann folgt, unterbrochen vom strahlendsten Sonnenschein, Sturm auf Sturm, der Schnee auf Schnee häuft, bis vierzig oder fünfzig Fuß gefallen sind. Wegen dieses Absetzens, Verdichtens und dem beinahe konstanten Schwund durch Schmelze und Verdunstung übersteigt die durchschnittliche Tiefe, die man tatsächlich vorfindet, selten zehn Fuß in der Waldregion und fünfzehn Fuß an den Hängen der Gipfel.

Selbst bei kältestem Wetter hört die Verdunstung niemals vollständig auf, und der reichliche Sonnenschein zwischen den Stürmen ist stark genug, um die Oberfläche in mehr oder weniger allen Wintermonaten zum Schmelzen zu bringen. Der Verlust durch Schmelze setzt sich in gewissem Maße am Boden fort, die Wärme ist im Gestein gespeichert und wird allmählich bei der Berührung mit dem Schnee abgegeben, wie der Anstieg der Bäche in den höheren Regionen nach einem Schneefall und ihr kontinuierliches Fließen den ganzen Winter über beweist.

Der Großteil des Schnees, der sich rings um die Gipfel der Bergkette ablagert, fällt in kleinen steifen Flocken und gebrochenen Kristallen; doch wenn starker Wind und niedrige Temperaturen die Kristalle begleiten, zerstoßen sie, statt im Fallen sich aneinander zu schließen und Flockenbüschel zu bilden, zu Mehl und feinem Staub. Unten im Waldgebiet landet der größte Teil sanft auf dem Boden, leicht und fiederig — bei mildem Wetter haben manche Flocken einen Durchmesser von fast einem Zoll —, verteilt sich gleichmäßig und kann durch den Schutz, den die hohen Bäume bieten, nicht sehr weit davontreiben. Während des Durchzugs nobler Stürme werden sämtliche Bäume zur kältesten und dunkelsten Jahreszeit mit Feenblüten überschüttet, die jeden Ast beugen und jede Nadel zum Schweigen bringen. Doch sobald der Sturm vorüber ist und die Sonne scheint, beginnt der Schnee sofort zu rutschen und sich zu setzen und in Miniaturlawinen von den Zweigen zu fallen, und schon bald wird der weiße Wald wieder grün. Auch am Boden setzt sich der Schnee, taut an jedem schönen Tag und gefriert bei Nacht, bis er grobkörnig wird und alle Spuren seiner strahlenförmigen kristallinen Struktur verliert; dann kann man resolut über seine Oberfläche laufen als wäre sie aus Eis. Im Juni ist die Waldregion bis in eine Höhe von 7000 Fuß meist weitgehend schneefrei, aber die Regionen weiter oben sind noch immer schwer beladen und vor Mitte oder Ende Juli in keinem nennenswerten Maße vom Frühlingswetter berührt worden.

Eine der erstaunlichsten Folgen des Schnees im Gebirge ist das Begräbnis der Flüsse und kleinen Seen.

Wie in den Fluss der Schnee fällt,
Weiß einen Augenblick, dann für immer fort,[14]

sang Burns, um den flüchtigen Charakter menschlicher Freuden zu illustrieren. Die ersten Schneeflocken, die in die Flüsse der Sierra fallen, verschwinden ebenso plötzlich; aber bei starken Stürmen, wenn die Temperatur niedrig ist, kühlt die Fülle des Schnees das Wasser schließlich bis nahe an den Gefrierpunkt ab, und dann hört es auf, ihn zu schmelzen und plötzlich zu verschlingen. Die fallenden Flocken und Kristalle bilden wolkenähnliche Klumpen aus blauem Matsch, die von der Strömung fortgespült und in viele Meilen entfernte wärme Klimazonen hinabgetragen werden, wobei einige an Holz, Felsen und vorspringenden Uferstellen deponiert sind, wo sie für Tage bleiben, hoch über den Wasserspiegel aufgetürmt, und wieder ihr Weiß zeigen, anstatt auf einmal »für immer fort« zu sein. Die Flüsse selbst hingegen sind in der Schneeperiode monatelang verschwunden. Zunächst setzt sich der Schnee an den Ufern in buckeligen, einander überschlagenden Verwehungen zusammen, die sich verdichten und zusammenbacken bis die Flüsse überspannt sind. Dann strömen sie im Dunkeln unter einer geschlossenen Decke durch die rund dreißig Meilen breite Schneezone. Jeden Winter verschwinden die Flüsse der Sierra und deren Nebenarme in den Hochregionen auf diese Weise, als wäre eine neue Eiszeit hereingebrochen. Man sieht nicht einen Tropfen rinnenden Wassers, außer an den wenigen Stellen, an denen große Fälle auftauchen, obwohl man das Rauschen und Rumoren der heftigeren Strömungen noch hört. Wenn es auf den Frühling zugeht und das Wetter tagsüber warm und nachts frostig ist, verdichten und festigen wiederholtes Tauen und Gefrieren und neue Schneeschichten die überbrückenden Massen, so dass man die Flüsse gefahrlos überqueren oder sogar ein Pferd ohne einzubrechen hinüberführen kann. Im Juni beginnen die dünnsten Partien der Winterdecke und diejenigen, die am stärksten der Sonne ausgesetzt sind, zu weichen, indem sie dunkle, schroffkantige Grubenschächte bilden, auf deren Boden man das rauschende Wasser sehen kann. Ende Juni findet der Bergsteiger nur dann und wann noch eine sichere Schneebrücke. Die beständigsten Winterbrücken, die von oben und von unten tauen, weil warme Luftströme durch die Kanäle laufen, sind markant gewölbt und geformt; durch das gelegentliche Gefrieren des sickernden, tropfenden Wassers der Deckschicht glänzen sie hell und malerisch eisig. In einigen Flussläufen, deren Ränder frei liegen, könnte man sie durchschreiten. Diese Kanäle sind nicht besonders dunkel, hier und dort erscheinen kleine Luken. Der brüllende Fluss füllt den gesamten sich wölbenden Gang mit beeindruckend lauter, hallender Musik, die bisweilen von der Amsel besänftigt wird, einem Vogel, der keine Furcht hat, dorthin zu gehen, wohin der Fluss geht, und zu singen, wo immer der Fluss singt.

Alle alpinen Tümpel und Teiche sind in gleicher Weise aus der Winterlandschaft radiert, entweder weil sie gefrieren und anschließend von Schnee bedeckt oder weil sie von Lawinen verschüttet wurden. Die erste winterliche Lawine trifft vielleicht auf eine vereiste Oberfläche, dann gibt es ein gewaltiges Krachen zerbrechenden Eises und ein Wellenklatschen, das sich unter das tiefe, dumpfe Dröhnen der Lawine mischt. Massen einfallenden Schnees lösen sich, verquicken sich mit Eisstücken und treiben in matschigen, inselförmigen Haufen umher; der Hauptteil bildet einen Talus[15], dessen Sockel ganz oder teilweise auf dem Grund des Beckens ruht, je nach dessen Tiefe und nach der Größe der Lawine. Natürlich dringt die nächste Lawine weiter entfernt ein, die folgenden ebenso, bis das ganze Becken gefüllt und sein Wasser aufgesogen oder verdrängt wurde. Diese riesige Matschmenge ist mehr oder weniger mit Sand, Steinen und sogar Holz durchsetzt und bis zu einer beträchtlichen Tiefe gefroren, deshalb ist sehr viel Sonnenwärme nötig, um sie aufzutauen. Einige dieser unglücklichen Teiche sind fast bis zum Ende des Sommers nicht eis- und schneefrei. Andere sind niemals vollständig frei und reißen nur an dem Ende auf, welches dem Eintritt der Lawine gegenüber liegt. Wieder andere zeigen nur eine schmale Wassersichel zwischen dem Ufer und den steilen Klippen des vereisten kompakten Schnees, von denen Massen abbrechen und wie Eisberge in einem winzigen Arktischen Ozean schwimmen, während die an die Felsen gelehnten Lawinenhaufen kleinen Gletschern ähneln. Die vordersten Klippen sind in einigen Fällen geradezu malerisch und, mit dem sonnenhellen eisberg-gesprenkelten Wasser davor, über alle Maßen schön. Oft geschieht es, dass eine Seite des Sees gefroren und unrettbar unter Schnee begraben liegt, die andere jedoch sich am Sonnenlicht erfreut und mit hübschen Blumengärten dekoriert ist. Manche der kleineren Seen werden von einem Augenblick auf den anderen durch eine schwere Geröll- oder Schneelawine ausgelöscht; die rollende, schlitternde, behäbige Masse tritt zur einen Seite ein, fegt über den Grund und die andere Seite wieder hinauf, verdrängt das Wasser dabei und schrubbt sogar das Becken sauber, schiebt die angestauten Steine und Sedimente das entlegenere Ufer empor und nimmt es somit in Besitz. Zum Teil wird das verdrängte Wasser absorbiert, das meiste jedoch wird vor der Lawine her und die Abflussrinne hinab geschickt, brüllend und hastend, als habe es Angst und sei froh, zu entfliehen.

SCHNEEFAHNEN[16]

Das herrlichste Sturmphänomen, das ich jemals gesehen habe, übertraf an Pracht die eindrücklichsten Auswirkungen von Wolken, Fluten oder Lawinen: Es waren die mit Schneefahnen geschmückten Gipfel der High Sierra hinter dem Yosemite Valley. Viele der sternhellen Schneeblüten, aus denen diese Fahnen bestehen, fallen ehe sie reif sind, doch die meisten erreichen ihre vollkommene Entwicklung als sechsstrahlige Kristalle, sie glitzern und reiben bei ihrem Fall durch die kalte Luft gegeneinander und zerbrechen in Stückchen. Dieser trockene Pulverschnee wird durch Einfluss des Windes zur Bildung von Fahnen weiter vorbereitet. Denn anstatt sofort zur Ruhe zu kommen wie der Schnee, der in die Stille der tiefen Wälder fällt, wird er so lange verwirbelt, gegen Felskanten gestoßen, in Gruben und Mulden geweht wie Steine, Kiesel und Sand in den Strudeltöpfen eines Flusses, bis die zierlichen Ecken der Kristalle schließlich abgeschliffen sind und die ganze Masse zu Staub verkleinert ist. Wann immer Stürme diesen vorbereiteten Schneestaub in lockerem Zustand auf den ungeschützten Hängen finden, wo es einen freien Aufstrom leewärts gibt, wird er zurück in den Himmel geschleudert und je nach Windgeschwindigkeit und Ausrichtung der Hänge, über oder um die er treibt, in Form von Schneefahnen oder Wolkenverwehungen von Gipfel zu Gipfel getragen. Während er auf diese Weise durch die Lüfte fliegt, entkommt einer kleiner Teil und verharrt am Himmel als Dunst, der weitaus größere Teil wird jedoch schließlich wieder und wieder hinaufgejagt, in buckeligen Verwehungen oder den Schoß der Gletscher eingeschlossen; einiges davon blieb jahrhundertelang still und starr, bevor es schließlich schmolz und singend die Berghänge zum Meer hinablief.

Doch ungeachtet der Fülle des Winterschneestaubs in den Bergen, der Häufigkeit starker Winde und der langen Zeit, die der Staub ungebunden und ihren Kräften ausgesetzt ist, treten wohlgeformte Schneefahnen, aus später zu nennenden Gründen, vergleichsweise selten auf. Ich habe nur ein einziges Schauspiel dieser Art gesehen, das in jeder Hinsicht vollkommen war. Das war im Winter 1873, als ein wilder ›Nord‹ über die schneebedeckten Gipfel fegte. Damals überwinterte ich im Yosemite Valley, jenem hehren Tempel der Sierra, der einem täglich die schönsten Anblicke bietet. Doch selbst hier schien der wilde Festtag des Nordwinds außergewöhnlich herrlich. Ich erwachte am Morgen, weil meine Hütte schwankte und Kiefernzapfen aufs Dach prasselten. Sturzbäche und Lawinen waren von der Windflut über mir abgegangen und sausten mit hallendem Gebrüll über die steilen Wände und die schmalen Seitencañons hinab, sie erregten die Kiefern zu enthusiastischen Gesten und ließen das ganze Tal erzittern, als würde ein Instrument erklingen.

Doch auf den stolzen schutzlosen Gipfeln, die so hoch in den Himmel ragten, äußerte sich der Sturm in noch grandioseren Zeichen, die sich mir bald in all ihrer Pracht zeigen sollten. Ich hatte mich oft darum bemüht, einige Stellen in der Struktur des Eiskegels zu untersuchen, der sich jeden Winter am Fuße des Yosemite Fall bildete, doch der blendende, ihn umhüllende Sprühnebel hatte mich bisher daran gehindert, ihm hinreichend nahe zu kommen. An diesem Morgen wurde der gesamte Fall in hauchdünne Fetzen zerrissen und waagerecht übers Kliff geweht, so dass der Kegel trocken blieb; und während ich zu einem Felsvorsprung mit Aussicht stieg, um die günstige Gelegenheit zu nutzen, das Innere des Kegels zu untersuchen, kamen über der Schulter des South Dome die Gipfel der Merced-Gruppe in Sicht, jeder schwang eine prangende Fahne vor dem blauen Himmel, so regelmäßig geformt und fest in der Textur, als seien sie aus feiner Seide gewoben. Ein derart seltenes und fantastisches Phänomen überwog natürlich alle anderen Überlegungen, und sofort ließ ich den Eiskegel sein und begann, mir einen Weg aus dem Tal zu irgendeinem Dom oder Grat zu bahnen, der hoch genug war, mir einen weiten Ausblick über die wichtigsten Bergspitzen zu gewähren. Ich war überzeugt, dass ich sie mit noch herrlicheren Fahnen sehen würde — und wurde nicht im geringsten enttäuscht. Der Indian Cañon, durch den ich kletterte, erstickte unter dem Schnee, der von den hohen Klippen auf beiden Seiten in Lawinen herabgeschossen kam, was den Aufstieg schwierig machte; doch vom brüllenden Sturm beflügelt, stellte sich bei der mühsamen Wühlerei keine Müdigkeit ein, und nach vier Stunden erreichte ich den Gebirgskamm, 8000 Fuß hoch über dem Tal. Dort bot sich mir wie ein helles Gemälde eine höchst eindrucksvolle Szene dar, unzählige schwarze kantige Gipfel ragten grandios in den dunkelblauen Himmel empor, ihre Sockel ruhten in festem Weiß, ihre Flanken waren vom Schnee gestreift und besprenkelt wie Meeresklippen mit Gischt; von jedem dieser klaren deutlichen Gipfel wehte eine wunderbare seidig-silberne Fahne von einer halben bis einer Meile Länge, schlank an der Verankerung, dann immer weiter, je mehr sie sich vom Gipfel streckte, und zuletzt erreichte sie, soweit ich schätzen konnte, eine Breite von 1000 oder 1500 Fuß.

Alle Gipfel der Gruppe an den Quellen von Merced und Tuolumne River, die »Krone der Sierra« heißt — die Mounts Dana, Gibbs, Conness, Lyell, Maclure, Ritter und ihre namenlosen Genossen —, besaßen ihre eigene strahlende, im Sonnenglast wehende Fahne, und es war nicht eine Wolke am Himmel, die ihre schlichte Pracht getrübt hätte. Stell dir vor, du stündest auf diesem Kamm des Yosemite und blicktest nach Osten. Du bemerkst ein seltsames grelles Glitzern in der Luft. Der Sturm weht mit heftig tobendem Gebrüll wild über dir, doch von seiner Wucht ist nichts zu spüren, denn du schaust aus einer überdachten Waldlichtung wie durch ein Fenster. Dort, im unmittelbaren Vordergrund des Bildes, erhebt sich majestätisch ein Wald von Grautannen, die in unendlicher Frische blühen, ihre Nadeln gelbgrün, und der Schnee unter den Bäumen mit ihren schönen, vom Wind ausgerissenen Federn übersät. Dahinter und über den gesamten Mittelbereich erstrecken sich dunkle Kiefernschneisen, die von wogenden Kämmen und Kuppeln durchbrochen werden, und gleich hinter dem düsteren Wald sieht du die Monarchen der Sierra, wie sie mit ihren herrlichen Fahnen winken. Zwanzig Meilen sind sie entfernt, doch du wünschst dir nicht, dass sie näher wären, denn jedes Merkmal ist klar zu unterscheiden und die ganze wunderbare Szene erscheint in den richtigen Proportionen. Achte nach diesem Überblick darauf, wie scharf sich, abgesehen von jenen durch Fahnen verschleierten Partien, die dunklen schneefreien Rippen und Streben und Gipfel abzeichnen und wie zart der Schnee ihre Flanken streift, wo er in schmalen Riffeln und Schluchten zur Ruhe kommt. Achte auch darauf, wie großartig die Fahnen flattern, wenn der Wind gegen ihre Seiten gelenkt wird, und wie adrett jede an der Spitze des Gipfels befestigt ist, vergleichbar mit einem Wimpel am Masttop; wie glatt und seidig ihr Gewebe ist und wie fein ihre verblassenden Ränder auf den azurnen Himmel gezeichnet sind. Schau dir an, wie fest und opak sie an der Verankerung sind und wie dünn und durchscheinend an ihrem äußeren Ende, so dass man die Gipfel hinter ihnen nur matt erkennt, als blickte man durch Milchglas. Nun beachte noch einmal, wie einige der längsten, zu den höchsten Bergen gehörenden Fahnen vollkommen frei von Gipfel zu Gipfel über die dazwischenliegenden Kerben und Pässe wehen, indes andere einander überlappen und teils verdecken. Und bedenke, wie kühn jedes Stückchen dieses erstaunlichen Schneetuchs Lichtstrahlen verschießt. Dies sind die Hauptmerkmale des schönen schrecklichen Bildes, das man vom Fenster aus sieht; und es wäre noch überwältigender, wenn der Vorder- und der Mittelgrund ausradiert wären und nur die schwarzen Gipfel, die weißen Fahnen und der blaue Himmel blieben.

Blicken wir nun ganz allgemein auf die Entstehung der Schneefahnen, dann erkennen wir, die wichtigsten Ursachen für ihre verblüffende Schönheit und Perfektion waren die günstige Richtung und Heftigkeit des Windes, das Übermaß an Schneestaub und die besondere Anordnung der Berghänge. Es ist nicht nur unerlässlich, dass der Wind mit hoher Geschwindigkeit und Beharrlichkeit weht, damit ein reicher, kontinuierlicher Strom von Schneestaub gewährleistet ist, sondern auch, dass er aus dem Norden kommt. Niemals hat der Südwind eine vollkommene Schneefahne auf den Gipfeln der Sierra gehisst. Hätte der Sturm an jenem Tag aus südlicher Richtung geblasen, wäre bei ansonsten gleichbleibenden Bedingungen bloß eine träge, verworrene, nebelartige Verwehung entstanden; denn der Schnee wäre, anstatt über die Bergspitzen in geballter Strömung hinauszuschießen und sich als Wimpel zu entfalten, an den Flanken verschüttet und in den Schoß der Gletscher getrieben worden. Der Grund für den massiven Einfluss des Nordwinds liegt in der besonderen Form der Nordflanken der Gipfel, an denen sich die Amphitheater der Restgletscher befinden. Im Allgemeinen sind die Südseiten konvex und unregelmäßig, die Nordseiten dagegen konkav in ihren horizontalen und vertikalen Bereichen; steigt der Wind diese Biegungen hinauf und findet in Gipfelnähe zusammen, führt er geballte Schneeladungen mit sich, die er über den Gipfeln beinahe senkrecht in die Luft schießt, von wo sie dann in horizontaler Richtung davongetragen werden.

Die verschiedene Gestalt von Nord- und Südflanken entstand fast gänzlich durch die unterschiedliche Art und Stärke der Vergletscherung, der sie unterworfen waren; dabei sind die Nordflanken der Gipfel von den Resten der Schattengletscher zu einer Form ausgehöhlt worden, die es auf der sonnenbeschienenen Seite niemals gegeben hat.

Deshalb scheint es, dass der Schatten nicht nur großenteils die Gestalt der hohen Eisgebirge bestimmt, sondern auch die Form der Schneefahnen, die die wilde Stürme auf ihnen hissen.

KAPITEL IV

Die High Sierra aus der Nähe

Früh an einem strahlenden Morgen mitten im Indianersommer, als die Gletscherwiesen noch starr von Reif waren, brach ich, ins Yosemite Valley unterwegs, vom Fuße des Mount Lyell auf, um meinen erschöpften Vorrat an Brot und Tee aufzufüllen. Ich hatte den letzten Sommer, wie etliche zuvor, damit verbracht, die Gletscher zu erkunden, die an den Oberläufen des San Joaquin, Tuolumne, Merced und Owen's lagen; und ihre Bewegungen, Richtungen, Spalten, Moränen usw. und ihre Rolle bei der Entstehung und Entwicklung der Landschaften dieses alpinen Wunderlands während ihrer größeren Ausdehnung zu vermessen und zu untersuchen. In diesem Jahr war die Zeit für eine solche Arbeit fast vorüber, und ich freute mich vergnügt auf den herannahenden Winter mit seinen wundersamen Stürmen, wenn ich mit reichlich Brot und Büchern in meiner Hütte in Yosemite warm eingeschneit sein würde; mich überkam allerdings ein Anflug von Bedauern, wenn ich daran dachte, dass ich meine Lieblingsregion vor dem nächsten Sommer vielleicht nur durch Blicke aus der Ferne von den Erhebungen rings um die Yosemite-Wände wiedersehen könnte.

Für Künstler sind, genau genommen, nur wenige Teile der High Sierra malerisch. Die gesamte wuchtige Erhebung der Bergkette ist ein einziges großes Bild, nicht eindeutig in kleinere zu unterteilen und insofern von den älteren, man könnte sagen reiferen Bergen der Coast Range sehr verschieden. Wir haben gesehen, dass alle Landschaften der Sierra wiedergeboren wurden, vom Sockel bis zum Gipfel durch Eisfluten im letzten Eiszeitwinter neu geformt. All diese neuen Landschaften entstanden jedoch nicht gleichzeitig; einige der höchsten, in denen das Eis am längsten verweilte, sind zehntausende Jahre jünger als jene der wärmeren Regionen unterhalb. Je jünger die Gebirgslandschaften im Allgemeinen sind — damit meine ich: jünger hinsichtlich ihres Auftauchens aus dem Eis der Gletscherperiode —, desto weniger sind sie in künstlerische Abschnitte einzuteilen, die man in warme, mitfühlende, liebreizende Bilder mit nennenswerter Menschlichkeit verwandeln kann.

Hier an den Quellen des Tuolumne gibt es eine Gruppe wilder Gipfel, über die ein Geologe sagen würde, gerade erst habe die Sonne begonnen, auf sie herabzuscheinen, dennoch ist sie in höchstem Maße malerisch und in ihren Grundzügen so regelmäßig und ausgeglichen, dass sie fast konventionell erscheint — eine düstere Ansammlung schneebedeckter Gipfel mit grauen kieferngesäumten Granitbuckeln um ihren Sockel gesponnen, die sich frei in den Himmel türmt am Beginn eines herrlichen Tales, dessen hehre Wände auf beiden Seiten angeschrägt sind, so dass sie alles umschließen, ohne etwas einzulassen, das nicht unbedingt dazugehört. Im Vordergrund loderten nun die herbstlichen Farben, braun und purpur und golden, reif im milden Sonnenlicht; und kontrastierten hell mit dem tiefen Kobaltblau des Himmels und dem Schwarz und Grau und reinen vergeistigten Weiß der Felsen und Gletscher. Unten konnte man durch den Nebel den jungen Tuolumne sehen, wie er aus den Kristallquellen strömte und bald in glasklaren Teichen verweilte, als bildete er sich zurück in Eis, bald in weißen Kaskaden hüpfte, als verwandelte er sich in Schnee; dann glitt er links und rechts zwischen Granitbuckeln, strich durch sanfte, wiesenbedeckte Talgründe, wiegte sich mit ruhigen, behäbigen Gesten nachdenklich von einer Seite zur anderen an den eintauchenden Weiden und Seggen vorbei und um Kiefernwälder herum; und belebte auf seiner ereignisreichen Reise, ob schnell oder gemächlich fließend, leise oder laut singend, die Landschaft mit Seele und bekundete die Pracht seiner Ursprünge bei jeder Bewegung und jedem Ton.

Auf meinem einsamen Weg das Tal hinab drehte ich mich immer

Die High Sierra, vom Glacier Rock gesehen.

wieder um, ich wollte das herrliche Bild betrachten und hob meine Arme, um es wie mit einem Rahmen zu umgeben. Nach langen Jahrhunderten des Wachstums in der Dunkelheit unter den Gletschern, in Sonnenschein und Stürmen, schien es jetzt bereit zu sein und wartete auf den zukünftigen Künstler, wie gelber Weizen auf den Schnitter; und ich hätte mir gewünscht, Farben und Pinsel auf meinen Reisen mitzuführen und die Malerei zu erlernen. In der Zwischenzeit musste ich mich mit Photographien im Geist und Skizzen im Notizbuch zufrieden geben. Nachdem ich eine steile Felszunge umrundet hatte, die aus der Westwand des Tales ragte, schwanden schließlich alle Gipfel aus dem Blick, und ich drängte rasch an den gefrorenen Wiesen vorbei, über die Wasserscheide von Merced und Tuolumne und abwärts durch die Wälder, die die Hänge des Cloud's Rest bedecken, so dass ich Yosemite pünktlich erreichte — für mich also jederzeit. Kurioserweise befanden sich unter den ersten Leuten, die ich traf, zwei Künstler, die meine Rückkehr mit Empfehlungsschreiben erwarteten. Sie fragten, ob ich im Laufe meiner Erkundungen in den umliegenden Bergen jemals auf eine Landschaft gestoßen bin, die sich für ein großes Gemälde eignet; woraufhin ich mit der Beschreibung jener begann, die gerade erst meine Aufmerksamkeit erregt hatte. Als ich mich immer weiter in Einzelheiten erging, begannen ihre Gesichter zu strahlen, und ich bot an, sie dorthin zu führen, während sie verkündeten, mir gern zu folgen, nah oder fern, wohin auch immer ich die Zeit erübrigen könnte, sie zu führen.

Jederzeit konnten Stürme in das schönste Wetter einbrechen, die Farben unterm Schnee begraben und den Künstlern den Rückweg abschneiden, deshalb riet ich dazu, sich sofort bereitzumachen.

An den Vernal und Nevada Falls führte ich sie aus dem Tal, von dort über die Hauptwasserscheide zu den Big Tuolumne Meadows am alten Mono Trail[17] und dann weiter den oberen Tuolumne River bis zur Quelle hinauf. Dies war der erste Ausflug meiner Gefährten in die High Sierra, und da ich bislang fast immer allein in die Berge gewandert bin, bot mir die Art und Weise, wie sich die frische Schönheit in ihren Gesichtern spiegelte, eine neue und anregende Studie. Natürlich waren sie vor allem beeindruckt von den Farben — das intensive Dunkelblau des Himmels, das violette Grau des Granits, die Rot- und Brauntöne der trockenen Wiesen und das durchschimmernde Purpur und Karmesin der Heidelbeersümpfe; das flammende Gelb der Espenhaine, das Silberglitzern der Flüsse, das leuchtende Grün und Blau der Gletscherseen. Der Ausdruck der Szenerie insgesamt — felsig und wild — schien sie jedoch arg zu enttäuschen; und als sie sich von Kamm zu Kamm durch den Wald gewunden und ungeduldig die vor ihnen ausgebreiteten Landschaften abgesucht hatten, sagten sie: »Das alles ist groß und erhaben, aber bis jetzt sehen wir nichts, das sich für wirkungsvolle Bilder verwenden ließe. Die Kunst ist lang, die

Kunst ist begrenzt, verstehen Sie; und hier gleichen sich Vordergrund, Mittelgrund und Hintergrund vollkommen; kahle Felswogen, Wälder, Haine, winzige Wiesenflecken, glitzernde Wasserbänder.« »Macht nichts«, antwortete ich, »haben Sie nur ein bisschen Geduld, und ich zeige Ihnen etwas, das Ihnen gefallen wird.«

Am Ende des zweiten Tages kam schließlich die Sierra Crown in Sicht, und als wir die oben erwähnte steile Felszunge umrundet hatten, offenbarte sich das gesamte Bild im roten Alpenglühen. Ihre Begeisterung kannte keine Grenzen, und der Impulsivere der beiden, ein junger Schotte, stürzte vorwärts, schrie, gestikulierte und warf seine Arme in die Luft wie ein Verrückter. Hier endlich war eine typisch alpine Landschaft.

Nachdem ich mich eine Weile an dem Anblick ergötzt hatte, ging ich weiter, um das Lager in einem geschützten Wald ein kleines Stück von der Wiese entfernt aufzuschlagen, dort konnten Kiefernzweige als Betten dienen und es gab ausreichend trockenes Holz für das Feuer; unterdessen liefen die Künstler hierhin und dorthin, an den Flussbiegungen entlang und die Wände des Cañons hinauf, wobei sie die Vordergründe für ihre Skizzen auswählten. Nach Einbruch der Dunkelheit, als unser Tee kochte und ein munteres Feuer entzündet war, schmiedeten wir unsere Pläne. Sie beschlossen, einige Tage zu bleiben, und ich entschied mich dazu, in der Zwischenzeit eine Exkursion zum unberührten Gipfel des Mount Ritter zu unternehmen.

Es war jetzt Mitte Oktober, der Frühling der Schneeblumen, die ersten Winterwolken waren bereits aufgeschossen und die Gipfel mit frischen Kristallen übersät, ohne dass es das Klettern beeinträchtigt hätte. Und da das Wetter noch immer überaus ruhig und der Berg nur etwas mehr als einen Tag entfernt war, glaubte ich, kein großes Risiko einzugehen, in einen Sturm zu geraten.

Mount Ritter ist der König der Berge im mittleren Teil der High Sierra, wie Shasta im Norden und Whitney im südlichen Bereich. Außerdem ist er, soweit mir bekannt, niemals bestiegen worden. Sommer für Sommer hatte ich die angrenzende Wildnis erkundet, meine Studien hatten mich jedoch bisher nie auf den Gipfel geführt. Er liegt rund 13.300 Fuß über dem Meer und ist von steilen Gletschern und erschreckend tiefen, zerklüfteten Cañons umschlossen, die ihn fast unzugänglich machen. Aber solche Schwierigkeiten ermuntern einen Bergsteiger nur.

Am nächsten Morgen gingen die Künstler beherzt ans Werk, und ich begab mich an meines. Frühere Erfahrungen haben mich gelehrt, dass leidenschaftliche Stürme, die noch unsichtbar sind, im stillen Sonnengold ausgebrütet werden können; deshalb warnte ich die Künstler, bevor ich Abschied nahm, nicht beunruhigt zu sein, falls ich nicht vor einer Woche oder zehn Tagen wieder auftauchen sollte, und riet ihnen für den Fall, dass ein Schneesturm einsetzt, starke Feuer in Gang zu halten, sich selbst so gut wie möglich zu schützen und unter keinen Umständen Angst zu bekommen und auf eigene Faust den Weg nach Yosemite zurück durchs Schneetreiben zu suchen.

Mein Plan war schlicht dieser: Die Wand des Cañons zu erklimmen, zur östlichen Flanke des Gebirges überzuwechseln und dann meinen Weg südwärts zu den Nordspornen des Mount Ritter einzuschlagen, entsprechend der Topographie dazwischen; denn vom Lager direkt nach Süden durch die zahllosen Gipfel und Zinnen aufzubrechen, die diesen Teil des Gebirges schmücken, würde zu lange dauern und wäre, wie interessant auch immer, zu dieser Jahreszeit äußerst schwierig und gefährlich.

Mein erster Tag war das reine Vergnügen; einfacher Genuss des Bergsteigens, die trockenen Bahnen des alten Gletschers durchqueren, fröhliche Flüsse verfolgen, etwas über die Gewohnheiten der Vögel und Murmeltiere in den Wäldern und Felsen erfahren. Noch ehe ich mich eine Meile vom Lager entfernt hatte, kam ich zu einer weißen Kaskade, die aus neunhundert Fuß Höhe eine schroffe Schlucht in der Cañonwand herunterdonnerte und ihre hämmernden Wasser in den Tuolumne ergoss. Ihre Quellen waren mir bekannt und lagen glücklicherweise auf meinem Weg. Eine wunderbare Reisegefährtin, was für Lieder sie sang, wie leidenschaftlich sie von den Freuden der Berge erzählte! Fröhlich kletterte ich an ihrem forschen Rand entlang, nahm ihre göttliche Musik in mich auf und badete zuweilen in herangewehtem, irisierenden Sprühnebel. Ich stieg immer höher, neue Schönheit flutete mir in den Blick: bunte Wiesen, Gärten in später Blüte, Gipfel von seltener Architektur, Seen hier und dort, silberleuchtend, und flüchtige Eindrücke der bewaldeten Mittelregion und der gelben Niederungen fern im Westen. Jenseits des Gebirges sah ich die sogenannte Mono Desert träumerisch still im trüben violetten Licht hingestreckt — eine Wüste im starken Sonnenglast, betrachtet aus einer Wüste eisgeschliffenen Granits. Hier scheiden sich die Wasser, brüllen in herrlicher Begeisterung und stürzen ostwärts, um im vulkanischen Sand und dem trockenen Himmel des Great Basin zu verschwinden, oder westwärts in das Great Valley Kaliforniens, und von dort durch die Bucht von San Francisco und das Golden Gate ins Meer.

Nachdem ich am Gipfel ein Stück weit hinabgestiegen war, bis ich eine Höhe von etwa 10.000 Fuß erreicht hatte, wandte ich mich nach Süden zu einer Gruppe wilder Bergspitzen, die den Mount Ritter im Norden und Westen bewachten, tastete mich vorwärts und nahm es instinktiv mit jedem sich bietenden Hindernis auf. Eine gewaltige Schlucht kreuzte nun meinen Weg, an deren schwindelerregendem Rand ich kraxelte, bis sich ein weniger steiler Punkt entdecken ließ, an dem ich mich sicher zur Sohle wagen konnte, um dann, nach Wahl einer durchführbaren Stelle an der gegenüberliegenden Wand, mit derselben langsamen Vorsicht wieder aufzusteigen. Flache, massive Felssporne wechselten sich mit Schluchten ab, stürzten jäh von den Schultern der verschneiten Gipfel in die Tiefe und stellten ihre Füße in die heiße Wüste. Überall waren sie mit den charakteristischen Skulpturen der alten Gletscher verziert und markiert, die wie ein riesiger Eiswind über die gesamte Region hinweggefegt sind; die von der schweren Flut geschliffenen Oberflächen sind noch immer so vollkommen erhalten, dass an vielen Stellen das von ihnen reflektierte Sonnenlicht ähnlich ermüdend wirkt wie ein Schneeteppich.

Die Gletschermühlen Gottes mahlen langsam, doch in Kalifornien waren sie lange genug in Bewegung, um ausreichend Boden für eine herrliche Fülle an Leben zu mahlen, auch wenn der größte Teil des Mahlguts ins Flachland transportiert wurde und diese Hochgebiete vergleichsweise mager und kahl blieben; die postglazialen Erosionskräfte lieferten der Oberfläche indes noch nicht genügend nutzbaren Nährstoff für mehr als ein paar Büschel der robustesten Pflanzen, vor allem Seggen und Wollknöteriche. Dabei ist interessant, dass die Spärlichkeit und der gedrungene Charakter der Vegetation in dieser Höhe stärker durch den Mangel an Erde als durch das rauhe Klima verursacht wird; denn wir finden hier und dort in geschützten (unter das allgemeine Bodenniveau gesunkenen) Mulden, in welche einige Ruten zermalmten Moränensplitts gekippt wurden, dreißig bis vierzig Fuß hohe Fichten- und Kiefernwälder, die an den Rändern mit Weiden und Heidelbeersträuchern verbrämt sind und außerdem oft durch einen äußeren Ring aus hohen Gräsern, leuchtend vor Lupinen, Rittersporen und prächtigen Akeleien, die überhaupt nicht auf ein strenges Klima hindeuten. Auch die Wasserläufe und Teiche sind in dieser Höhe überall dort, wo sich Erde ablagern kann, mit kleinen Gärten ausgestattet, die bezaubernde Überraschungen für den aufmerksamen Betrachter bereithalten, auch wenn sie auf die Entfernung kaum etwas hermachen. In diesen belaubten Fleckchen finden manche Vögel ein willkommenes Heim. Da sie den Menschen noch nicht kennengelernt haben, fürchten sie nichts Schlimmes, umschwärmen den Fremdling neugierig und gestatten beinahe, dass man sie in die Hand nimmt. In einer solch wilden und schönen Gegend verbrachte ich meinen ersten Tag, jeder Anblick und jedes Geräusch inspirierend, man wird weit aus sich selbst hinausgeleitet und erhält und errichtet dennoch seine Individualität.

Dann kam der feierliche, stille Abend. Lange, blaue, spitze Schatten krochen über die Schneefelder, ein rosiger Glanz, zunächst kaum erkennbar, dann allmählich dunkler und alle Bergspitzen überflutend, rötete die Gletscher und die schroffen Klippen über ihnen. Das Alpenglühen, für mich eine der imposantesten Manifestationen Gottes auf Erden. Unter der Berührung dieses göttlichen Lichts schienen die Berge in einem verzückten, religiösen Bewusstsein entflammt und standen ruhig und warteten wie andächtig Betende. Kurz bevor das Alpenglühen zu verblassen begann, zogen zwei karmesinrote Wolken über den Gipfel wie Feuerflügel und machten die erhabene Szene noch eindrucksvoller; dann kamen die Dunkelheit und die Sterne.

Der eisige Ritter war noch Meilen entfernt, doch ich konnte an diesem Abend nicht weitergehen. Am Rande eines Gletscherbeckens auf rund 11.000 Fuß fand ich einen guten Platz für das Lager. Ein kleiner See schmiegt sich in seinen Grund, aus ihm holte ich Wasser für meinen Tee, und ein sturmzerzaustes Dickicht in der Nähe lieferte mir reichlich harziges Feuerholz. Düstere Gipfel, zerstückt und zerstreut, umschlossen die Hälfte des Horizonts und verliehen der Dämmerung eine gewisse Wildheit; über den See sang feierlich ein Wasserfall auf seinem Weg hinab vom Fuß des Gletschers. Der Wasserfall, der See, der Gletscher, sie waren beinahe gleich kahl, und die hageren, in den Felsspalten verankerten Kiefern so winzig und von Windstürmen geschoren, dass man über ihre Wipfel laufen konnte. Diese Landschaft war in Farbe und Aussehen eine der trostlosesten, die mir je unter die Augen gekommen ist. Doch sind die dunkelsten Schriften der Berge mit hellen Abschnitten der Liebe erleuchtet, die nie versäumen, sich bemerkbar zu machen, wenn man einsam ist.

Ich schlug mein Bett in einem Winkel des Kieferndickichts auf, wo sich die Zweige verdichteten und wellten wie ein Dach und sich an den Seiten herunter bogen. Dies sind die besten Schlafzimmer, die das Hochgebirge zu bieten hat — behaglich wie Eichhörnchenkobel, gut durchlüftet, voll würziger Gerüche und mit einer Menge windbewegter Nadeln, die einen in den Schlaf singen. Ich hatte keine Gesellschaft erwartet, doch als ich durch einen niedrigen Seiteneingang kroch, entdeckte ich fünf oder sechs Vögel, die zwischen den Quasten nisteten. Bald nach Einbruch der Dunkelheit begann der Nachtwind zu wehen; zuerst nur ein sanfter Hauch, gegen Mitternacht jedoch zu einer steifen Brise anschwellend, die wie eine Kaskade in zerfetzten Wellen über mein Laubdach herfiel und wilde Klänge von den Klippen über mir brachte. Der Wasserfall sang im Chor, füllt die alten Eisbrunnen mit ernstem Gebrüll und schien mit fortschreitender Nacht an Stärke zuzunehmen — eine passende Stimme in solch einer Landschaft. Im Laufe der Nacht musste ich mehrere Male nach draußen zum Feuer kriechen, denn es war bitterkalt und ich hatte keine Decken. Ich war froh, den Morgenstern willkommen zu heißen.

Die Dämmerung in der trockenen, wabernden Luft der Wüste war herrlich. Alles ermutigte mein Unternehmen und verhieß Erfolg. Am Himmel keine Wolke, im Wind kein Sturmlaut. Ein Frühstück aus Brot und Tee war rasch zubereitet. Ich befestigte vorsorglich eine harte, haltbare Brotkruste an meinem Gürtel für den Fall, dass ich gezwungen sein sollte, eine Nacht auf dem Gipfel zu verbringen. Dann sicherte ich den Rest meines kleinen Vorrats gegen Wölfe und Waldratten und machte mich frei und voller Hoffnung auf den Weg.

Strahlend grüßt die Sonne die Berge! Allein dies zu sehen, ist tausend Mal die Mühsal jeder Wanderung wert. Die höchsten Gipfel loderten wie Inseln in einem Meer flüssigen Schattens. Dann begannen die tieferen Gipfel und Spitzen zu glühen, durch die Täler und Pässe strömten lange Lichtspeere und fielen auf die gefrorenen Wiesen. Die majestätische Gestalt des Ritter kam voll in den Blick, und ich drängte rasch weiter über runde Felsbuckel und Platten, meine eisenbeschlagenen Schuhe klapperten, manchmal plötzlich gedämpft durch Moosheidematten und moosweiches Riedgras an den Seeufern. Auch hier, im sogenannten »trostlosen Land«, traf ich auf Schuppenheide, die zwischen den zerschmetterten Steinen in Säumen wuchs. Ihre

Blüten waren längst verwelkt, aber noch krallten sie sich mit glücklichen Erinnerungen an die immergrünen Zweige und noch immer so schön, dass sie jede Faser des Daseins erregten. Winters wie sommers kann man ihre Stimme hören, die leise, sanfte Melodie ihrer violetten Trichter. Kein Evangelium unter all den Gebirgspflanzen verkündet die Liebe der Natur schlichter und einfacher als die Schuppenheide. Wo sie wächst, ist die Erlösung der kältesten Einsamkeit geschafft. Die Felsen und Gletscher scheinen ihre Anwesenheit zu spüren und werden von ihrer ursprünglichen Sanftheit durchdrungen. Alle Dinge erwärmten sich und erwachten. Gefrorene Rinnsale begannen zu fließen, die Murmeltiere krochen aus ihren Nestern in den Gesteinshaufen und kletterten auf Felsen, um sich zu sonnen, die dunkelköpfigen Sperlinge[18] flitzten auf der Suche nach einem Frühstück umher. Die Seen, die man von jedem Kamm aus sah, glitzerten in Rippeln und Pailletten und schimmerten wie die Dickichte der Weißstämmigen Kiefern, und ebenso schienen die Felsen für die lebenspendende Hitze empfänglich zu sein — Felskristalle und Schneekristalle erregen gleichermaßen. Beschwingt schritt ich voran, als würde ich nie müde werden, die Beine liefen von selbst, jeder Sinn entfaltet wie die tauenden Blumen, um an der Harmonie des neuen Tages teilzuhaben.

Außer unten in den Cañons standen mir auf meinem bisherigen Weg die Landschaften meist offen und weiteten sich zumindest in eine Richtung. Zur Linken ruhten die purpurnen Ebenen des Mono verträumt und warm; zur Rechten stießen die nahen Gipfel kühn und immer erhabener in die dünne Luft. Aber schließlich verloren sich diese weiten Blicke. Schroffe Sporne und Moränen und riesige Vorsprünge schlossen mich allmählich ein. Alle Gebilde wurden immer strenger alpin, allerdings ohne abschreckende Wirkung, denn in die Berge zu wandern ist wie nach Hause zu gehen. Immer wieder erscheinen uns die fremdartigsten Dinge in diesen urtümlichen Wildnissen bis zu einem gewissen Grad vertraut, und wir betrachten sie mit dem vagen Gefühl, sie schon einmal gesehen zu haben.

Am Südufer eines zugefrorenen Sees stieß ich auf ein ausgedehntes Feld mit hartem, körnigen Schnee, das ich gut gelaunt hinauftappte; ich hatte die Absicht, ihm bis zum Anfang zu folgen und den Felssporn, gegen den es lehnte, in der Hoffnung zu überqueren, auf diese Weise direkt zum Fuß des Hauptgipfels des Mount Ritter zu gelangen. Die Oberfläche war von ovalen Mulden durchlöchert, verursacht durch Steine und verwehte Kiefernnadeln, die sich mittels Abstrahlung der absorbierten Sonnenwärme selbst in die Masse hineingeschmolzen hatten. Sie boten den Füßen guten Halt, doch am oberen Ende wurde die Fläche immer steiler und die Mulden flacher und weniger häufig, so dass ich Gefahr lief, wie eine Schneelawine wegzusacken. Ich ließ mich jedoch nicht beirren, kroch auf allen Vieren und rutschte an den glattesten Stellen auf meinem Hintern weiter, wie ich es oft auf poliertem Granit getan hatte, bis ich zuletzt gezwungen war, nachdem ich mehrere Male ausglitt, den gleichen Weg nach unten zurückzugehen, das westliche Ende des Sees zu umrunden und dann von dort hinauf zur Scheide zwischen den Wassern des Rush Creek und den nördlichen Zuflüssen des San Joaquin zu steigen.

Als ich auf dem Gipfel dieses Bergrückens anlangte, offenbarte sich eines der aufregendsten Spektakel der reinen Wildnis, die ich bei allen meinen Bergwanderungen jemals entdeckt habe. Unmittelbar vor mir ragte die majestätische Masse des Mount Ritter, an seiner Wand stürzte ein Gletscher fast bis zur mir herab, wandte sich dann nach Westen und ergoss seine gefrorene Flut in einen dunkelblauen See, dessen Ufer von kristallinen Schneehängen umschlossen waren. Eine tiefe Schlucht schnitt sich zwischen Scheide und Gletscher und grenzte das mächtige Bildnis von allem andern ab. Ich konnte nur den einen Berg, den einen Gletscher, den einen See sehen; alles mit einem einzigen blauen Schatten verschleiert — Fels, Eis und Wasser dicht beieinander ohne ein einziges Blatt oder Zeichen von Leben. Ich starrte wie gebannt; dann begann ich instinktiv, jede Kerbe, jede Kluft und jeden Vorsprung im Hinblick auf den Anstieg zu untersuchen.

Die gesamte Front über dem Gletscher schien ein gewaltiger Steilhang, der am Gipfel leicht zurückwich und vor Nadeln und Zinnen in fürchterlicher Reihung nur so strotzte. Eine massive flechtenbesetzte Brustwehr ragte hier und dort vor, oben von kantigen Scharten zerhackt und durch eisige Rinnen und Nischen zerteilt, die seit ihrer Erschaffung in Schatten gehüllt lagen; unterdessen verhießen riesige bröckelnde Vorsprünge rechts und links, soweit ich es sehen konnte, dem Kletterer keine Hoffnung. Vom oberen Ende des Gletschers streckten sich einige fingerähnliche Verästelungen die schmalen *couloirs*[19] hinauf, sie schienen jedoch zu jäh und zu kurz, um sie nutzen zu können, vor allem da ich kein Beil hatte, um Stufen zu schlagen; und die zahlreichen engen Rinnen, in denen Steine und Schnee abgingen, schienen aussichtlos steil und waren zudem von vertikalen Felsen durchbrochen. Insgesamt war die Front durch den eiskalten Schatten und das triste Schwarz der Felsen noch viel abweisender und furchteinflößender.

Zögerlich stieg ich die Scheide hinab, nahm meinen Weg durch die gähnende Schlucht am Fuße und kletterte auf den Gletscher hinauf. Hier gab es keine Wiesen, die mit ihren trotzenden Farben erfreuen, ich konnte auch die dunkelköpfigen Sperlinge nicht hören, deren fröhliche Töne die Stille der höchsten Berge mildern. Die einzigen Geräusche waren das Gurgeln der Rinnsale in den Adern und Spalten des Gletschers und der vereinzelte rasselnde Hall fallender Steine, dessen Echos in die klare Luft schallten.

Ich konnte nicht unbedingt hoffen, den Gipfel von dieser Seite zu erreichen, doch ich lief über den Gletscher, als triebe mich das Schicksal. Mit mir im Widerstreit sagte ich: Der Herbst ist zu weit fortgeschritten, und selbst wenn ich Erfolg haben sollte, könnte mich der Sturm auf dem Gipfel einschließen; und wie könnte ich in der Wolkenfinsternis bei den vom Schnee bedeckten Klippen und Spalten entkommen? Nein; ich musste bis zum nächsten Sommer warten. Ich würde mich dem Berg jetzt nur nähern und ihn inspizieren, an seinen Flanken herumkriechen, möglichst viel über seine Geschichte in Erfahrung bringen und mich bereithalten, bei der ersten auftauchenden Sturmwolke die Flucht zu ergreifen. Bevor wir jedoch das Wagnis nicht eingegangen sind, wissen wir kaum, wieviel Unbezwingliches in uns steckt, das uns über Gletscher und reißende Flüsse und gefährliche Höhen hinauf treibt, mag es noch so unvernünftig sein.

Es gelang mir, den Fuß der Felswand am östlichen Ausläufer des Gletschers zu erreichen; dort entdeckte ich die Mündung einer schmalen Lawinenrinne, die ich mit der Absicht hinaufzusteigen begann, ihr soweit wie möglich zu folgen und schließlich ein paar wilde Ausblicke zu erlangen für meine Qualen. Sie verläuft generell quer zur Wand, und das metamorphe Gestein, aus dem der Berg besteht, bricht an den Trennflächen[20] in solcher Weise ab, dass es in rechtwinkligen Blöcken verwittert, wodurch unregelmäßige Stufen entstehen, die das Klettern an steilen Stellen sehr viel leichter machen. So fand ich meinen Weg durch eine Wildnis aus zerfallenden Türmen und Zinnen, die in verwirrenden Kombinationen gegeneinander gestellt und oftmals mit einer dünnen Eisschicht überzogen waren, die ich mit Steinen abschlagen musste. Es wurde immer gefährlicher; doch nachdem ich mehrere riskante Stellen passiert hatte, wagte ich nicht mehr, an Abstieg zu denken; denn der gesamte Anstieg war dermaßen steil, dass man bei einem einzigen Fehltritt unweigerlich auf den Gletscher stürzen würde. Weil ich die durchstandene Gefahr unter mir kannte, wurde ich wegen dem, was sich weiter oben zeigen würde, noch besorgter, und allmählich ahnte ich vage, was mir tatsächlich widerfuhr; nicht dass ich in Angst verfiel, doch meine sonst sehr zuverlässigen und genauen Instinkte schienen irgendwie beeinträchtigt zu sein und führten mich in die Irre. Nachdem ich schließlich eine Höhe von rund 12.800 Fuß erreicht hatte, fand ich mich vor der Halde eines steilen Bergsturzes im Lawinentunnel, der jedes weitere Vorankommen versperrte. Er war nur etwa fünfundvierzig bis fünfzig Fuß hoch, zerklüftet durch Spalten und Vorsprünge, doch für den Tritt scheinbar zu schwach und unsicher, so dass ich alles versuchte, den Abhang zu vermeiden, indem ich die Wände des Kanals hüben und drüben erklomm. Die Wände waren zwar weniger steil, dafür aber glatter als die Felsblockade, und wiederholte Versuche bewiesen nur, dass ich entweder direkt geradeaus gehen oder umkehren musste. Die überstandenen Gefahren unter mir schienen größer zu sein als die Gefahren der Steilwand vor mir, deshalb begann ich, sie zu erklimmen, nachdem ich die Oberfläche wieder und wieder untersucht hatte, und wählte meine Handgriffe mit größter Umsicht. Als ich einen Punkt ungefähr auf der Hälfte des Weges zum Gipfel erreicht hatte, wurde ich plötzlich zum völligen Stillstand gezwungen, die Arme ausgebreitet, dicht an die Felswand geklammert, nicht in der Lage, Hand oder Fuß nach oben oder nach unten zu bewegen. Mein Schicksal schien besiegelt. Ich musste abstürzen. Es gäbe einen Moment der Verwirrung, dann ein lebloses Poltern den ganzen Steilhang hinab bis unten zum Gletscher.

Als mir diese letzte Gefahr durch den Sinn schoss, flatterten mir zum ersten Mal, seit ich einen Fuß in die Berge gesetzt habe, die Nerven und mein Geist schien sich mit dumpfem Rauch zu füllen. Doch diese schreckliche Verdunklung dauerte nur einen Augenblick, dann flammte das Leben mit übernatürlicher Klarheit wieder auf, als stünde mir plötzlich ein neuer Sinn zur Verfügung. Das andere Ich, frühere Erfahrungen, Instinkt, Schutzengel — wie man es auch nennen möchte, es trat vor und übernahm die Kontrolle. Daraufhin strafften sich meine zitternden Muskeln wieder, ich sah jeden Riss und Sprung im Felsen wie durch ein Mikroskop, und meine Glieder bewegten sich mit einer Bestimmtheit und Präzision, mit der ich selbst offenbar nichts zu tun hatte. Wäre ich auf Flügeln hinaufgetragen worden, meine Rettung hätte nicht größer sein können.

Oberhalb dieser unvergesslichen Stelle ist die Bergwand noch wüster zerstückt und zerrissen. Es ist ein Labyrinth aus klaffenden Spalten und Schluchten, in deren Winkeln sich kragende Felsen und Haufen loser Felsbrocken erheben, die bereit zum Abgang schienen. Aber der seltsame Kraftstrom, der in mich schoss, schien unerschöpflich. Mühelos fand ich einen Weg und stand bald auf dem höchsten Felsen im gesegneten Licht.

Wahrhaft herrlich umschließt die Landschaft diesen edlen Gipfel! — riesige Berge, unzählige Täler, Gletscher und Wiesen, Flüsse und Seen, und der weite blaue Himmel sanft über allem gewölbt. Doch in der ersten Stunde meiner Befreiung aus dem schrecklichen Schatten schien das Licht der Sonne, in dem ich mich badete, alles zu sein.

Blickt man entlang der Gebirgsachse nach Süden, fällt einem zuerst eine Reihe außerordentlich spitzer, schlanker Felsnadeln ins Auge, die freiweg über kurzen Gletscherresten, die sich an deren Sockel lehnen, zu rund tausend Fuß Höhe aufsteigen; ihre phantastische Skulptur und die unverminderte Schärfe, mit der sie aus dem Eis springen, lassen sie besonders wild und eindrucksvoll erscheinen. Es sind »Die Minarette«. Hinter ihnen erkennt man eine erhabene Bergwildnis, die verschneiten Gipfel ragen in Hülle und Fülle gedrängt, Gipfel nach Gipfel, und wogen immer höher, je weiter sie sich nach Süden erstrecken, bis der Kulminationspunkt der Bergkette am Mount Whitney erreicht ist, nahe der Quelle des Kern River, auf einer Höhe von 14.700 Fuß über dem Meeresspiegel.

Im Westen sieht man, wie die Gebirgsflanke in sanften Wellen von den steilen Gipfeln abfließt; ein Meer grauer Granitwogen, mit Seen und Wiesen getüpfelt und mit gewaltigen Cañons geriffelt, die kontinuierlich tiefer werden, je weiter sie in der Ferne verschwinden. Unterhalb dieser grauen Region liegt die dunkle Waldzone, hier und dort von schwellenden Graten und Kuppeln durchbrochen; und dahinter befindet sich ein gelber, dunstiger Gürtel, der die weite Ebene des San Joaquin bezeichnet, dessen fernere Seite die blauen Küstenberge begrenzen.

Wendet man sich jetzt nach Nordwesten, steht unmittelbar im Vordergrund die Sierra Crown mit dem Cathedral Peak, einem Tempel von erstaunlicher Bauart, ein paar Grad links von ihr, und zur Rech-

Cathedral Spires. Yosemite Valley.

ten die graue massive Gestalt des Mammoth Mountain; unterdessen vollführen die Mounts Ord, Gibbs, Dana, Conness, Tower Peak, Castle Peak, Silver Mountain und eine Schar würdiger, noch namenloser Gefährten ein erhabenes Spektakel längs der Gebirgsachse.

Nach Osten scheint die gesamte Region ein trostloses Land, das in schönes Licht gehüllt ist. Das sengende Vulkanbecken des Mono mit dem einzigen kahlen, vierzehn Meilen langen See; Owen's Valley und die breite Hochebene an seinem oberen Ende, mit Kratern gefleckt, und die wuchtige Inyo Range, die sogar mit der Sierra um die Höhe konkurriert. Sie liegen unter einem wie eine Landkarte ausgebreitet, mit zahllosen Gebirgsketten dahinter, die einander überholen und überlappen und am leuchtenden Horizont verblassen.

Weniger als 3000 Fuß unterhalb des Gipfels des Mount Ritter kann man einige Zuflüsse des San Joaquin und Owen's River finden, sie schießen aus dem Eis und Schnee der Gletscher an den beladenen Flanken, während sich etwas weiter nördlich die höchsten Nebenflüsse des Tuolumne und Merced befinden. So liegen die Quellen von vier der wichtigsten kalifornischen Flüsse in einem Umkreis von vier bis fünf Meilen.

Seen funkeln an den verschiedensten Stellen — runde oder ovale oder viereckige wie echte Spiegel; andere sind schmal und gewunden, dicht um die Gipfel wie Silberreife gezogen, die höchsten spiegeln nur Felsen, Schnee und Himmel. Doch weder die Seen noch die Gletscher oder die braunen Wiesenstücke und das Moorland hier und dort sind groß genug, um einen merklichen Eindruck auf die gewaltige Wildnis der Berge zu machen. Das Auge jubelt über die Freiheit und schweift über die weite Fläche und kehrt doch immer wieder zu den ursprünglichen Gipfeln zurück. Vielleicht erregt einer besondere Aufmerksamkeit, eine kolossale Burg mit Bergfried und Mauerzinnen oder eine gotische Kathedrale, die mehr Türme hat als die von Mailand. Im Allgemeinen jedoch überwältigt den unerfahrenen Beobachter, wenn er sich zum ersten Male von einem derartigen Standpunkt in alle

Richtungen umschaut, die unvergleichliche Grandiosität, Vielfalt und Fülle der sich Schulter an Schulter bis außer Sichtweite erhebenden Berge, und erst nachdem man sie einen nach dem anderen lange und innig studiert hat, offenbaren sich ihre ausgedehnten Harmonien. Wohin man dann auch in die Wildnis vorstößt, man kann die wichtigsten unterscheidenden Merkmale, denen sich die gesamte Topographie der Umgebung unterordnet, rasch erfassen, und die verworrensten Berggruppen zeigen sich harmonisch zueinander und wie Kunstwerke gestaltet — eloquente Monumente der alten Eisflüsse, die sie aus der Masse des Gebirges hervortreten ließen. Auch die Cañons, manche eine Meile tief, wild durch die gewaltige Schar der Berge dahinirrend, erkennt man schließlich, selbst wenn sie auf den ersten Blick regellos und unbändig scheinen, als unvermeidliche Auswirkungen von Ursachen, die einander in harmonischem Ablauf folgten — Gedichte der Natur, in Steintafeln gemeißelt — die einfachsten und deutlichsten ihrer eiszeitlichen Kompositionen.

Wenn wir in der Eiszeit hier gewesen wären, hätten wir über einen faltigen Eisozean blicken können, so geschlossen wie jener, der jetzt Grönlands Landschaften bedeckt; jedes Tal und jeder Cañon gefüllt, und nur die Spitzen der ersten Gipfel[21] ragen dunkel über felslastigen Eiswogen wie Inseln in einem stürmischen Meer — jene Eilande die einzigen Hinweise auf die herrlichen Landschaften, die nun in der Sonne lächeln. Steht man hier in der tiefen, brütenden Stille, scheint die ganze Wildnis reglos zu sein, als wäre das Schöpfungswerk getan. Doch inmitten dieser äußeren Unerschütterlichkeit erkennen wir, dass es unaufhörlichen Fortgang und Wandel gibt. Von Zeit zu Zeit stürzen Lawinen von den jenseitigen Gipfeln. Die klippengesäumten Gletscher, nur scheinbar reglos und eingekeilt, fließen wie Wasser und schleifen die Steine unter sich. Die Seen klatschen an die granitnen Ufer und waschen sie aus, und jedes dieser Rinnsale und Flüsschen kräuselt die Luft zu Musik und trägt die Berge in die Ebenen. Hier liegen die Wurzeln allen Lebens in den Tälern, und hier zeigt sich klarer als anderswo der ewige Fluss der Natur. Eis verwandelt sich in Wasser, Seen in Wiesen, Berge in Ebenen. Und während wir darüber nachsinnen, mit welchen Methoden die Natur Landschaften hervorbringt, und die Aufzeichnungen lesen, die sie in die Felsen gemeißelt hat, damit wir auf diese Weise, wie unvollkommen auch immer, die früheren Landschaften rekonstruieren, erfahren wir, dass jene, die wir nun betrachten, genauso auf die Landschaften der voreiszeitlichen Periode gefolgt sind, wie diese ihrerseits verwelken und verschwinden, damit andere, noch ungeborene ihnen folgen können.

Inmitten dieser schönen Lektionen und Landschaften erinnerte ich mich jedoch daran, dass die Sonne fern in den Westen rollte und ein anderer Abstieg vom Berg gefunden werden musste, der mich zu einem Punkt an der Baumgrenze führte, wo ich ein Feuer machen konnte; denn ich hatte mich nicht einmal mit einem Mantel belastet. Zuerst untersuchte ich die westlichen Felssporne in der Hoffnung, dass sich irgendein Weg zeigen würde, auf dem ich den nördlichen Gletscher erreichen und seine Zunge überqueren könnte; oder den See umkreisen, in den er mündet, um so auf meine morgendliche Fährte zu stoßen. Diese Route lag bald hinlänglich ausgebreitet vor mir, und es zeigte sich, dass sie, falls überhaupt gangbar, so lange dauern würde, dass ein Erreichen des Lagers in dieser Nacht außer Frage stand. Deshalb kraxelte ich zurück nach Osten und stieg gleichzeitig die südlichen Hänge schräg hinab. Hier schienen die Schroffen weniger beträchtlich, und das obere Ende eines nordöstlich fließenden Gletschers kam in Sicht, dem ich soweit wie möglich zu folgen beschloss, in der Hoffnung, auf diese Weise zum Fuße des Gipfels auf der Ostseite und von dort über die dazwischen liegenden Cañons und Kämme zum Lager zu gelangen.

Zu Beginn ist das Gefälle des Gletschers recht moderat, und da die Sonne den *névé* aufgeweicht hatte, kam ich rennend und rutschend schnell und sicher vorwärts, wobei ich stets scharf nach Gletscherspalten Ausschau hielt. Etwa eine Meile vom oberen Ende entfernt, gibt es eine Eiskaskade, an der der Gletscher über eine schroffe Kante stürzt und in massige Blöcke zerbricht, die durch tiefe, blaue Spalten getrennt werden. Meinen Weg durch das schlüpfrige Labyrinth dieses zerklüfteten Gebiets zu verfolgen schien unmöglich, und ich bemühte mich, es zu meiden, indem ich hinauf zur Schulter des Berges kletterte. Aber die Hänge wurden rasch steiler und stürzten in jähe Abgründe, so dass sie eine Rückkehr zum Eis erzwangen. Glücklicherweise war der Tag warm genug, die Eiskristalle zu lockern, ich konnte Mulden in die morschen Teile der Blöcke graben, wodurch es mir gelang, meinen Weg unter viel geringeren Schwierigkeiten als erwartet zu nehmen. Die Gletscherzunge hinab und an der linken Seitenmoräne entlang, war's nur ein zuversichtlicher Bummel, der mir bewies, dass eine Besteigung des Berges über diesen Gletscher leicht ist, vorausgesetzt man ist mit einer Axt bewaffnet, um hier und dort Stufen zu schlagen.

Das untere Ende des Gletschers war schön gewellt und durch zutage tretende Kanten der Eisschichten versperrt, die den jährlichen Schneefall und teils auch die unregelmäßigen Strukturen darstellen, verursacht durch Verwitterung der Spaltwände und einzelne Schneefälle, denen Regen und Hagel, Tauen und Gefrieren folgten. Kleine Rinnsale glitten und wirbelten ölig aussehend in reinen Eiskanälen über die schmelzende Oberfläche — ihre schnellen, willfährigen Bewegungen standen in eindrucksvollem Gegensatz zu dem starren unsichtbaren Fluss des Gletschers, auf dessen Rücken sie dahinliefen.

Der Abend brach an, bevor ich den östlichen Sockel des Berges erreicht hatte, und mein Lager befand sich noch viele zerklüftete Meilen im Norden; doch letztlich war mir der Erfolg sicher. Es handelte sich jetzt nur um eine Sache der Ausdauer und gewöhnlichen Kletterkunst. Der Sonnenuntergang war, falls überhaupt möglich, noch herrlicher als am Tag zuvor. Warmes, purpurnes Licht schien die Landschaft des Mono zu durchtränken. Die entlang des Gipfels arrangierten Bergspitzen lagen im Schatten, doch durch jeden Einschnitt und Pass strömte lebhaftes Sonnenfeuer, das ihre schroffen, schwarzen Kanten milderte und anstrahlte, während ganze Kompanien leuchtender Wölkchen über ihnen wie die Engel des Lichts schwebten.

Dunkelheit setzte ein, doch ich fand meinen Weg durch die Neigungswinkel der vorm Himmel aufragenden Cañons und Gipfel. Alle Erregung erlosch mit dem Licht, dann wurde ich müde. Zuletzt hörte ich den Klang des Wasserfalls über dem See, und bald spiegelten sich die Sterne in ihm. An ihnen orientierte ich mich und fand das kleine Kieferndickicht, in dem mein Nest war; dort genoss ich die Rast, wie es nur ein erschöpfter Bergsteiger tun kann. Nachdem ich eine Weile los und ledig dagelegen hatte, entzündete ich ein Morgenfeuer, ging zum See hinab, spritzte mir Wasser über den Kopf und schöpfte eine Tasse für den Tee. Die Neubelebung durch Brot und Tee war ebenso vollkommen wie die Erschöpfung von exzessiver Freude und Mühsal. Dann kroch ich unter den Kiefernquasten zu Bett. Der Wind war eisig und das Feuer brannte niedrig, nichtsdestotrotz war mein Schlaf gesund, und die abendlichen Sternbilder waren, noch vor meinem Erwachen, längst tief in den Westen gewandert.

Nachdem ich im Morgenlicht aufgetaut war und mich erholt hatte, schlenderte ich heimwärts — das heißt zurück zum Lager am Tuolumne —, indem ich Kurs auf eine Gruppe von Gipfeln nahm, auf denen der Quellschnee für einen der nördlichen Zuflüsse des Rush Creek lagerte. Hier entdeckte ich einige schöne Gletscherseen, die zusammen in einem prächtigen Amphitheater kauerten. Gegen Abend überquerte ich die Wasserscheide von Mono und Tuolumne und betrat das Gletscherbecken, das jetzt den Quellschnee für den Fluss enthält, der die Kaskaden des oberen Tuolumne bildet. Diesem Fluss folgte ich durch seine vielen Täler und Schluchten, Wiesen und Sümpfe hinab, bis ich in der Dämmerung das Ufer des Haupt-Tuolumne erreichte.

Ein lauter Ruf für die Künstler wurde wiederholt beantwortet. Ihr Lagerfeuer kam in Sicht, und eine halbe Stunde später war ich bei ihnen. Sie schienen übermäßig froh, mich zu sehen. Ich war nur drei

Tage fort gewesen; doch obwohl das Wetter schön war, hatten sie bereits spekuliert, ob ich je zurückkommen würde, und zu entscheiden versucht, ob sie noch länger warten oder den Weg zurück ins Flachland suchen sollten. Nun waren ihre kuriosen Sorgen vorbei. Sie verstauten ihre wertvollen Skizzen, und am nächsten Morgen brachen wir nach Hause auf; zwei Tage später betraten wir das Yosemite Valley von Norden durch den Indian Cañon.

KAPITEL V

Die Pässe

Die gewaltige Höhe der Pässe veranschaulicht die unaufhörlichen Erhabenheiten der High Sierra am besten. Zwischen 36° 20′ und 38° nördlicher Breite liegen, soweit ich es erkundet habe, die niedrigsten Pässe, Schluchten, Klüfte und Spalten auf über 9000 Fuß. Die durchschnittliche Höhe sämtlicher Gebirgspässe, die sowohl Indianer als auch Weiße nutzen, liegt nicht unter 11.000 Fuß, davon ist kein einziger ein Straßenpass.

Weiter nördlich, an den Oberläufen des Stanislaus und Walker's River, wurde eine Verkehrsstraße über den sogenannten Sonora Pass gebaut, dessen höchster Punkt auf 10.000 Fuß liegt. Feste Wagenstraßen hat man auch über die Carson und Johnson Pässe in der Nähe des Lake Tahoe geführt, vor dem Bau der Central Pacific Railroad wurden auf ihnen ungeheure Frachtmengen aus Kalifornien zu den Minenregionen Nevadas befördert.

Noch weiter im Norden gibt es eine beträchtliche Anzahl vergleichsweise niedriger Pässe, von denen einige für Fahrzeuge zugänglich sind. Durch diese Hohlwege quälten sich in den Jahren des Goldrausches lange, erschöpfte Auswanderertrecks mit fußkrankem Vieh. Nachdem die zerschundenen Abenteurer tausenden Gefahren entkommen und tausende Meilen über die Ebenen gekrochen sind, tauchte endlich die verschneite Sierra vor ihnen auf, die östliche Mauer des Goldlandes. Und als sie mit beschatteten Augen durch wabernden Wüstendunst starrten, mit welcher Freude müssen sie den Pass entdeckt haben, über den sie ins bessere Land ihrer Hoffnungen und Träume gelangen würden!

Zwischen dem Sonora Pass und dem südlichen Ausläufer der High Sierra — eine Entfernung von fast 160 Meilen — gibt es nur fünf Pässe, über die Wege von der einen Gebirgsseite zur anderen führen. Für Tiere sind sie kaum zu schaffen; in diesen Regionen versteht man unter einem Pass jeden Hohlweg und Cañon, durch den es mit unendlicher Geduld gelingen kann, ein Maultier oder einen trittsicheren Mustang zu führen: Tiere, die nicht nur laufen, sondern auch rutschen oder springen. Lediglich drei der fünf Pässe werden benutzt, nämlich Kearsarge, Mono und Virginia Creek; die Wege, die über die anderen führen, sind verborgene Indianerpfade, nicht im geringsten begradigt und für den weißen Mann kaum aufzufinden; denn eine weite Strecke verläuft über soliden Fels und Erdbeben-Schuttkegel, auf denen die unbeschlagenen Ponys der Indianer keine nennenswerten Spuren hinterlassen. Einzig erfahrene Bergsteiger sind in der Lage, die Zeichen zu erkennen, die den Indianern als Orientierung dienen, zum Beispiel leichter Abrieb an lockeren Felsen, verschobene Steine und umgeknickte Sträucher und Gräser. Allgemeine Kenntnis der Topographie ist die beste Richtschnur, die es einem festzustellen ermöglicht, wo der Pfad verlaufen sollte — verlaufen *muss*.

Einer dieser Indianerpfade überquert das Gebirge an einem namenlosen Pass zwischen den Oberläufen des südlichen und mittleren San Joaquin, ein anderer zwischen dem nördlichen und mittleren, exakt südlich der »Minarette«, er befindet sich auf einer Höhe von rund 9000 Fuß und ist der unterste der fünf. Der höchste ist der Kearsarge, er führt über den Gipfel inmitten der erstaunlichsten Felslandschaft am Oberlauf der südlichen Gabelung des King's River, etwa achtzig Meilen nördlich vom Mount Tyndall. Der höchste Punkt des Passes liegt mehr als 12.000 Fuß über dem Meer; dennoch ist er einer der sichersten, Jäger, Goldsucher, Viehtreiber und bis zu einem gewissen Maß auch die vergnügungssüchtigen Abenteurer benutzen ihn in jedem Sommer zwischen Juli und Oktober oder November. Abgesehen von der unübertrefflichen Pracht der Szenerie am Gipfel führt der Weg nämlich beim Anstieg auf der Westseite des Gebirges durch einen Mammutbaumwald und das herrliche Yosemite Valley am südlichen Arm des King's River. Wahrscheinlich handelt es sich um den höchsten bereisten Pass auf dem Nordamerikanischen Kontinent.

Der Mono Pass liegt östlich vom Yosemite Valley an der Quelle eines Zuflusses zum Südarm des Tuolumne. Es ist der bekannteste und am stärksten bereiste in der High Sierra. Im Jahre 1858, zur Zeit des Mono-Rausches, legten verwegene Goldgräber und Goldschürfer einen Pfad an, Männer, die auf dem Weg zum Gold auch eine Straße in den Rachen des dunkelsten Erebos errichten würden. Obwohl mehr als tausend Fuß tiefer als der Kearsarge ist seine Felslandschaft kaum weniger erhaben, und bei Schnee und Regen übertrifft er ihn sogar. Für den Strom der Yosemite-Reisenden liegt er derart günstig, dass ihn abenteuerlustigere Touristen als Durchgang zum Vulkangebiet rund um den Mono Lake wählen. Den wenigen Barometermessungen zufolge, befindet sich der höchste Punkt bei 10.765 Fuß über dem Meeresspiegel. Der andere der fünf in Betracht gezogenen Pässe liegt etwas niedriger und quert die Gebirgsachse einige Meilen nördlich des Mono Pass am Oberlauf des südlichsten Nebenflusses von Walker's River. Zumeist benutzen ihn umherstreifende Pah-Ute-Indianer und ›Schafhüter‹.

Sieht man von Rädern und Tieren einmal ab, kann der ungebundene Bergsteiger mit einem Beutel Brot auf dem Rücken und mit einer Axt, um Stufen in Eis und gefrorenen Schnee zu schlagen, das Gebirge fast überall und bei ruhigem Wetter zu jeder Jahreszeit durchqueren. Für ihn ist jede Kerbe zwischen den Gipfeln ein Pass, auch wenn zuweilen geduldiges Stufenschlagen beim Auf- und Abstieg der steilen Gletscher erforderlich ist und vorsichtiges Klettern über Hänge, die auf den ersten Blick heillos unzugänglich scheinen.

Im Verlaufe meiner Studien habe ich die Bergkette in ihren höchsten Bereichen von einer Seite zur andern im Abstand weniger Meilen mit weitaus geringerer echter Gefahr überquert, als man gemeinhin rechnen würde. Welch schöne Wildnis ließ sich so entdecken — Stürme und Lawinen, Seen und Wasserfälle, Gärten und Wiesen und interessante Tiere. Nur diejenigen werden ihnen begegnen, die den freiesten und heitersten Teil ihres Lebens dem Bergsteigen und Selbst-Sehen verschreiben.

Dem zaghaften Wanderer, der frisch aus den Sedimentschichten des Flachlands kommt, erscheinen diese Wege, wie malerisch und wie großartig auch immer, schrecklich unwirtlich — kalte, tote, düstere Scharten im Gebein des Gebirges, und von allen Pfaden der Natur jene, die man mit größter Umsicht meidet. Doch sie sind voll der wunderbarsten, erstaunlichsten Beispiele für die Liebe der Natur; obwohl schwer zu bereisen, ist nichts sicherer. Denn sie führen durch Regionen, die weit über den gewöhnlichen Schlupfwinkeln für den Teufel und die Pest, die im Finstern umgeht,[22] liegen. Selbstverständlich gibt es zahllose Orte, an denen ein unvorsichtiger Schritt der letzte Schritt ist; und ein Felsen ohne Vorwarnung von den Klippen fallen kann wie ein Blitzschlag aus dem Himmel; aber was dann? Unfälle sind in den Bergen nicht so häufig wie im Flachland, und diese Gebirgsvillen sind respektable, einladende, ja göttliche Orte zum Sterben, im Vergleich zu den trübsinnigen Kammern der Zivilisation. Nur wenige Orte auf der Welt sind gefährlicher als das eigene Heim. Fürchtet euch also nicht vor den Bergpässen. Sie vernichten die Sorge, retten euch aus tödlicher Apathie, befreien euch und verwandeln jede Fähigkeit in kraftvolles, begeistertes Handeln. Selbst die Kranken sollten sich auf diese sogenannten gefährlichen Pässe wagen, denn für jeden Unglückseligen, den sie töten, heilen sie tausend.

Ihren steilsten Anstieg nehmen alle Pässe an der östlichen Flanke. Auf dieser Seite erheben sie sich durchschnittlich fast tausend Fuß pro Meile, auf der westlichen dagegen nur rund zweihundert. Ein weiterer markanter Unterschied zwischen den Pässen im Osten und Westen besteht darin, dass die ersten am Sockel des Gebirges beginnen, die letzten nicht unterhalb einer Höhe von sieben- bis zehntausend Fuß. Kommt der Reisende aus den grauen Ebenen des Mono und Owen's Valley im Osten, sieht er die steilen, kurzen Pässe vor sich, umzingelt von zerklüfteten Felsspornen, die zu beiden Seiten der Gipfel von deren Schultern in die Tiefe stürzen, wobei der Verlauf der näheren von Anfang bis Ende durchweg dem Blick preisgegeben ist. Doch von Westen sieht er bis kurz vor dem Gipfel nichts, nachdem er sich tagelang durch die Wälder gewunden hat, die zwischen Fluss-Cañons auf den Graten der Wasserscheiden wachsen.

Interessant zu beobachten ist, dass alpenüberquerende Tiere aller Gattungen mit Sicherheit auf dieselben Wege geraten. Je schroffer und unzugänglicher der allgemeine Charakter der Topographie einer bestimmten Region, desto sicherer berühren sich die Pfade der Weißen, Indianer, Bären, wilden Schafe usw. an den besten Pässen. Bei beständigem Wetter wagen sich die Indianer der Westseite über die Pässe, um Tänzen beizuwohnen und sich körbeweise Kiefernnüsse und die Larven einer kleinen, im Mono und Owen's Lake brütenden Fliege zu beschaffen, die ihnen getrocknet als wichtiges Nahrungsmittel dienen; die Pah Utes kommen ihrerseits aus dem Osten herüber, um Wild zu jagen und Eichelvorräte zu sammeln; und es ist wirklich erstaunlich zu sehen, welch enorme Lasten die hageren alten Squaws barfuß über diese rauhen Pässe tragen, nicht selten sechzig, siebzig Meilen. Sie werden stets von Männern begleitet, die unbeschwert und aufrecht einherschreiten, ein Stück voraus, und sich an schwierigen Stellen netterweise bücken, um Steinstufen für ihre geduldigen Packseselfrauen aufzuhäufen, so wie sie ihren Ponys den Weg bereiten würden.

Bären bekunden solch großen Scharfsinn wie Bergsteiger, doch obwohl sie unermüdliche und unternehmungslustige Wanderer sind, überqueren sie selten das Gebirge. Ich bin in den letzten Jahren verschiedene Male ihren Fährten am Mono Pass gefolgt, nachdem das Vieh und die Schafe diesen Weg genommen haben, als die Bären zweifellos hinterdrein schlichen, um die Nachzügler und jene zu fressen, die beim Sturz von den Felsen getötet wurden. Selbst die wilden Schafe, die besten Kletterer von allen, wählen normale Pässe, wenn sie ihre Reisen über die Gipfel unternehmen. Das Wild überquert das Gebirge selten, weder in die eine noch die andere Richtung. Ich habe bisher kein einziges Exemplar des Maultierhirschs des Great Basin westlich des Gipfels beobachtet und selten eines der schwarzwedeligen Art[23] an der östlichen Flanke, obwohl nicht wenige der letzten jeden Sommer bis nahe zum Gipfel ins Gebirge klettern, um in den wilden Gärten zu fressen und die Jungen zu gebären.

Gletscher sind Pass-Schöpfer, durch sie sind die Bahnen aller Bergsteiger vorbestimmt; durch sie ist ausnahmslos jeder Pass in der Sierra entstanden, ohne die geringste Hilfe oder prädeterminierte Leitung irgendeiner anderen katastrophischen Kraft. Ich habe ausführliche Angaben über die Menge des beim Bau der Eisenbahn durch die Sierra oberhalb des Donner Lake verwendeten Bohrgeräts und Sprengstoffs gesehen; doch für jedes Pfund an Gestein, das auf diese Weise bewegt wurde, haben die Gletscher, die im Osten und Westen über denselben Pass hinabstiegen, mehr als hundert Tonnen zerkleinert und beiseite geschafft.

Die sogenannten befahrbaren Straßenpässe sind einfach nur jene Bereiche des Gebirges, die die Gletscherbewegung stärker erodiert hat als die angrenzenden, und zwar in solcher Weise erodiert, dass die Gipfel rund statt spitz wurden; dagegen ragen die Gipfel, die wegen ihrer höheren Festigkeit und Gesteinshärte und wegen ihrer günstigeren Lage eine geringere Verwitterung erlitten, hoch über den Pässen als wären sie von einer aus der Tiefe wirkenden Kraft in den Himmel gehoben worden.

Die Szenerie aller Pässe, vor allem an ihrem Scheitelpunkt, ist von der wildesten und grandiosesten Art — hehre Gipfel, zusammengeballt und an ihren Sockeln mit Eis und Schnee beladen; die Ketten der Gletscherseen; Kaskaden in endloser Varietät, mit herrlichen Ausblicken nach Westen über ein Meer von Fels und Wald, nach Osten über fremdartige Asche-Ebenen, Vulkane und die dürren, scheintoten Höhenzüge des Great Basin. Jeder Pass besitzt seine ganz eigene kostbare Schönheit.

Nachdem ich allgemein auf die Höhe, die wichtigsten Strukturen und die Verteilung der wesentlichen Pässe hingewiesen habe, möchte ich nun eine Beschreibung des Mono Passes versuchen, den man meiner Auffassung nach als gutes Beispiel für alpine Pässe betrachten kann.

Der Bloody Cañon stellt den Großteil des Mono Passes dar, er beginnt am Gebirgskamm und verläuft in ostnordöstlicher Richtung zum Rand des Mono Plain.

Die ersten Weißen, die sich einen Weg durch seine düsteren Tiefen bahnten, waren, wie wir bereits sahen, gierige Goldsucher. Doch die Indianer und die Tiere der Berge kannten und bereisten den Pass lange vor der Entdeckung durch den weißen Mann, wie zahlreiche Seitenpfade beweisen, die aus allen Richtungen auf ihn zuführen. Sein Name passt vortrefflich zum Charakter der »alten Zeiten« in Kalifornien und wurde vielleicht durch die vorherrschende Farbe des metamorphen Gesteins angeregt, zu dem er größtenteils verwittert ist; oder noch wahrscheinlicher durch die Blutflecken, die unglückselige Tiere hinterließen, die gezwungen waren, über die rauhen, scharfen Steine zu rutschen und zu tapsen. Mir ist kein Tier bekannt, weder Maultier noch Pferd, das durch den Cañon hinauf- oder hinabsteigen kann, ohne leichter oder stärker aus Beinwunden zu bluten. Manchmal wird ein Tier sofort getötet — es stürzt kopfüber oder rollt über den Abgrund wie ein Felsblock. Solche Unfälle sind jedoch seltener als man aufgrund der schrecklichen Erscheinung des Pfades erwarten würde; die erfahreneren Tiere finden ihren Weg über die gefährlichen Stellen, wenn man sie nicht antreibt, mit einer Sicherheit und Klugkeit, die wirklich erstaunlich ist. Während des Goldrauschs war es manchmal eine finanziell nicht unbedeutende Angelegenheit, sich früh im Frühjahr mit Packkolonnen einen Weg durch den Cañon zu bahnen, wenn er noch stark von Schnee blockiert war; dann mussten die Maultiere samt ihren Ladungen zuweilen mit Hilfe von Seilen über die steilsten Verwehungen und Lawinenbetten herabgelassen werden.

Ein guter Saumpfad führt von Yosemite durch Haine und Wiesen hinauf zum oberen Ende des Cañons, eine Strecke von ungefähr dreißig Meilen. Hier verdichtet sich die Landschaft plötzlich und unerwartet. Rote, graue und schwarze Berge erheben sich dicht zur Rechten, weiß an ihren Sockeln von Bänken ewigen Schnees, und zur Linken schwillt die gewaltige rote Masse des Mount Gibbs. Unterdessen wandert das Auge den schattigen Cañon hinab und hinaus auf die warme Mono-Ebene, wo man den See wie eine polierte Metallscheibe glitzern sieht und im Süden die Gruppen hoher Vulkankegel.

Wenn wir schließlich durch die Gebirgspforte treten, scheinen die düsteren Felsen unsere Anwesenheit zu spüren und sich näher an uns zu drängen. Zum Glück singen dic Amsel und die alte vertraute Wanderdrossel ein Willkomm, und himmelblaue Maßliebchen strahlen Vertrauen und Mitgefühl aus, wodurch wir sogar hier, unter dem starren Blick ihrer kältesten Felsen, etwas von der Liebe der Natur fühlen können.

Die Wirkung dieser expressiven Offenheit der Cañonwände wird durch den stillen Anblick der Wiesen noch verstärkt, die wir überqueren, kurz bevor wir die schmale Pforte passieren. Ruhig und friedlich scheinen die Wälder, in denen sie liegen, und die Bergspitzen, die sich dahinter erheben. Wir erhaschen ihren sänftigenden Geist, fügen uns dem mildernden Sonnenlicht, schlendern verträumt durch Blumen und Bienen, und nur selten streift uns ein klarer Gedanke. Dann finden wir uns plötzlich im schattigen Cañon, umzingelt von der Natur in einer ihrer wildesten Festungen.

Nachdem die ersten verwirrenden Eindrücke allmählich nachlassen, stellen wir fest, es ist nicht vollkommen schrecklich; denn außer den beruhigenden Vögeln und Blumen entdecken wir eine Kette schimmernder Teiche, die vom Sattel des Passes herabhängen, durch

Yosemite Valley, vom Union Point gesehen.

einen silbernen Fluss miteinander verbunden. Die höchsten liegen in öden, rauhen Schüsseln, spärlich gesäumt mit brauner und gelber Segge. Winterstürme wehen blendendes Schneegestöber durch den Cañon und Lawinen stürzen aus der Höhe herab. Dann sind diese funkelnden Tümpel verstopft und verschüttet und hinterlassen keinen Hinweis auf ihre Existenz. Im Juni und Juli beginnen sie wie schläfrige Augen zu blinzeln und zu tauen, die Seggen treiben ihre kurzen, braunen Ähren empor, die Gänseblümchen blühen ihrerseits, und das am tiefsten Verschüttete ist schließlich erwärmt und durchsommert, als sei der Winter nur ein Traum gewesen.

Red Lake ist der unterste in der Reihe und auch der größte. Auf den ersten Blick scheint er ziemlich matt und abweisend, wie er reglos in seinem tiefen, dunklen Bett liegt. Die Cañonwand steigt im Süden jäh vom Rande des Wassers empor, doch auf der gegenüberliegenden Seite gibt es genügend Raum und Sonnenlicht für einen riedgräsernen Blumengarten, in dessen Mitte hell die Lilien, Castillejen, Rittersporne und Akeleien leuchten, windgeschützt durch laubreiche Weiden, ein höchst erfreulicher Ausbruch der Pflanzenwelt, der durch die frostige Kahlheit der ihnen zugewandten Klippen noch stärker betont ist.

Nachdem er sich eine dösende, schimmernde Rast am Teich gegönnt hat, setzt der Fluss fröhlich wie eine Wasseramsel zwitschernd und trillernd seine Reise fort, stets voller Vertrauen, wie dunkel der Weg auch sein mag; hüpfend, gleitend, hierhin, dorthin, klar oder schäumend: er zeigt seine wilde Schönheit in jedem Klang und jeder Gebärde.

Zu seinen wunderbarsten Ausprägungen gehört die Diamond Cascade, die sich ein Stück unterhalb des Red Lake befindet. Hier wird das straffe, kristallklare Wasser zunächst zu grober, körniger Gischt zerstoßen, die sich mit Nebelstaub vermischt, und dann in ein Diamantmuster zerteilt, welches den schrägen Trennfugen folgt, die die Steilhang durchziehen, über den sie stürzt. Frontal betrachtet gleicht sie einer Stickerei mit akkuratem Muster, das im Laufe der Jahreszeiten mit den Temperaturen und der Wassermenge variiert. An ihrem schneeigen Rand sieht man kaum eine Blume. Ein paar gekrümmte Kiefern schauen aus der Ferne zu, und schmale Streifen der Schuppenheide und Felsfarne wachsen in Ritzen am oberen Ende, doch sie sind dermaßen flach und unscheinbar, dass sie wohl nur der aufmerksame Beobachter bemerken wird.

An der Nordwand des Cañons, etwas unterhalb der Diamond Cascade, hat ein glitzernder Nebenarm seinen Auftritt, indem er scheinbar direkt aus dem Himmel entspringt. Zunächst ähnelt er einem zerknitterten Silberband, das lose von der Wand herabhängt, doch dann weitet er sich beim Abstieg und bespritzt den dumpfen Fels mit Schaum. Ein langer rauher Talus, mit schneebedrängten Weiden bewachsen, wölbt sich gegen diesen Teil der Klippe; der Wasserfall verschwindet hier mit allerhand eifrigem Gewoge und Gewirbel und hüpfendem Klatschen, um sich schließlich seinen Weg zur Vereinigung mit dem Hauptstrom des Cañons zu bahnen.

Unterhalb dieses Punktes ist das Klima nicht länger arktisch. Die Schmetterlinge werden größer und zahlreicher, imposant gespreizte Rispengräser winken einem über die Schulter, das sommerliche Gebrumm der Hummeln erfüllt die Luft. Die Weißstämmige Kiefer, der Baum, der am höchsten in die Berge klettert und den kältesten Böen trotzt, findet sich in sturmzerzausten Gruppen vom Gipfel des Passes bis zur Hälfte des Cañons hinab. Hier folgt ihr die robuste Murraykiefer, zu der sich rasch die schlankere Gelbkiefer und die Westliche Weymouthkiefer gesellen. Mit dem stattlichen Lorbeer und der schimmernden Espe werden sie schnell größer, wenn die Sonne reichlicher scheint, und bilden Haine, die den Blick versperren, oder stehen hier und dort in malerischen Gruppen, die schön und ausgesprochen harmonisch zu den Felsen und zueinander passen. Das blühende Unterholz nimmt zu — Azaleen, Spiersträucher und Hundsrosen weben Säume für die Flüsse und struppige Teppiche zur Milderung der strengen, unnachgiebigen Felshöcker.

Durch diese wonnevolle Wildnis schweift der Cañon Creek ohne hemmendes Bett, erregt taumelnd, mal im Sonnenlicht, mal in grüblerischem Schatten, von einer Seite zur anderen stürzend, wirbelnd, flitzend mit überschwänglicher, unermüdlicher Energie. Auf diese Weise entsteht eine Milchstraße von Kaskaden, deren kleinste, Bower Cascade, vielleicht auch die schönste ist. Sie befindet sich im unteren Bereich des Passes, genau dort, wo die Sonne zwischen dem kalten und warmen Klima allmählich mild wird. Hier singt der fröhliche Bach, der von den Gaben vieler verschneiter Quellen auf den Höhen anschwoll, seine reicheren Melodien und gewinnt mit jeder Stufe an Menschlichkeit und Liebreiz. Jetzt kann man an seinem Ufer die schlichte rosa Schafgarbe und kleine Wiesen voll Bienen und Klee finden. Auf einem kragenden Felsen wölben sich üppige Hartriegelsträucher und Weiden von einem Ufer zum anderen und umranken den Fluss mit belaubten Ästen; und herabhängendes Gefieder, von der Strömung in Bewegung gehalten, umsäumt die Stirn der Kaskade. Aus diesem Laubversteck springt der Fluss in einem kannelierten, dicht mit glitzernden Kristallen besetzten Bogen ins Licht und stürzt in einen Teich voll brauner Steine, aus dem er schaumblasengrau hinausschleicht, um in grünem Gestrüpp zu verschwinden, das jenem gleicht, aus dem er kam.

Von hier bis zum Fuße des Cañons weicht der metamorphe Schiefer dem Granit, dessen edlere Gestalt beim darübergleitenden Fluss Äußerungen entsprechender Schönheit weckt — die hellen Triller der Stromschnellen, die donnernden Töne der Fälle, das feierliche Schweigen der glatten Wasserflächen, alle hymnisch singend und in herrlicher Harmonie vereint. Wenn sein ungestümes alpines Leben schließlich vorüber ist, schlüpft er mit kaum hörbarem Geflüster durch eine Wiese und schläft im Moraine Lake ein.

Dieses Teichbett ist eines der schönsten, das mir bekannt ist. Immergrün wogt besänftigend und der Atem der Blumen gleitet wie Weihrauch darüber. Hier ruht der gesegnete Fluss von seinen steinigen Wanderungen aus, sein Bergtouren sind vorbei — kein schäumendes Felsgehüpfe mehr, kein wildes, jubelndes Lied. Er sinkt in sanften, gläsernen Schlaf, nur vom Nachtwind aufgestört, der aus dem Cañon kommt und ihn an seinen bestickten Ufern in Rippeln summen und murmeln lässt.

Sobald er den See verlässt, gleitet er still durchs Schilf, dazu bestimmt, niemals mehr lebendigen Fels zu berühren. Fortan führt sein Weg durch alte Moränen und aschfahle Salbei-Ebenen, die nirgendwo Felsen bieten, die sich für Kaskaden oder jähe Wasserfälle eignen. Obwohl weniger markant, hat diese erwachsene Schönheit eine höhere Ordnung und lockt uns zärtlich durch Enzianwiesen und raschelnde Espenhaine zum Mono Lake, wo der Fluss geisterhaft im Dunst vergeht und wieder frei in den Himmel schwebt.

Der Bloody Cañon war wie jeder andere Cañon in der Sierra bis vor kurzem von einem Gletscher besetzt, der Quellschnee von den umliegenden Bergen bezog und zu einer Zeit in den Mono Lake abfiel, als dessen Wasserstand bedeutend höher als heute war. In wunderbarer Frische und Schlichtheit sind hier die wichtigsten Zeichen der Geschichte des einstigen Gletschers bewahrt und dem Forscher von außerordentlichem Nutzen bei der Aneignung solchen Wissens. Die erstaunlichsten Abschnitte sind die geschliffenen und gekritzten Oberflächen, die die Sonnenstrahlen an vielen Stellen wie glattes Wasser spiegeln. Der Damm des Red Lake ist eine anmutig geformte Rippe aus metamorphem Schiefer, die aufgrund ihrer besonderen Härte und der größeren Intensität glazialer Erosion des unmittelbar darüber liegenden Felsens hervortrat, verursacht durch einen steilen Nebengletscher, der mit starkem Abwärtsdruck in den Hauptgletscher am oberen Ende des Sees mündete.

Moraine Lake liefert ein ebenso interessantes Beispiel für ein Becken, das ganz oder teilweise vom Damm einer Endmoräne geformt wurde, die einen Flusslauf zwischen zwei Seitenmoränen durchquert. Am Moraine Lake endet der Cañon, obwohl ihn die Seitenmoränen des verschwundenen Gletschers fortzusetzen scheinen. Diese Moränen sind ungefähr 300 Fuß hoch und erstrecken sich lückenlos von den Flanken des Cañons in die Ebene, eine Strecke von rund fünf Meilen, die in schönen Linien kurvt und sich verjüngt. Ihre sonnenzugewandten Seiten sind Gärten, ihre schattigen Seiten sind Wälder; die ersten vor allem dem Wollknöterich, den Korbblütlern und Süßgräsern geweiht; eine Quadratrute enthält fünf oder sechs verschiedene, üppig blühende Wollknötericharten, etwa ebenso viele Bahia und Goldhaarastern und einige Grashorste. Jede Art wächst gepflegt für sich, dazwischen ist nackter Kiesel, als wären sie künstlich angepflanzt.

Ich besuchte den Bloody Cañon zum ersten Mal im Sommer 1869[24] unter Umständen, die in hohem Maße dazu beitrugen, jene Eindrücke zu verstärken, die die besondere Frucht der Berge sind. Ich kam aus den blühenden Gestrüppen Floridas und wanderte ins Pflanzengold des großen Tales von Kalifornien, als die Flora noch unbetreten war. Nie zuvor hatte ich auch nur halb so ausgedehnte oder herrliche Blumenansammlungen gesehen. Goldene Korbblütler bedeckten den Boden von der Coast Range bis zur Sierra wie ein Stratum aus geronnenem Licht, in dem ich wochenlang schwelgte und den Auf- und Untergang ihrer unzähligen Sonnen betrachtete; dann fügte ich mich ganz darein, mich auf dem Wellenkamm des Sommers vorwärts tragen zu lassen, der jedes Jahr die Sierra hinaufrollt und sich auf den verschneiten Gipfeln verzehrt.

Mehr als einen Monat blieb ich auf den Big Tuolumne Meadows, skizzierte, botanisierte, kletterte in die Berge ringsum. Der Bergsteiger, mit dem ich dann zufällig kampierte, war einer jener bemerkenswerten Männer, denen man in Kalifornien häufig begegnet, die schroffen Ecken und Kanten seines Charakters wurden durch die Erregtheiten der Goldrauschzeit geschliffen, bis sie Gletscherlandschaften ähnelten. Aber inzwischen waren die Aktivitäten meines Freundes verklungen, und sein Bedürfnis nach Ruhe machte ihn zu einem freundlichen Hirten, der sich buchstäblich zu den Lämmern legte.

Da er das unstillbare Verlangen meiner schottischen Hochlandinstinkte erkannte, ließ er ein paar Andeutungen bezüglich des Bloody Cañon fallen und riet mir, ihn zu erkunden. »Ich habe ihn nie mit eigenen Augen gesehen«, sagte er, »denn ich musste zum Glück nie hindurch. Aber ich habe viele seltsame Geschichten über ihn gehört, und ich versichere Ihnen, Sie werden ihn wild genug finden.«

Natürlich beeilte ich mich, ihn zu sehen. Früh am nächsten Morgen schnürte ich mir ein Brotbündel, band meine Notizbücher an den Gürtel und stiefelte voll gespannter, unbestimmter Hoffnung hinaus in die belebende Luft. Die plüschigen Wiesen an meinem Weg besänftigten meine morgendliche Eile. An vielen Stellen war die Grasnarbe, auf der ich trödelte, mit Maßliebchen und blauen Enzianen überstirnt. Ich verfolgte die Bahnen des alten Gletschers über allerhand leuchtende Pflastersteine und achtete auf die Schneisen in den Hochwäldern, die von der Kraft der Winterlawinen kündeten. Als ich weiter hinauf kletterte, sah ich zum ersten Male die allmähliche Verzwergung der Kiefern gemäß dem Klima und entdeckte auf dem Gipfel kriechende Matten der Arktischen Weide voll seidiger Kätzchen und Flecken mit Zwerg-Vaccinium[25], dessen runde Blüten das Gras wie violetter Hagel sprenkelten. In alle Richtungen erstreckte sich die grandiose Landschaft in erfrischender Wildheit — ein Manuskript, das allein von der Hand der Natur geschrieben wurde.

Als ich den Pass betrat, begannen die gewaltigen Felsen ringsum schließlich in ihrer wilden, geheimnisvollen Eindrücklichkeit näherzurücken, ich schaute mich begierig um, als mein Blick plötzlich auf eine Schar grauer behaarter Wesen fiel, die mit knochenlosem, suhlendem Gang auf mich zutapste wie Bären.

Ich habe mich nicht ein Mal umgedreht, obwohl ich oft dazu versucht war, in diesem speziellen Fall, in dieser Umgebung, schien alles gegen die gelassene Hinnahme einer derart grimmen Gesellschaft zu sprechen. Ich unterdrückte meine Furcht und bemerkte bald, dass die seltsamen Kreaturen, obwohl behaart wie Bären und krumm wie Kiefern auf den Gipfeln, so aufrecht liefen, dass sie zu unserer eigenen Spezies gehören mussten. Sie stellten sich als Respekt einflößende Mono-Indianer heraus, die mit Fellen der Baumwollschwanzkaninchen[26] bekleidet waren. Sowohl die Männer als auch die Frauen bettelten beharrlich um Whisky und Tabak und schienen dermaßen an Zurückweisungen gewöhnt, dass es mir unmöglich war, sie davon zu überzeugen, dass ich keinen zu verschenken hatte. Abgesehen von den Namen dieser beiden Produkte der Zivilisation verstanden sie offenbar kein Wort Englisch; doch im Nachhinein erfuhr ich, dass sie auf dem Weg ins Yosemite Valley waren, um ein Weilchen in Forellen zu schwelgen und sich eine Fuhre Eicheln zu beschaffen, die sie über den Pass zu ihren Hütten am Ufer des Mono Lake bringen würden.

Verschiedentlich findet man einen schönen Ausdruck bei den Mono-

Indianern, aber diese hier, die ersten, die ich traf, waren zumeist hässlich, manche sogar vollkommen abstoßend. Schichten von Schmutz lagen auf ihren Gesichtern, offenbar so alt und unbehelligt, dass sie fast geologische Bedeutung annahmen. Zudem waren die älteren Gesichter seltsam verschwommen und in Abschnitte gefurcht, die wie die Trennflächen in Gesteinen aussahen und auf ein jahrelanges verstoßenes und im Gebirge ausgesetztes Leben hindeuteten. Irgendwie schienen sie keinen rechten Platz in der Landschaft zu haben, und ich war froh, als sie unten am Pass außer Sicht kamen.[27]

Dann brach der Abend an, die unbeschreibliche Schönheit des Alpenglühens belebte die tristen Klippen. Auf alles senkte sich feierliche Stille. Der untere Bereich des Cañons lag im Schatten der Dämmerung, und ich kroch in eine Mulde nahe einem der oberen kleinen Seen, um in einem geschützten Winkel den Boden für meine Schlafstelle zu glätten. Als das Licht der Dämmerung erlosch, zündete ich ein sonnenhelles Feuer an, kochte mir eine Tasse Tee und legte mich zur Ruhe, um die Sterne zu betrachten. Schon bald begann der Nachtwind in Sturzbächen zwischen den schartigen Gipfeln zu strömen und fremdartige Töne ins Echo des Wasserfalls weit unten zu mischen; als ich dann in den Schlaf glitt, hatte ich das unbehagliche Gefühl, den pelzigen Monos nahe zu sein. Schließlich blickte der Vollmond über den Rand des Cañons, sein Gesicht von intensiver Anteilnahme erfüllt und scheinbar so dicht über mir, dass es eine erschreckende Wirkung hatte, als ob er in mein Schlafzimmer gekommen sei, die Welt ringsum vergessen würde und mich allein anstarrte.

Die Nacht war voll seltsamer Geräusche, und ich hieß den Morgen freudig willkommen. Das Frühstück war schnell erledigt, dann machte ich mich auf in die beschwingte Frische des neuen Tages und genoss die Fülle reiner Wildnis so nahe um mich. Die gewaltigen Felsen, von Jahrhunderten Sturm zerhackt und zerfurcht, zeichneten sich scharf im dünnen Frühlicht ab, während unten im Cañon ausgehöhlte und geschliffene Buckel wie Meereswogen anschwollen und funkelten, wobei sie die großartige alte Geschichte von den Gletschern erzählten, die einst ihre malmenden Fluten über sie ergossen.

Hier traf ich zum ersten Mal die Grönlandmargerite in ihrer ganzen reinen, vergeistigten Vollkommenheit an — vornehme Bergsteiger im Angesicht des Sturmhimmels, durch tausend Wunder warm und sicher. Ich sprang leichtfüßig von Fels zu Fels und jubelte über die ewige Frische und ausgewogene Fülle der Natur und die unaussprechliche Zärtlichkeit, mit der sie ihre Bergkinder aus den Quellen des Sturms ernährt. Neue Schönheit erschien bei jedem Schritt, herrliche Felsfarne und die hübschesten Blumengruppen. Bald sah ich einen See, bald einen Wasserfall. Nie fiel das Licht in hellerem Flitter, nie fiel das Wasser in weißerem Schaum. Ich schien durch einen verzauberten Cañon zu treiben, fühlte jedoch nichts von seiner Rauheit und hatte die Mono-Ebene erreicht, bevor es mir bewusst wurde.

Als ich vom Ufer des Moraine Lake zurückblickte, schien mein morgendlicher Streifzug nur ein Traum gewesen zu sein. Dort wandte sich der Bloody Cañon, eine schiere, zweitausend Fuß tiefe Gletscherfurche mit glatten, von beiden Seiten vorspringenden Felsen, die sich in der Mitte wie schwellende Muskeln verbanden. Hier wuchsen mir die Lilien über den Kopf, und das Sonnenlicht war für Palmen warm genug. Doch der Schnee rings um die Arktischen Weiden ließ sich in nur vier Meilen Entfernung deutlich erkennen, und dazwischen lagen schmale exemplarische Zonen aller wesentlichen Klimate des Globus.

Am Ufer eines kleinen Baches, der aus der linken Seitenmoräne plätscherte, stieß ich auf ein Lagerfeuer, das noch brannte und zweifellos den grauen Indianern gehörte, die ich am Gipfel getroffen hatte. Ich lauschte instinktiv und schlich vorsichtig weiter, denn ich erwartete halb, einige ihrer grimmen Gesichter aus den Büschen spähen zu sehen.

Auf dem Weg zur offenen Ebene bemerkte ich drei scharf umrissene Endmoränen, die sich anmutig über den Cañonfluss wölbten und mit langen Spleißen an die beiden Seitenmoränen geknüpft waren. Diese markierten den Haltepunkt des alten Gletschers, als er sich am Ende des eiszeitlichen Winters in die Schatten des Gipfels zurückzog.

Fünf Meilen unterhalb des Moraine Lake, wo sich die Seitenmoränen in der Ebene verloren, gab es ein Feld mit wildem Roggen, der in herrlich wogenden Büscheln sechs bis acht Fuß hoch wuchs und sechs bis zwölf Zoll lange Ähren trug. Ich rubbelte ein paar Körner aus, sie waren etwa fünf Achtel Zoll lang, dunkel und süß. Die Indianerfrauen sammelten sie in Körben, indem sie große Handvoll herabbogen, droschen und im Wind worfelten. Sie gaben ein recht malerisches Bild ab, wenn man hier und dort einen flüchtigen Blick auf sie erhaschte, wie sie in gewundenen Gassen und über offene Plätze durch den Roggen schritten, über ihren Köpfen bogen sich die prächtigen Büschel, während unentwegtes Gelächter und Geschwätz ihre unbekümmerte Freude zeigte.

Wie das Roggenfeld fand ich auch die sogenannte Mono-Wüste in höchst natürlicher Kultivation mit Wildrose, Kirsche, Aster und der grazilen Abronia; außerdem zahllose Gilien, Phloxe, Mohnblumen und Strauch-Korbblütler. Ich beobachtete ihre Gebärden und die verschiedenen Ausdrücke ihrer Korollen, und fragte mich, wie sie in dieser Vulkanwüste so frisch und schön sein konnten. Sie verrieten ein so glückliches Leben wie jede andere Pflanzengemeinschaft, die mir bekannt war, und schienen sogar den heißen Sand und den Wind zu genießen.

Die Vegetation des Passes war hingegen zum größten Teil vernichtet, und dies trifft auf alle zugänglicheren Pässe des Gebirges zu. Über sie wurde eine gewaltige Anzahl darbender Schafe und Rinder nach Nevada getrieben, sie haben die wilden Gärten und Wiesen fast zu Tode getrampelt. Die hohen Wände sind unberührt, die Wasserfälle singen unverändert, aber der Anblick zerquetschter Blumen und kahler, verbissener Sträucher zerstört den Zauber der Wildnis.

Den Cañon sollte man im Winter sehen. Ein guter, kräftiger Wanderer, der Weg und Wetter kennt, kann auf Schneeschuhen vom Yosemite Valley aus ohne weiteres eine sichere Exkursion dorthin unternehmen, wenn alles ruhig ist und die Stürme schweigen. Dann sind die Seen und Wasserfälle zwar verschüttet, aber auch die Spuren zerstörerischer Füße, während der Anblick der Berge in ihrer Wintertracht und der blitzschnelle Gang den Pass hinab zwischen verschneiten Wänden wirklich grandios ist.

KAPITEL VI
Die Gletscherseen

Unter den vielen unverhofften Schätzen, die mit den Einsamkeiten der Sierra verknüpft und in ihren Tiefen verborgen sind, verzaubert und überrascht sicherlich keiner alle Arten von Reisenden mehr als die Gletscherseen. Die Wälder und die Gletscher und die verschneiten Quellen der Flüsse verkünden ihren Reichtum selbst auf die Entfernung in einer mehr oder minder beredten Manier, von den Seen sieht man jedoch nichts, bis man höher geklettert ist. Sämtliche Oberläufe der Flüsse sind mit Seen behangen wie Bäume im Obsthain mit Früchten. Sie liegen tief von Wäldern umschlossen, unten in den bewaldeten Cañonsohlen, oben auf den kahlen Hochebenen und zu Füßen der vereisten Gipfel, deren wilde Schönheit wieder und wieder spiegelnd. Man bekommt dadurch eine gewisse Vorstellung ihrer verschwenderischen Fülle, dass man auf dem Gipfel des Red Mountain, eine Tagesreise östlich vom Yosemite Valley, in einem Umkreis von zehn Meilen nicht weniger als zweiundvierzig erkennen kann. Die Gesamtzahl in der Sierra dürfte kaum weniger als fünfzehnhundert betragen, die kleineren Teiche und Tümpel nicht mitgerechnet, denn sie sind unzählbar. Wohl zwei Drittel oder mehr liegen an der westlichen Flanke des Gebirges; und alle beschränken sich auf die alpinen und subalpinen Regionen. Am Ende der letzten Gletscherperiode strotzten auch die mittleren Regionen und die Vorgebirge von Seen, doch längst sind sie so restlos verschwunden wie die prächtigen alten Gletscher, die sie ins Leben gerufen hatten.

Obwohl die Ostseite des Gebirges äußerst steil ist, finden wir Seen überall in hübscher Regelmäßigkeit verteilt, selbst in den abschüssigsten Bereichen, zumeist jedoch in den oberen Ästen der Cañons und den glazialen Amphitheatern rings um die Bergspitzen.

Zuweilen tauchen längliche, schmale Exemplare an den steilen Wänden der Wasserscheiden auf, ihre Becken wie Hängematten hingestreckt, und überaus selten findet man eines, das auf dem Gipfel so exakt an der Spitze eines Passes liegt, dass sein Wasser, wenn der Schnee rasch schmilzt, zu beiden Seiten austritt. Wie auch immer diese Seen gelegen sein mögen, sie stellen bald keine Überraschung mehr für den lernbegierigen Kletterer dar; denn wie alles Liebeswerk der Natur sind sie harmonisch miteinander und mit allen anderen Eigenheiten der Berge verknüpft. Daher ist es leicht, helle Augenseen in der rauhsten und unbezähmbarsten Topographie jedes landschaftlichen Antlitzes zu entdecken. Sogar in den tieferen Regionen, wo sie viele Jahrhunderte geschlossen waren, sind ihre felsigen Höhlungen, aufgefüllt mit dem Geröll von Flut und Lawine, noch immer zu erkennen. Schnell kann man ein schönes Verbindungssystem in Korrespondenz zu den Gletscherquellen ausmachen; ebenso ihre Ausdehnung in Richtung der einstigen Gletscher; und generell ihre Abhängigkeit hinsichtlich Form, Größe und Lage vom Charakter der Felsen, in denen ihre Becken erodiert sind, außerdem von der Menge und Richtung der Gletscherkräfte, die auf jedes Becken eingewirkt haben.

In den oberen Cañons finden wir sie meist in regelmäßiger Abfolge, aufgereiht wie Perlen auf den hellen Schnüren ihrer Zuflüsse, die sich weiß und grau vor Schaum und Gischt von einem in den anderen ergießen; ihre vollkommen spiegelglatte Ruhe schafft eindrückliche Gegensätze zum grandiosen Geschmetter und Gefunkel der verbindenden Katarakte. Am Lake Hollow, an der Nordwand des Hoffman-Sporns, unmittelbar oberhalb des großen Tuolumne Cañon, gibt es zehn reizende kleine Seen, die nahe beieinander in einer Senke liegen wie Eier in einem Nest. Von oben betrachtet scheinen sie mir, befiedert mit Hemlocktannen und mit Riedgras umsäumt, das am schönsten und interessantesten gelegene Seengebilde, das ich bisher entdeckt habe.

Lake Tahoe, 22 Meilen lang, etwa 10 Meilen breit, zwischen 500 und mehr als 1600 Fuß tief, ist der größte See in der Sierra. Er liegt gleich hinter der Nordgrenze des höheren Gebirgsteiles zwischen der Hauptachse und einem Ausläufer, der an der Ostseite nahe der Quelle des Carson River vorspringt. Seine bewaldeten Ufer umwinden viele smaragdgrüne Buchten und kiefernbekrönte Landzungen, und sein Wasser ist überall so sauber wie jedes im Hochgebirge.

Donner Lake, durch das schreckliche Schicksal der Donner-Gruppe[28] berühmt geworden, ist ungefähr drei Meilen lang und liegt etwa zehn Meilen nördlich des Tahoe an der Quelle eines der Nebenflüsse des Truckee. Einige Meilen weiter nach Norden liegt der Lake Independence, der beinahe so groß ist wie der Donner. Indes liegen die meisten Seen viel höher und sind weitaus kleiner, ein paar eine Meile lang, andere weniger als eine halbe Meile.

Am unteren Rand des Seengürtels verschwanden die kleinsten durch Auffüllung ihrer Becken, und es blieben nur jene von nennenswerter Größe. Doch längs des oberen, frisch vereisten Saums der Seenzone liegt in jeder noch so kleinen Mulde innerhalb des engen Flussnetzwerks ein heller, übersprudelnder Teich, so dass die Landschaft, von den Gipfeln aus betrachtet, mit ihnen übersät scheint. Viele größere Seen sind durch kleinere eingefasst wie Edelsteine durch glitzernde Brillanten. Im Allgemeinen gibt es jedoch keine klare Trennlinie hinsichtlich der Größe. Um Verwirrung zu vermeiden, habe ich deshalb bei der Nennung der Zahlen keinen See aufgenommen, dessen Umfang weniger als 500 Yard beträgt.

Im Becken des Merced River zählte ich 131, wovon 111 an Zuflüssen liegen, die sich reichlich ins Yosemite Valley ergießen. Pohono Creek, der einen Wasserfall gleichen Namens bildet, entsteht in einem schönen See im Schatten eines hohen Granitsporns, der sich aus dem Gipfel des Buena Vista streckt. Es ist der einzige See, der im gesamten Pohono-Becken verblieben ist. Der Illilouette hat sechzehn, der Nevada nicht weniger als siebenundsechzig, der Tenaya acht, der Hoff-

Mirror Lake

mann Creek fünf und der Yosemite Creek vierzehn. Nur zwei weitere Nebenflüsse des Merced haben Seen, nämlich South Fork mit fünfzehn und Cascade Creek mit fünf, beide vereinen sich unterhalb von Yosemite mit dem Hauptstrom.

Insgesamt ähnelt der Merced River in bemerkenswerter Weise einer Ulme, es bedarf nur wenig Phantasie, ihn sich aufrecht vorzustellen — die Seen hängen an den ausgebreiteten Ästen, der höchste achtzig Meilen breit. Zählt man die anderen seentragenden Flüsse der Sierra dazu, jeder an seinem Ort, ergibt dies ein wahrhaft herrliches Spektakel, eine Allee von der Länge und Breite eines Gebirgszuges; die langen, schmalen, grauen Schäfte der Hauptstämme, die Milchstraße der gebogenen Zweige, die Silberseen alle klar umrissen und leuchtend am Himmel. Wie aufgeregt würde man eine solche Landschaftsergänzung betrachten! In ihren natürlichen Positionen sind diese Flüsse voller Seen für jene noch viel aufregender schön und eindrucksvoll, die mit eigenen Augen sehen, wie sie eingebettet in Wiesen und Wälder und gletschergeschliffene Felsen liegen.

Wenn ein Bergsee geboren wird — wenn er sich wie ein junges Auge zum ersten Male dem Licht öffnet —, ist er ein unregelmäßiger, ausdrucksloser Halbmond zwischen Ufern aus Fels und Eis — nackter vergletscherter Fels auf der unteren Seite, der grobe Rüssel eines Gletschers an der oberen. In diesem Zustand verharrt er für viele Jahre, bis der Gletscher am Ende günstig gehäufter Jahreszeiten schließlich hinter den höheren Rand des Beckens zurückweicht und ihn erstmals von Ufer zu Ufer offen zurücklässt, tausende Jahre nach seiner Empfängnis unter dem Gletscher, der sein Becken ausgehoben hat. Kalt und nackt spiegelt sich die Landschaft in seinen reinen Tiefen; der Wind kräuselt seine gläserne Oberfläche und die Sonne füllt sie mit pulsierenden Pailletten, während die Wellen an seine unbelaubten Ufer zu plätschern und murmeln beginnen — Sonnenpailletten am Tag und Sternengefunkel bei Nacht seine einzigen Blumen, Wind und Schnee die einzigen Besucher. In der Zwischenzeit zieht sich der Gletscher weiter zurück und zahlreiche Rinnsale, jünger als der See, bringen Gletscherschlamm, Sandkörner und Kies, die Böschungsringe und Erdschollen entstehen lassen. In die frischen Humusbetten kommen viele wartende Pflanzen. Zuerst eine robuste Carex mit sich wölbenden Blättern und einer Ähre aus braunen Blüten; dann nehmen, sobald die Jahreszeiten wärmer und die Böden tiefer und breiter sind, andere Seggen den ihnen bestimmten Platz ein, zu ihnen gesellen sich blaue Enziane, Maßliebchen, Götterblumen, Veilchen, Wachsblumen und viele niedrige Moose. Auch Sträucher eilen pünktlich in die neuen Gärten — Lorbeerrose mit ihren glänzenden Blättern und purpurnen Blüten, die Arktische Weide, die weiche Webteppiche erschafft, gemeinsam mit der Moosheide und der Schuppenheide, der schönsten und liebsten von allen. Insekten reichern nun die Luft an, Frösche quaken fröhlich in den Seichten, rasch gefolgt von der Wasseramsel, jenem Vogel, der als erster einen Gletschersee aufsucht, so wie die Segge die erste Pflanze ist.

Der junge See wächst in Schönheit auf, wird von Jahrhundert zu Jahrhundert für den Menschen liebenswerter. Espenhaine schießen empor, robuste Kiefern, die Hemlocktanne, bis er dicht beschattet und umrankt ist. Während seine Ufer reicher werden, kriechen die Erdsohlen in permanentem Wachstum hervor und lassen sein Gebiet schrumpfen; unterdessen machen ihn die leichteren, auf dem Boden abgelagerten Schlammpartikel fortwährend seichter, bis schließlich der letzte Überrest des Sees verschwindet — für immer geschlossen in reifem und natürlichem Alter. Nun winden sich die Zuflüsse ohne Halt durch die neuen Gärten und Haine, die ihren Platz eingenommen haben.

Die Lebensspanne eines Sees hängt in der Regel ab von der Kapazität seines Beckens im Vergleich zur befördernden Kraft der einströmenden Flüsse, zur Beschaffenheit der Felsen, über die jene Ströme fließen, und zur relativen Lage des Sees zu anderen Seen. In einer Reihe, deren Becken sich in demselben Cañon befinden und von demselben Hauptfluss gespeist werden, verschwindet der oberste natürlich zuerst, sofern nicht eine andere den See auffüllende Ursache eintritt, die das Ergebnis modifiziert; denn er empfängt als erster nahezu alle Sedimente, die der Fluss mitführt, und nur die feinsten Schlammpartikel werden vom obersten in den nächst unteren herabgetragen. Danach werden der nächste und der folgende allmählich aufgefüllt, und zuletzt verschwindet der unterste. Allerdings wird diese einfache Regel der Lebensdauer auf verschiedene Weise durchbrochen, vor allem durch Nebenflüsse, die unmittelbar in die tiefer gelegenen Seen münden. Denn obwohl viele dieser Zuflüsse recht kurz und im Spätsommer dürftig sind, verwandeln sie sich im Frühling, wenn der Schnee schmilzt, in kraftvolle Sturzbäche und führen nicht nur Sand und Kiefernnadeln mit, sondern auch große Baumstämme und tonnenschwere Felsbrocken, die sie mit erstaunlicher Kraft ihre steilen

Rinnen hinab und in die Seebecken schwemmen. Viele dieser Seitenarme haben den Vorteil eines Zugangs zu den Seitenmoränen des verschwundenen Gletschers, der den Cañon eingenommen hat, und aus ihnen beziehen sie das Füllmaterial, während der Hauptfluss meist über glatte Gletscherböden strömt, wo es nur wenig Moränengeröll zu transportieren gibt. Auf diese Weise kann ein kleiner reißender Fluss mit einer Fülle lockeren Materials innerhalb seines Einzugs in wenigen Jahrhunderten ein ausgedehntes Becken füllen, ein großer ganzjähriger Hauptfluss, der über sauberen, beständigen Boden geht, kann dagegen, obwohl meist hundertmal größer, in tausenden Jahren kein viel kleineres Becken füllen.

Diesen relativen Einfluss großer und kleiner Wasserläufe als See-Füller veranschaulicht in bemerkenswerter Weise das Yosemite Valley, durch das der Merced fließt. Der Talgrund besteht jetzt aus flachem Wiesenland und trockenen, abschüssigen Bodenschichten, auf denen Eichen und Kiefern wachsen; doch früher war er ein See, der sich von Wand zu Wand und beinahe von einem Ende des Tales zum anderen erstreckte und dabei eine der schönsten von Klippen umschlossenen Wasserflächen der Sierra bildete. Auch wenn ihn kein menschliches Auge erblickt hat, war es, geologisch gesprochen, erst gestern, als er verschwand, und die Spuren seiner Existenz sind noch so frisch, dass er für das Auge der Imagination leicht ins Leben zurückgerufen und in all seiner Pracht beinahe so getreu und lebendig gesehen werden kann, als läge er tatsächlich vor uns. Jetzt stellen wir fest, dass das Geröll, mit dem sich dieses wunderbare Becken füllt, nicht aus den fernen Bergen von den hier zusammenlaufenden Strömen herabgetragen wurde, wie stark und geeignet dazu sie auf den ersten Blick auch scheinen, sondern beinahe vollständig durch die kleinen örtlichen Zuflüsse, wie dem Indian Cañon, dem Sentinel, den Three Brothers, und durch einige kleine verbliebene Gletscher, die noch lange, nachdem sich der Hauptgletscher hinter den Eingang des Tals zurückgezogen hatte, im Schatten der Wände überdauerten.

Wenn die Gletscher, die einst das Gebirge bedeckt haben, auf einmal geschmolzen wären und die gesamte Oberfläche zugleich vom Gipfel bis zum Sockel nackt zurückgelassen hätten, dann wären natürlich alle Seen zur selben Zeit entstanden, und der höchste wäre, wie wir sahen, unter gleichen Bedingungen der erste, der verschwände. Weil sie jedoch allmählich vom Sockel des Gebirges aufwärts geschmolzen sind, waren die tiefer gelegenen Seen die ersten, die das Licht erblickten, und die ersten, die ausgelöscht wurden. Statt die Seen heute am Fuße des Gebirges zu finden, finden wir sie deshalb auf dem Gipfel. Die meisten der unteren Seen verschwanden bereits tausende Jahre bevor jene, die heute die alpinen Landschaften auflockern, geboren wurden. Überhaupt sind wegen des bedächtigen Rückzugs der Gletscher die untersten Seen heute die ältesten, ein allmählicher Übergang, der im gesamten Gürtel zu erkennen ist, von den älteren, bewaldeten, wiesengesäumten und geschrumpften Formen bis hinauf zu jenen neugeborenen, die sich nackt und wiesenlos zwischen den höchsten Gipfeln befinden.

Einige unvorteilhaft gelegene kleine Seen wurden abrupt durch einen einzigen Lawinenstoß ausgelöscht, der eine immense Anzahl Bäume zusammen mit dem Erdreich, in dem sie wuchsen, herabgerissen hat. Andere wurden durch Erdrutsche, Erdbebenschutt usw. vernichtet, doch kann man diese Seen-Tode, verglichen mit den Resultaten gemächlicher, permanenter Sedimentablagerung, nur als zufällige bezeichnen. Ihr Schicksal gleicht den Bäumen, die vom Blitz getroffen werden.

Die Seengrenze steigt natürlich noch immer, ihre gegenwärtige Höhe liegt bei rund 8000 Fuß über dem Meeresspiegel; zum südlichen Ende des Gebirges hin ist sie etwas höher, gegen Norden niedriger aufgrund der zeitlichen Differenz beim Rückzug der Gletscher wegen unterschiedlicher klimatischer Bedingungen. In Becken, die vor eingespültem Geröll besonders geschützt oder die ungewöhnlich groß sind, treten Exemplare hier und dort beträchtlich unterhalb dieser

Grenze auf. Sie sind allerdings nicht so zahlreich, dass sie diese Linie verschieben würden. Der höchste, den ich bislang entdeckt habe, liegt auf rund 12.000 Fuß, im Schoß eines Gletschers am Fuße eines der höchsten Gipfel, ein paar Meilen nördlich vom Mount Ritter. Fünfundzwanzig oder dreißig Becken befinden sich noch in der Entstehung unterhalb verweilender Gletscher, zu der Zeit jedoch, als sie geboren wurden, ist vermutlich eine ebensolche oder größere Anzahl gestorben. Seit dem Beginn des Eiszeitendes ist die Gesamtzahl im Gebirge wohl niemals größer gewesen als heute.

Eine ungefähre Vorstellung von der durchschnittlichen Lebensdauer dieser Bergseen erhält man durch die bereits dargelegten Angaben, ich kann diesen Gegenstand hier jedoch nicht im Einzelnen ausführen. Ich muss auch auf das Vergnügen verzichten, die interessante Frage nach der Entstehung der Seebecken ausführlich zu erörtern, wofür schönes, klares, anschauliches Material in diesen Bergen vorhanden ist. Den bereits gegebenen Ausführungen möchte ich nur diese eine Bemerkung hinzufügen: Jeder See der Sierra ist ein Gletschersee. Diese gewaltige Kraft hat ihr Becken nicht nur umgestaltet und ausgewaschen, sondern in erster Linie aus dem festen Boden erodiert.

Nun muss ich rasch ein paar Detailansichten der repräsentativen Exemplare geben, die auf verschiedenen Höhen im Seengürtel liegen, wobei ich mich auf die Beschreibungen der charakteristischsten Merkmale eines jeden beschränke.

SHADOW LAKE

Dies ist ein schönes Beispiel für einen der ältesten und untersten der heutigen Seen. Er liegt etwa acht Meilen oberhalb des Yosemite Valley am Hauptarm des Merced auf einer Höhe von rund 7350 Fuß; und ist von allen Seiten derart durch Klippen abgesichert, dass ohne künstliche Pfade nur wilde Tiere zu seinen felsigen Ufern hinabklettern können. Ursprünglich betrug seine Länge anderthalb Meilen; inzwischen ist er bloß noch eine halbe Meile lang und etwa eine Viertelmeile breit und im niedrigsten Teil des Beckens achtundneunzig Fuß tief. Im Norden und Süden umklammern majestätische Granitwände, im echten Yosemite-Stil zu Kuppeln, Giebeln und mit Zinnen versehenen Felszungen gemeißelt, die im Süden jäh aus einer Höhe von 1500 bis 2000 Fuß in die Tiefe stürzen, sein kristallklares Wasser. Der South-Lyell-Gletscher hat dieses herrliche Becken aus solidem Porphyrgranit erodiert, während er sich westwärts von den Gipfelquellen nach Yosemite schob, und die vorstehenden Felsen an den Ufern und die kragenden Bossen der Wände, zermalmt und geschliffen unter der breiten Eisflut, glänzen noch immer mit silbrigem Leuchten, trotz zahlloser korrodierender Stürme, die über sie hergefallen sind. Die Gestaltung des Beckens, die Moränen, die oben an den Wänden verlaufen, und die Riefen und Risse am Boden und an den Seiten zeigen unmissverständlich die Richtung, die dieser gewaltige Eisfluss genommen hat, seine enorme Tiefe und die ungeheure Kraft, die er aufwenden musste, um sich in das Becken und wieder hinaus zu stoßen; wobei er sich mit erhöhtem Druck auf diesen Bereich des Kanals stürzte und ihn wegen der größeren Steilheit demzufolge tiefer als die anderen Teile ringsum aushöhlte und das Seebecken als notwendiges Resultat hervorbrachte.

Mit diesen wunderbaren Eis-Zeichen lebhaft vor uns, ist es schwer sich vorzustellen, dass der Gletscher, der sie erschuf, vor tausenden von Jahren verschwunden ist; denn außer der emporgeschossenen Vegetation und den Veränderungen durch ein Erdbeben, das Gesteinslawinen von den instabilen Landzungen rüttelte, zeigt das Becken insgesamt dasselbe Erscheinungsbild wie zur Zeit, als es zum ersten Mal zutage trat. Der See hingegen war markanten Veränderungen unterworfen; man sieht auf einen Blick, dass er alt geworden ist. Mehr als zwei Drittel seines ursprünglichen Gebiets sind jetzt trockenes Land, bedeckt mit Wiesengräsern und einem Kiefern- und Tannenwald, und der flache Alluvialboden, der sich am oberen Ende von Wand zu Wand erstreckt, wächst offensichtlich über die seewärts gelegenen Ränder hinaus und wird zuletzt den See für immer schließen.

Jeder, der die schöne Wildnis liebt, hat Freude daran, an einem Sommertag durch die blühenden Wälder zu schlendern, die heute den aufgefüllten Teil des Beckens einnehmen. Ein Streifen weißen Sands, an dem die Wellen spielen, umsäumt die Uferkurven; darauf folgt ein Gürtel mit breitblättriger Segge, von undurchdringlichem Weidengestrüpp dann und wann unterbrochen; dahinter befinden sich Wäldchen zitternder Espen; dahinter ein dunkler, verschatteter Gürtel mit Drehkiefern, runde Carex-Wiesen zuweilen nestförmig darin eingeduckt; und schließlich ein schmaler Saum majestätischer, 200 Fuß hoher Grautannen. Unter den Bäumen ist der Boden üppig mit Horsten bedeckt, vor allem Weizen, Trespe und Reitgras mit violetten Ähren und Rispen, die sich einem über die Schulter wölben; die offenen Wiesenflächen indes leuchten den ganzen Sommer von prächtigen Blumen — Sonnenbraut, Goldrute, Berufkraut, Wolfsbohne, Indianerpinsel und Lilie — und stellen bevorzugte Verstecke und Futterplätze für Bären und Rotwild dar.

Die schroffe Südwand ist längs der Oberkante mit einer imposanten Reihe ragender Grautannen dunkel gefiedert, die zerklüfteten Hänge sind bis hinab zur Wasserkante mit malerischen alten Wacholdern geschmückt, ihre zimtfarbene Borke prunkt vor dem neutralen Grau des Granits. Zusammen mit einigen wagemutigen Weißstämmigen Kiefern und Fichten lehnen sie sich über rissige Kanten und Tafeln oder stehen aufrecht in schattigen Nischen in unbeschreiblich wilder und furchtloser Manier. Zudem bilden die weißblühende Douglasspiere und die immergrüne Zwergeiche, wo immer sich der geringste Halt finden lässt, anmutige Säume längs den schmaleren Furchen. Auch Steinfarne wachsen hier, zum Beispiel Allosorus, Pellæa und Cheilanthes, die hübsche Rosetten auf trockneren Ritzen ergeben; und das zierliche Frauenhaar, Blasenfarn und Wimpernfarn, verbor-

Pi-Wi-Ack (Stern-Katarakt), Vernal Fall (400 Fuß hoch).

gen in bemoosten Grotten, benetzt von tröpfelnden Rinnsalen; und der orangefarbene Schöterich streckt seine prachtvollen Rispen hier und dort ins Sonnenlicht, und Bahia erzeugt goldene Hügel. Doch trotz dieser Pflanzenschönheit gewinnt man beim Blick über den See den Eindruck einer strengen, unnachgiebigen Felsigkeit; die Farne und Blumen sind kaum zu sehen, nicht ein Fünfzigstel der Oberfläche ist von pflanzlichem Leben beschirmt.

Die sonnigere Nordwand ist abwechslungsreicher gestaltet, doch ist die Färbung generell dieselbe. Ein paar Vorsprünge, flach und mit Erde bedeckt, tragen Zedern- und Kieferngruppen; und aufwärts gebogenes Gestrüpp aus Chrysolepis und Lebenseiche, die auf rauhen Erdbebenkegeln wachsen, umfassen ihre Sockel. Kleine Wasserläufe stürzen in Kaskaden zwischen ihnen hinab, ihre schäumenden Ufer erhellt von bunten Primeln, Gilien und Braunwurz. Nahe am diesseitigen Ufer befindet sich ein steiniger Wiesenstreifen, überzogen mit Butterblumen, Gänseblümchen und weißen Veilchen; und die purpurgekrönten Gräser draußen auf schrägem Rand tauchen ihre Blätter ins Wasser.

Die untere Kante des Beckens ist eine dammähnliche Schwelle festen Granits, stark vom alten Gletscher abgeschliffen, aber der austretende Bach hat sich noch kaum eingeschnitten, obwohl er seit der Entstehung des Sees unaufhörlich floss.

Sobald der Fluss den Seerand überschritten hat, zerfällt er in Kaskaden, hält keinen Moment inne und verliert kein Jota seiner freudigen Energie, bis er eine Meile tiefer das nächste aufgefüllte Becken erreicht. Danach wirbelt und windet er sich schläfrig durch Wiese und Wald, bricht erneut in grauen Schnellen und Fällen los, hüpft und gleitet im herrlichen Überschwang wilden Springens und Tanzens ins nächste und übernächste aufgefüllte Seenbecken. Nach langer Rast in den Ebenen des Little Yosemite hat er schließlich den größten Auftritt im berühmten Nevada Fall. Aus den Nebelwolken am Fuße des Wasserfalls ertastet sich der zerschmetterte, brüllende

Fluss den Weg, bringt eine weitere Meile Kaskaden und Schnellen hinter sich, ruht einen Augenblick im Emerald Pool, stürzt dann über die große Klippe des Vernal Fall und fließt donnernd und tobend eine ungeheuer tiefe, wilde Schlucht voll Felsgesteins hinab in die friedlichen Gefilde des alten Yosemite-Seebeckens.

Im Indianersommer ist die Farbenschönheit am Shadow Lake viel intensiver als man sie in einer derart jungen und glazialen Wildnis anzutreffen hofft. Beinahe jedes Blatt ist getönt und die Goldruten stehen in Blüte; die meisten Farben verteilen jedoch die reifen Gräser, Weiden und Espen. Am Fuße des Sees steht man in einem zitternden Espenhain, jedes Blatt bunt wie ein Schmetterling, und rechts und links in der Ferne an den Ufern zieht sich ein Wiesenstreifen in Kehren dahin, rot und braun getupft, mit blassem Gelb, das hier und dort in diesiges Violett verläuft. Auch die Wände sind mit hellen Farbspritzern verziert, die aus dem Granitgrau hervorleuchten. Doch weder die Wände noch die Uferwiese, weder der ausgelassene flackernde Hain, in dem du stehst, noch der See mit seinen blitzenden Pailletten können deine Aufmerksamkeit lange fesseln; denn am oberen Ende des Sees befindet sich eine hinreißende orange-gelbe Masse, die zum Espengürtel des Beckens gehört und die Quelle zu sein scheint, aus der alle Farbe geflossen ist; hier füllt sich dein Auge und ist gefesselt. Die grandiose Masse ist etwa dreißig Fuß hoch und erstreckt sich von Wand zu Wand übers Becken. Üppige Weidenbüschel flammen davor, und aus ihnen tritt eine braune Wiese bis zum Rand des Wassers; das alles hebt sich gegen das unbeugsame Nadelbaumgrün ab, während sich dichtes Sonnengold darüber ergießt.

In diesen gesegneten Farbentagen verdunkelt keine Wolke den Himmel, die Winde sind mild und die Landschaft ruht, überall stumm und unbeschreiblich eindrucksvoll. Meist segeln ein paar Enten über den See, offenbar aus reinem Vergnügen, und die Wasseramseln an den Schnellen singen immerzu; währenddessen sind Drosseln, Kernbeißer und die Douglashörnchen geschäftig in den Wäldern unterwegs, eine angenehme Gesellschaft, und verstärken den Eindruck wohltuender Abgeschiedenheit, ohne den tiefen, stillen Frieden und die Ruhe aufzustören.

Diese herbstliche Milde dauert gewöhnlich bis Ende November. Dann kommen andere Tage. Die Winterwolken schwellen und erblühen und schütten ihre Kristallsterne auf jedes Blatt und jeden Stein, und alle Farben verblassen wie ein Sonnenuntergang. Das Wild versammelt sich und eilt die wohlbekannten Pfade hinab, voller Furcht, vom Schnee eingeschlossen zu werden. Sturm folgt auf Sturm und häuft Schnee auf Klippen und Wiesen und biegt die schlanken Kiefern in weiten Bögen bis zum Boden herunter, eine über der anderen, geballt und vermengt wie Weizen im Depot. Lawinen gehen donnernd von den steilen Anhöhen ab, türmen gewaltige Haufen auf den zugefrorenen See, und die ganze sommerliche Pracht ist begraben und dahin. Doch zuweilen scheint inmitten des strengen Winters die Sonne warm und lockt das Douglashörnchen, in den verschneiten Kiefern zu tollen und seine versteckten Lagerräume aufzuspüren; und das Wetter ist nie so schlecht, dass es die Moorhühner und winzigen Kleiber und Meisen verscheucht.

Gegen Mai beginnt der See sich wieder zu öffnen. Die warme Sonne schickt zahllose Flüsschen über die Klippen, die ringsum Schaumstreifen ziehen. Allmählich weicht der Schnee, und die Wiesen zeigen eine grüne Färbung. Dann kommt der Frühling rasch; Blumen und Fliegen bereichern Luft und Boden, das Rotwild kehrt in die Hochwälder zurück wie Vögel in ihre alten Nester.

Ich habe diesen bezaubernden See im Herbst 1872 entdeckt, als ich mich auf dem Weg zu den Gletschern am Oberlauf des Flusses befand. Er frohlockte in buntesten Farben, unbetreten, verborgen in herrlicher Wildnis wie ungeschürftes Gold. Jahr für Jahr lief ich an seinen Ufern ohne irgendeine andere Spur von Menschen zu finden als die Überreste eines indianischen Lagerfeuers und die Schenkelknochen eines Hirschs, die aufgebrochen waren, um an das Mark zu gelangen.

Er liegt abseits der üblichen Pfade der Indianer, die lieber in zugänglicheren Feldern neben den Wegen jagen. Ihre Kenntnis um den Lebensraum des Wildes hat sie wahrscheinlich in einer Hungerzeit hergelockt, als sie sich ein Festmahl sichern wollten; denn die Jagd in dieser Seen-Mulde gleicht der Jagd in einem umzäunten Park. Ich hatte nur wenigen Freunden von der Schönheit des Shadow Lake berichtet aus Furcht, er könne zertrampelt und ›verbessert‹ werden wie Yosemite. Bei meinem letzten Besuch, als ich auf dem Sandstreifen zwischen Wasser und Gras am Ufer entlangschlenderte und die Fährten der hier lebenden Wildtiere las, alarmierte mich eine menschliche Fährte, die, wie ich sofort erkannte, zu einem Schäfer gehörte; denn jeder Schritt war um 35 bis 40 Grad von der eingeschlagenen Richtung auswärts gedreht und ging in ein unsicheres Spreizen der Ferse über, während eine Reihe runder Punkte zur Rechten auf einen Schäferstab hindeutete. Nur ein Schäfer konnte eine solche Spur hinterlassen; und nachdem ich sie ein paar Minuten verfolgt hatte, wuchs meine Befürchtung, dass er auf der Suche nach Weideland war — denn was konnte er anderes suchen? Als ich kurz darauf von den Gletschern zurückkehrte, bestätigten sich meine schlimmsten Befürchtungen. Von Norden war ein Pfad die Bergflanke hinab entstanden, und alle Gärten und Wiesen lagen zerstört von einem behuften Heuschreckenschwarm, als wäre ein Feuer darübergefegt. Die Geldwechsler befanden sich im Tempel.

ORANGE LAKE

Es gibt neben diesen von Cañonflüssen gespeisten größeren Cañonseen viele kleinere, die hoch oben auf Felsbänken liegen, vollkommen unabhängig vom Flusssystem, und ihre Nahrung aus einem sehr begrenzten Gebiet erhalten. Obwohl meist klein und flach, überdauern sie, weil gegen Lawinengeröll und Ablagerungen kräftiger Flüsse gefeit, nicht selten länger als andere, die um ein Vielfaches größer, aber nicht so vorteilhaft situiert sind. Gegen Ende des Sommers trocknen sie aus, wenn sie sehr seicht sind; doch weil ihre Becken aus fugenlosem Stein geschliffen wurden, erleiden sie Verluste allein durch Verdunstung; und in jedem Fall sorgt der hohe Schnee, der bis zum Juni liegen bleibt, für eine kurze Trockenzeit.

Orange Lake ist ein gutes Beispiel für die Karform. Er liegt inmitten eines schönen Gletscherbodens nahe dem unteren Rand der Seengrenze, etwa anderthalb Meilen nordwestlich vom Shadow Lake. Der Umfang beträgt nur rund neunzig Meter. Gleich am Wasser gibt es einen Gürtel aus Riedgräsern mit breiten, überhängenden Blättern; dann in regelmäßiger Abfolge einen struppigen Kragen Heidelbeersträucher, eine Weidenzone mit eingestreuten Ebereschen, schließlich eine Espenzone mit einigen Kiefern außerhalb. Natürlich sind diese Zonen konzentrisch und bilden gemeinsam einen Wall, hinter dem sich der kahle, vom Eis polierte Granit in alle Richtungen erstreckt, von dem er sich deutlich abhebt, wie ein Trupp Palmen in der Wüste.

Im Herbst mit seinen reifen Farben ähnelt der gesamte kreisförmige Wald auf kurze Entfernung einer großen Handvoll Blumen, die in einen Becher gestellt wurden, um sie frisch zu halten — ein Strauß Goldruten. Die Zuflüsse sind außergewöhnlich schön, trotz ihrer Unbeständigkeit und Flachheit. Sie haben kein Bachbett und können sich deshalb in Rinnsalen frei über den schimmernden Granit ausbreiten und nach Belieben wandern. An vielen Stellen ist der Wasserlauf weniger als ein Viertel Zoll tief und fließt mit so geringer Reibung, dass man ihn kaum sehen kann. Zuweilen gibt es nicht einmal eine Schaumblase, eine treibende Kiefernnadel oder irgendeine Unregelmäßigkeit, die seine Bewegung andeutet. Doch wenn man genau hinsieht, erkennt man, dass er ein exquisites Gewebe aus flutender Spitze bildet, dessen winzige Rippeln und Wirbel hübsche Reflexe werfen, ein Gewebe, das sich von der Wasserspitze großer Kaskaden darin unterscheidet, dass es durchweg transparent ist. Im Frühling, wenn der Schnee schmilzt, sprudelt das Seebecken über und schickt einen breiten Strom aus, der gläsern etwa 200 Yard dahingleitet, bis er zu einem fast 800 Fuß hohen Abhang gelangt, den er in schönem Katarakt hinabstürzt; dann sammelt er sein zerschmettertes Wasser und fließt sanft über Falten tröpfelnden Granits zur Mündung in den Hauptstrom des Cañon. Die meiste Zeit des Jahres hört man allerdings weder oben noch am Fuß des Sees ein einziges Wassergeräusch, nicht einmal flüsterndes Plätschern der Kräuselwellen am Ufer; denn der Wind ist ausgesperrt. Dann und wann versüßen jedoch Vögel, die auf ihrem Weg durch den Cañon hier Halt machen und trinken, die tiefe Bergstille.

LAKE STARR KING

Eine herrliche Varietät dieser Karseen tritt genau dort auf, wo die großen Seitenmoränen des Hauptgletschers von kleinen verbliebenen Nebengletschern in schwellenden konzentrischen Kreisen vorwärts geschoben wurden. Statt wie der Orange Lake von einem schmalen Baumring umschlossen zu sein, liegen sie inmitten dichter Moränenwälder — so dicht, dass man auf der Suche nach ihnen wieder und wieder vorbeiläuft, selbst wenn man in etwa weiß, wo sie sich verborgen halten.

Lake Starr King, nördlich des Kegels gleichen Namens, oberhalb des Little Yosemite Valley, ist ein wunderbares Beispiel dafür. Die Wasseramseln fliegen an ihm vorbei, ebenso die Enten; selbst wenn sie wollten, sie könnten ihn kaum erreichen, ohne in die umstehenden Bäume zu plumpsen.

Diese isolierten Kleinode, wie von den Ästen gefallene Früchte, sind nicht ohne Bewohner oder fröhliche, anregende Gäste. Natürlich gelangen keine Fische hinein, und das trifft generell auf beinahe jeden Gletschersee in den Bergen zu, doch es gibt Frösche in Hülle und Fülle. Wie aber sind die Frösche hineingekommen? Ihr klebriger Laich wurde wohl an den Füßen der Enten oder anderer Vögel hergebracht, andernfalls hätten ihre Vorfahren aufregende Wanderungen durch die Wälder und die Cañonwände hinauf unternehmen müssen. In den stillen, reinen Tiefen dieser versteckten kleinen Seen findet man auch die Larven zahlloser Insekten und vieler Käfer, die Luft über ihnen wimmelt vom Flügelgesumm, dazwischen ständig umherflitzende Fliegenschnäpper[29]. Und im Herbst, wenn die Heidelbeeren reif sind, laben sich Schwärme von Drosseln und Kernbeißern und ergeben lustige kleine Parabeln für den Naturforscher.

Verfolgen wir unseren Weg hinauf zur Achse des Höhenzuges, finden wir Seen in immer größerer Fülle und immer jugendlicherem Aussehen. Bei rund 9000 Fuß scheinen sie ihr mittleres Alter erreicht zu haben — das heißt, ihre Becken sind etwa zur Hälfte mit Alluvialboden angefüllt. Breite Wiesenstreifen reichen in sie hinein, unvollkommen und an vielen Stellen sumpfig und flacher als jene der älteren Seen unterhalb, und die Vegetation der Ufer ist selbstverständlich weitaus alpiner. Lorbeerrose, Sumpfporst und Schuppenheide umsäumen die Felsen der Wiesen, während die üppigen, wogenden Haine, die für die unteren Seen charakteristisch sind, nur durch Weißstämmige Kiefern und Hemlocktannen vertreten sind. Diese allerdings gruppieren sich oft sehr malerisch auf Felszungen rings um den äußeren Rand der Wiesen oder krönen mit noch verblüffenderer Wirkung das eine oder andere Felsinselchen.

Zudem sind die Klippen der mittelalten Seen, aus Gründen, die wir an dieser Stelle nicht erklären können, selten vom massiven Yosemite-Typ, sondern durchbrochener, weniger steil, sie weichen in der Regel weiter zurück, lassen die Ufer vergleichsweise frei; allerdings sind die wenigen vorspringenden Felsen, die unmittelbar ins tiefe Wasser stürzen, selten mehr als drei- oder vierhundert Fuß hoch.

In solchen Seen habe ich bislang keine Enten angetroffen, die Wasseramsel fehlt jedoch niemals an den ganzjährigen Zuflüssen. Gelegentlich sieht man wilde Schafe und Rotwild, und sehr selten einen Bären. Wochenlang kann man an den rauhen Ufern dieser glitzernden Quellen kampieren, ohne ein einziges Tier zu Gesicht zu bekommen, das größer ist als die Murmeltiere, die an den Wiesenrändern unter den Findlingen graben.

Die höchsten und jüngsten aller Seen schmiegen sich in den Schoß der Gletscher. Auf den ersten Blick scheinen sie Bilder reiner unblutiger Zerstörung zu sein, arktische Meere in Miniatur, eingeschlossen in ewigem Eis und Schnee, überschattet von harschen, düsteren, bröckelnden Steilhängen. Ihre Wasser sind in den tiefsten Bereichen grell ultramarin, bei den Uferseichten und an den Kanten der winzigen Eisberge, die zumeist auf ihnen trieben, von lebhaftem Grasgrün. Ein paar winterharte Seggen, jede Nacht in beißendem Frost, ergeben weiche Soden an den sonnenberührten Stellen ihrer Ufer, und wenn sich ihre nördlichen Böschungen offen nach Süden neigen und von Erde bedeckt sind, wie grob auch immer, leuchten sicherlich Blumen auf ihnen.

Mir kommt vor allem ein See in den Sinn, der den Blütenreichtum an den sonnenberührten Ufern dieser Eiskleinode illustriert. Unterm Schatten des Sierra Matterhorn liegt am östlichen Rand des Gebirges einer der eisigsten Gletscherseen auf einer Höhe von rund 12.000 Fuß. Von Süden kriecht ein kurzer, grobkantiger Gletscher in ihn hinein, und auf der anderen Seite wird er von einer Reihe konzentrischer Endmoränen eingedämmt, die der Gletscher schuf, als er das Becken noch vollständig ausfüllte. Eine halbe Meile weiter unten liegt bei 11.500 Fuß ein zweiter See, der fast so kalt und so klar wie ein Schneekristall ist. Das Wasser des ersten gluckert über und durch den Moränendamm in ihn, während sich ein weiteres Rinnsal direkt von einem Gletscher im Südosten hineinergießt. Jähe Klippen aus kristallinem Schnee steigen aus der Tiefe des Wassers im Süden und halten den ewigen Winter auf jener Seite; auf der anderen jedoch gibt es einen hübschen sommerlichen Flecken, obwohl der See nur

300 Yard breit ist. Hier entdeckte ich am 25. August 1873 eine reizende Blumen-Gesellschaft, keine verhärmten, geduckten Zwerge, die kaum aufblicken konnten, sondern warm und voller Saft, aufrecht in üppigen fröhlichen Farben und Blüten. Auf einem schmalen Kiesstreifen, dicht am Rande des Wassers, wuchsen einige verwahrloste Grasbüschel; und ein Stück weiter das steinige Ufer hinauf am Fuße einer bröckelnden Wand, die so abfiel, dass sie beträchtliche Sonnenwärme absorbierte, abstrahlte und reflektierte, befand sich ein Garten, darin ein mit großen gelben Blüten bedecktes Cowania-Dickicht; mehrere Johannisbeersträucher mit fast reifen und extrem sauren Beeren; einige hübsche Gräser, die zwei unterschiedlichen Gattungen angehörten, und eine Goldrute; ein paar behaarte Lupinen und leuchtende Spraguea, deren blaue und rosa Blüten sich zu schönem Vorteil zwischen den grünen Seggen abhoben; und entlang einer schmalen Naht im wärmsten Winkel der Wand ein vollends prächtiger Saum von *Epilobium obcordatum*[30] voller Blüten, einen Zoll breit, im Überfluss zusammengedrängt und von königlichem Purpur, wie es nur je eine vornehme Tropenpflanze trug; und die beste und prächtigste von allen, eine noble Distel in praller Blüte, stand aufrecht, Kopf und Schulter hoch über ihren Gefährten, und streckte ihre Lanzen in strammem Elan vor als wüchse sie auf einer Böschung in Schottland. All dieses tapfere, warme Blühen zwischen den groben Steinen, direkt vor den zuschauenden Gletschern.

Soweit ich es herausfinden konnte, sind die oberen Seen im Winter fünfunddreißig bis vierzig Fuß hoch vom Schnee eingeschlossen; und jene, die den Lawinen besonders ausgeliefert sind, sogar hundert Fuß und mehr. Für die Landschaft sind sie weitgehend verloren. Ist der Schneefall ungewöhnlich stark, bleiben manche jahrelang begraben, und viele öffnen sich auf einer Seite nur spät. Der Schnee auf der geschlossenen Seite besteht aus groben Körnchen, die zu einer festen, schwach geschichteten Masse, vergleichbar dem *névé* eines Gletschers, verdichtet und eingefroren werden. Die klatschenden Wellen im offenen Bereich unterhöhlen ihn allmählich und führen dazu, dass er wie Eisberge in großen Massen abbricht, wodurch eine steile Front, vergleichbar der Wand eines kalbenden, ins Meer stürzenden Gletschers, entsteht. Das Lichtspiel an den kristallinen Kanten dieser Schneekliffs, das perlgraue Weiß der vorgewölbten Buckel, die treibenden Eisberge davor, in der Sonne leuchtend und von grünem Wasser gerändert, die tiefblaue Scheibe des Sees, die sich dir zu Füßen erstreckt — dies alles ergibt ein Bild, das dein ganzes künftiges Leben bereichert und das du nie vergisst. Doch wie vollkommen die Jahreszeit und der Tag auch sein mögen, man fühlt stets die kalte Unabgeschlossenheit der jungen Seen. Wir nähern uns ihnen mit armseliger Zurückhaltung und schleichen ohne Zutrauen an ihren kristallinen Ufern entlang, niedergeschmettert und befangen, als erwarteten wir, eine bedrohliche Stimme zu hören. Aber die Liebeslieder der Wasseramseln und die Liebesblicke der Gänseblümchen beruhigen uns allmählich und zeigen eine warme ursprüngliche Menschlichkeit, die selbst noch den kältesten und einsamsten See durchdringt.

KAPITEL VII
Die Gletscherwiesen

Auf die Seen folgen in der High Sierra die Gletscherwiesen. Das sind sanfte, ebene, seidige Rasenflächen, umschlossen von Hochwäldern, in den Talgründen und entlang der breiten Rücken der großen Wasserscheiden bei 8000 bis 9500 Fuß über dem Meer.

Sie sind beinahe so glatt wie die Seen, an deren Stelle sie traten, und bieten eine trockene Oberfläche, die frei ist von Steinhaufen, moosiger Sumpfigkeit und schluderiger Derbheit wuchernder, rauhblättriger, krautiger und strauchiger Vegetation. Die Grasnarbe ist dicht und fein und so lückenlos, dass man nicht auf den Erdboden sehen kann; und gleichzeitig so leuchtend mit Blumen und Schmetterlingen überzogen, dass man es ohne weiteres eine Gartenwiese oder einen Wiesengarten nennen könnte, denn der plüschige Rasen ist an vielen Stellen dermaßen mit Enzianen, Maßliebchen, Ivesien und verschiedenen Orthocarpus-Arten bedeckt, dass man das Gras kaum wahrnimmt, während an anderen die Blumen nur hier und dort einzeln oder in kleinen schmückenden Rosetten wachsen.

Das einflussreichste der Gräser, aus denen die Narbe besteht, ist ein zierliches Reitgras mit fadenförmigen Blättern und lockeren, luftigen Rispen, die über der Blumenwiese wie ein violetter Nebel zu schweben scheinen. Doch was ich auch schreibe, ich kann keine adäquate Vorstellung von der vortrefflichen Schönheit dieser Gebirgsteppiche geben, die flach ausgebreitet in der rauhen Wildnis liegen. Welche Worte wären hinreichend, um sie abzubilden? womit sollen wir sie vergleichen? Die blumenreichen Ebenen der Prärien im alten Westen, die üppigen Savannen im Süden, die schönsten kultivierten

Wiesen sind im Vergleich dazu grob. Auf den ersten Blick könnte man sie mit dem sorgsam gepflegten Rasen von Parkanlagen vergleichen, denn sie sind genauso weich und frei von Unkraut; doch hier endet die Ähnlichkeit schon, denn diese wilden Rasenstücke in ihrer erlesenen Eleganz zeigen keine Spur jenes gequälten, geleckten, verschnippelten, verklemmten Erscheinungsbildes, zu dem Parkwiesen sogar von ferne betrachtet tendieren. Ganz zu schweigen von den Blumen, die sie erstrahlen lassen, sind ihre Gräser in Farbe und Beschaffenheit sehr viel feiner; und statt platt und reglos dazuliegen, verfilzt wie ein totes grünes Tuch, antworten sie der Berührung jeder Brise, erfreuen sich der reinen Wildnis, blühen und tragen Frucht im lebenspendenden Licht.

Überall in der alpinen und subalpinen Region der Sierra kommen Gletscherwiesen in weitaus größerer Zahl als Seen vor. Zwischen 36° 30′ und 39° nördlicher Breite gibt es wahrscheinlich 2500 bis 3000, die sich natürlich wie die Seen in Übereinstimmung mit den anderen Gletscherstrukturen der Landschaft verteilen.

An den Oberläufen der Flüsse sind sie als sogenannte ›Big Meadows‹ meist zwischen fünf bis zehn Meilen lang. Sie nehmen die Bekken der alten Eis-Seen ein, in denen sich viele Nebengletscher zu einem Hauptgletscher vereint hatten. Dennoch sind die meisten recht klein, im Durchschnitt nur wenig mehr als drei Fünftel einer Meile lang.

Eine der schönsten von den tausenden, in deren Genuss ich gekommen bin, liegt etwa achtzig Meilen westlich des Mount Dana am Rande des alten Tuolumne-Eismeerbeckens in einem ausgedehnten Drehkiefernwald versteckt.

Stell dir vor, du befindest dich am Flussufer bei den Tuolumne Soda Springs, eine Tagesreise oberhalb des Yosemite Valley. Du machst dich nach Norden auf, durch einen Wald, der sich unendlich vor dir erstreckt, anscheinend ohne von irgendwelchen Lichtungen durchbrochen zu sein. Sobald du tief in den Wäldern bist, verlierst du die

Cottonwood Bend

grauen Berggipfel mit ihren verschneiten Schluchten und Mulden aus dem Blick. Der Boden ist wie vom Sturm flachgelegter Weizen kreuz und quer mit umgestürzten Stämmen übersät; und neben dem dichten Kiefernwald fördern die reichhaltigen Moränenerden das üppige Wachstum von Gräsern mit linealischen Blättern, Trespe, Weizen, Reitgras, Straußgras usw., die ihre schönen Ähren und Rispen bis über deine Hüfte ragen lassen. Du folgst deinem Weg durch die fruchtbare Wildnis, interessierst dich dabei lebhaft für Hörnchen und Kiefernhäher und mit Glück einen Hirsch oder Bären, und nach ein, zwei Stunden siehst du senkrechte Sonnenstrahlen vor dir zwischen den braunen Kiefernstämmen, sie zeigen, dass du dich einer offenen Fläche näherst — und plötzlich trittst du aus dem Schatten des Waldes auf einen herrlich violetten Rasen, der weich und frei wie ein

See im Licht liegt. Das ist eine Gletscherwiese. Sie ist etwa anderthalb Meilen lang und eine Viertelmeile breit. Die Bäume drängen sich ringsum in eng geschlossenen Reihen heran, setzen ihre Füße exakt an ihren Rand und halten sich aufrecht, stramm und ordentlich wie Soldaten bei einer Parade; sie umschließen die Wiese mit herrlicher Präzision, doch in frei geschwungenen Linien, wie nur die Natur sie zeichnen kann. Unaussprechlich vergnügt watest du in den gräsernen Sonnenteich hinaus, fühlst dich geborgen in einer der verstecktesten Geheimkammern der Natur, zurückgezogen von den strengeren Einflüssen der Berge, sicher vor jeder Belästigung, geschützt vor dir selbst, frei in der universellen Schönheit. Und obwohl diese Szene höchst vergeistigt ist und du in ihr aufgelöst scheinst, pulsiert alles ringsum mit warmer, irdischer, menschlicher Liebe und wesentlichem, vertrautem Leben. Die harzigen Kiefern sind Urbilder der Gesundheit und Standhaftigkeit; die Drosseln, die im Gras fressen, gehören zur selben Art, die du seit deiner Kindheit kennst; und diese Maßliebchen, Rittersporne und Goldruten sind die Blumenfreunde aus dem alten heimatlichen Garten. Bienen summen wie bei der Mittagsernte, Schmetterlinge schweben über den Blumen, und wie sie badest du im belebenden Sonnenlicht, allzu reichlich und gleichmäßig mit Freude erfüllt, um zu einem halbherzigen Gedanken fähig zu sein. Du bist ganz Auge, von Licht und Schönheit vollkommen durchfiltert. Stromerst du am Bach entlang, der leise durch die Wiese mäandert, rufen dich bestimmte Blumen ins urteilende Bewusstsein zurück. Der Rasen wölbt sich zum Rand des Wassers hinab, bildet hügelige Böschungen, überdeckt an manchen Stellen eingesunkene Felsbrocken und formt sich zu Brücken. Hier findest du Matten der seltsamen Zwergweide, die kaum einen Zoll groß ist, aber tausende grauer seidiger Kätzchen in die Höhe schießt, hier und dort beleuchtet von den violetten Kelchen und Glocken der Moosheide und Heidelbeere.

Wohin du dich auch wendest, überall ist der Rasen von göttlicher Schönheit, als habe die Natur jede Pflanze am heutigen Tag in die

Hand genommen und eingepasst. Die schwankenden Gräserrispen sind so fein, dass man sie kaum spürt, wenn man mitten hindurch streift, und keine Blume hat hohe oder starre Stengel. Du findest an den hellsten Plätzen drei Arten Enzian in verschiedenen Blautönen; Gänseblümchen, ungetrübt wie der Himmel; seidenblättrige Ivesien mit Blüten in warmem Gelb; mehrere Arten Orthocarpus mit derben kugeligen Ährchen, rot und violett und gelb; die Rocky-Mountain-Goldrute, Bartfaden und Klee, duftend und voller Honig, in geballten vermischten Farben. Teilst du die Gräser, siehst genauer hin, kannst du der Verästelung ihrer leuchtenden Halme folgen und die erstaunliche Schönheit ihrer Blütenschleier bemerken, die fein gestrichelten Spelzen und Vorspelzen, die gelb hängenden Staubblätter, die gefiederten Griffel. Unter den untersten Blättern entdeckst du ein Feenreich der Moose — Schlafmoos, Gabelzahnmoos, Widertonmoos und viele andere —, ihre edlen Sporenkapseln auf anmutig glatten Stielen, seltsam vermummt oder geöffnet, zeigen reich verzierte Peristome[31], die wie Königskronen getragen werden. Kriechendes Lebermoos ist hier in Hülle und Fülle vorhanden, und verschiedene Pilzarten, überaus klein, zart und köstlich, als seien sie nur der Schönheit wegen entstanden. Raupen, schwarze Käfer und Ameisen durchstreifen die Wildnisse dieser unteren Welt und wandern durch Miniaturwälder und Dickichte wie Bären im dichten Wald.

Und wie reich ist das Leben in der sonnigen Luft! Jedes Blatt und jede Blüte scheint ihren geflügelten Botschafter über sich zu haben. Libellen schießen in energischem Zickzack durch die tanzenden Schwärme, und ein Übermaß an Schmetterlingen — die Leguminosæ[32] unter den Insekten — ist eine hübsche Zugabe zu diesem Spektakel. Von den letzten sind viele vergleichsweise klein in dieser Höhe und der Wissenschaft bis jetzt noch kaum bekannt; aber dann und wann segelt ein vertrauter Vanessa oder Papilio[33] vorbei. Kolibris sind hier recht verbreitet, und die Wanderdrossel findet man überall am Rande des Flusses oder draußen auf dem flachsten Teil des Rasens, und manchmal das Schneehuhn[34] und die Bergwachtel mit ihren wunderbar flaumigen Küken. Schwalben streichen über den Grassee von einem zum anderen Ende, Fliegenschnäpper kommen und gehen in unregelmäßigem Ausflug vom Wipfel toter Sparren, derweil schwingen sich die Spechte in anmutigen Girladen von dieser Seite zur anderen — Vögel, Insekten, Blumen, sie alle berichten auf ihre Weise von einer tiefen Freude am Sommer.

Über die Einflüsse der reinen Natur scheint bislang so wenig bekannt zu sein, dass man allgemein annimmt, vollkommenes Vergnügen dieser Art, das durch Fleisch und Bein geht, mache den Forscher untauglich für wissenschaftliche Studien, bei denen kühle Urteile und Beobachtungen gefordert sind. Doch ist die Wirkung eine gegenteilige: Statt eine zerstreute Befindlichkeit herbeizuführen, wird der Geist befruchtet und stimuliert und entfaltet wie sonnengenährte Pflanzen. Alles, was wir hier sahen, befähigt uns, mit klarerem Blick die Quellen zwischen den Gipfeln im Osten zu sehen, woher die Gletscher strömten, die den Boden für den Wald ringsum zermalmten; und die Moräne unten am Ende der Wiese, die den Damm bildete und damit den See entstehen ließ, welcher das Becken einnahm, bevor die Wiese erschien; und die Steine um den Saum, die durch die Ausdehnung des See-Eises in längst verflossenen Wintern zurückgeschoben und zu einer rohen Mauer aufgehäuft wurden; und die leichten Mulden der Wiese am Fluss entlang, die jene Bereiche des alten Sees bezeichnen, die als letzte verschwunden sind.

Ich möchte den Leser bitten, noch ein wenig in dieser fruchtbaren Wildnis zu verweilen, um deren Geschichte vom frühsten eiszeitlichen Anbeginn zu verfolgen und mehr über ihre wilden Bewohner und Besucher zu erfahren. Wie glücklich im Sommer die Vögel und einige im Winter sind; wie die Ziesel ihre Tunnel durch den Schnee treiben; und welches schöne tapfere Leben der verleumdete Kojote hier hat, und die Hirsche und Bären. Doch ich kenne den Unterschied zwischen Lesen und Sehen, deshalb will ich die Aufmerksamkeit nur auf einige knappe Skizzen lenken, die mehrere ihrer Aspekte in markanteren Jahreszeiten darstellen.

Das Leben im Sommer, das hier geschildert wurde, dauert fast unvermindert bis Oktober, wenn die Nachtfröste zu beißen anfangen, die Gräser bräunen und die Blätter der kriechenden Heidekräuter an den Flussufern zu rötlichem Violett und Purpur reifen lassen; unterdessen verschwinden sämtliche Blumen, außer den Goldruten und einigen Gänseblümchen, die unversehrt bis zum Einsetzen des Winterschnees weiterblühen. In stillen Nächten werden die Rispen, Blätter und Halme der Gräser mit Reif überzogen, und die morgendlichen Sonnenstrahlen brechen sich in hinreißendem Glanz darin und verwandeln jedes in einen regenbogenfarben leuchtenden Diamanten. Die Untiefen des Bachs sind mit schlanken Eislanzen überflochten, doch vor dem Mittag sind sie zusammen mit den Graskristallen geschmolzen, und trotz der großen Höhe der Wiese sind die Nachmittage noch warm genug, um die verfrorenen Schmetterlinge zu beleben und zum Genuss an den spätblühenden Goldruten hinauszurufen. Das göttliche Alpenglühen lässt den Wald ringsum jeden Abend erröten, gefolgt von einer kristallklaren Nacht mit Scharen von Lilien-Sternen, deren Größe und Brillanz niemand ermessen kann, der nicht aus dem Flachland heraufgestiegen ist.

So kommen und gehen die hellen herbstlichen Sonnentage, keine Wolke am Himmel, Woche für Woche, bis kurz vor dem Dezember. Dann tritt die Veränderung plötzlich ein. Eigentümlich aussehende Wolken, langsam dahinkriechend, sammeln und türmen sich im Azur, werfen samtene Fransen aus und werden allmählich finsterer, bis jeder teichähnliche Spalt und jede Lichtung geschlossen und das gesamte herabgebückte Firmament in strukturloser Düsternis verdunkelt ist. Dann kommt der Schnee, die Wolken sind reif, die Himmelswiesen blühen und verstreuen ihre strahlenden Blumen, wie ein Obsthain im Frühling. Leicht, ganz leicht legen sie sich auf die braunen Gräser und die Kiefernnadelquasten, fallen Stunde um Stunde,

Tag für Tag, still, zärtlich — der Wind schweigt —, huschen und trudeln hierhin, dorthin, flackern gegeneinander, Kristallstrahlen verhaken sich zu Flocken in Gänseblümchengröße; und dann erblühen die Gräser und Bäume und Steine abermals in derselben Weise. In den Sommermonaten treten Gewitterschauer auf, und beeindruckt schaut man der Ankunft der großen durchschimmernden Tropfen zu, jeder eine kleine Welt für sich — ein geschlossener Ozean ohne Inseln, der frei durch die Luft schießt wie die Planeten durchs All. Viel stärker beeindruckt mich jedoch die Ankunft der Schneeblumen — fallende Sterne, Wintermaßliebchen —, die allen Grund erblühen lassen. Regentropfen knospen hell im Regenbogen und verwandeln sich in der Erde zu Blumen, der Schnee aber kommt voll erblüht direkt aus dem dunklen eisigen Himmel.

Oft werden die späten Schneestürme von Winden begleitet, die die Kristalle bei niedriger Temperatur in einzelne Blätter und unregelmäßige Staubfragmente zerbrechen; auf der Wiese jedoch gibt es relativ wenig Schneetreiben, denn sie ist sicher von den Wäldern umschlossen. Von Dezember bis Mai folgt Sturm auf Sturm, bis der Schnee etwa fünfzehn bis zwanzig Fuß hoch liegt, doch die Oberfläche ist glatt wie eine Vogelbrust.

Nun schweigt das Leben, das kürzlich noch warm pulsierte. Die meisten Vögel haben sich unter die Schneegrenze zurückgezogen, die Pflanzen schlafen und die Fliegenflügel sind eingefaltet. Doch an vielen wolkenlosen Tagen mitten im Winter strahlt die Sonne herrlich und wirft lange Schattenlanzen quer über die blendende Fläche. Im Juni kommen allmählich kleine Flecken toter, verrottender Gräser zum Vorschein, die sich langsam ausdehnen und miteinander verbinden, am Tag mit kriechenden Wasserlappen bedeckt, in der Nacht mit Eis, und leblos und ohne Hoffnung aussehen wie zerbrochene Felsen, die soeben aus der Dunkelheit der Eiszeit auftauchen. Jetzt geh über die Wiese! Du wirst kaum eine Erinnerung an eine Blume finden. Der Boden scheint zweifach tot zu sein. Doch die jährliche Auferstehung ist nahe. Die lebenspendende Sonne verströmt ihre Fluten, der letzte Schneekranz schmilzt dahin, Millionen anschwellender Punkte durchstoßen den dampfenden Humus, die Vögel kommen zurück, neue Schwingen erfüllen die Luft und das inbrünstige Sommerleben brandet scheinbar noch herrlicher auf als zuvor.

Dies ist eine vollkommene Wiese, und unter günstigen Bedingungen existiert sie jahrhundertelang ohne bemerkenswerte Veränderungen. Früher oder später muss sie allerdings unausweichlich altern und vergehen. Im ruhigen Indianersommer regt sich kaum ein Sandkorn an den Uferbänken, doch in Zeiten der Überflutungen und Stürme wird Erde eingespült und in Schichten rings um ihren sanft geneigten Rand abgelagert und allmählich bis zur Mitte ausgedehnt, so dass die Wiese austrocknet. Für einen gewissen Zeitraum ist die Wiesenvegetation dadurch nicht sonderlich beeinträchtigt, denn sie steigt mit dem ansteigenden Boden und hält sich an der Oberfläche wie Meerespflanzen auf der Dünung. Aber zuletzt hebt sich das Wiesenland so sehr, dass ein Boden entsteht, der für spezielle Wiesenpflanzen zu trocken ist, dann müssen sie natürlich ihren Platz anderen überlassen, die den neuen Bedingungen angepasst sind. In dieser Höhe sind die charakteristischsten Neuankömmlinge vornehmlich die sonnenliebenden Gilien, Wollknöteriche und Korbblütler, und zuletzt die Waldbäume. Fortan sind die überdeckenden Veränderungen so vielfältig, dass die ursprüngliche Seewiese nur von einem Geologen entschleiert und gesehen werden kann.

Im Allgemeinen verschwinden Gletscherseen langsamer als die ihnen folgenden Wiesen, wenn sie nicht sehr flach sind, ist nämlich eine größere Materialmenge erforderlich, ihre Becken aufzufüllen und auszutilgen, als jene, die benötigt wird, um eine Wiesenfläche zu stark für die entsprechende Vegetation anzuheben und auszutrocknen. Außerdem ist infolge der Verwitterung, der die umliegenden Felsen unterworfen sind, das feinere Material in größerer Fülle in der Wiesen-Periode als in der Seen-Periode vorhanden und anfällig für die Abtragung durch Regen und Flut. Obwohl viele schöne, günstig gelegene Wiesen in beinahe vortrefflicher Schönheit zweifellos für tausende Jahre existieren, ist der Prozess der Auslöschung nach unserer Zeitrechnung überaus langsam. Dies ist vor allem bei Wiesen der Fall, die so beschaffen wie die beschriebene sind — umgeben von tiefen Wäldern, mit einem ringsum sanft wegstrebenden Grund, verhindert das Geflecht der Baumwurzeln, die den Boden umklammern, jede rasche Auswaschung durch Gießbäche. In besonderen Fällen werden allerdings schöne, äußerst bedächtig entstandene Wiesen mit einem Mal durch Erdrutsche, Erdbebenlawinen oder starke Überflutungen genau wie die Seen zugeschüttet.

Auf den Gletscherwiesen, die den Platz flacher, von dürftigen Rinnsalen gespeister Seen einnehmen, tragen hauptsächlich Gletscherschlamm und feiner Pflanzenhumus zur Zusammensetzung des Bodens bei; und wegen der Flachheit dieses Bodens und der fugenlosen, wasserdichten, abflusslosen Beschaffenheit der Felsbasins sind sie im Allgemeinen feucht und daher von hohen Gräsern und Seggen bedeckt, deren rauhes Erscheinungsbild einen verblüffenden Kontrast zu jener zarten, einen Rasen entwickelnden Art darstellt, die oben beschrieben wurde. Diese Wiesen mit flachem Erdreich sind oft noch stärker aufgerauht und vielfältiger durch teilweise verdeckte Moränen und aufgewölbte Buckel im Felsgrund, die zusammen mit den auf ihnen wachsenden Bäumen und Sträuchern einen bemerkenswerten Effekt erzeugen, wenn sich ihr Umriss wie Inseln vor der Grasebene abhebt oder wenn sie von der einen Wand des Waldes zur anderen in schroffen Bögen dahinschweifen.

Überall, wo das Wasser in der höheren Wiesenregion im Überfluss vorhanden und kalt ist, entstehen in Becken, die vor Auswaschungen geschützt sind, schöne Sümpfe mit einem reichen Bewuchs an braunem und gelben Torfmoos, malerisch zerzaust durch Leberrosen- und Sumpfporst-Flecken, die im Herbst schöne Farben in Massen reifen lassen. Zwischen diesen kühlen, schwammigen Sümpfen und den trockenen Blumenwiesen gibt es viele interessante Varietäten, die wegen der unterschiedlichen Bedingungen, auf die bereits hingewiesen wurde, stufenweise ineinander übergehen und eine Reihe herrlicher Studien ergeben.

HÄNGENDE WIESEN

Man findet eine weitere, sehr bezeichnende und interessante Wiesenart, die sich in Ursprung und Erscheinung stark von den Seewiesen unterscheidet, schräg auf den moränenbedeckten Abhängen; sie erstrecken sich in Richtung der größten Abschüssigkeit und wogen über Steinhaufen und Felssimse wie tiefgrüne Bänder, die hell vor hohen Blumen leuchten. Es gibt sie in beträchtlicher Zahl sowohl in der alpinen als auch in der subalpinen Region, und stets fügen sie der Landschaft eindrucksvolle Merkmale hinzu. Oft sind sie eine Meile oder mehr lang, jedoch nie sehr breit — meist nur zwischen dreißig und fünfzig Yard. Wenn die Berg- oder Cañonflanke sich im richtigen Winkel neigt und zugleich weitere Umstände günstig sind, erstrecken sie sich von der Waldgrenze bis zum Grund des Cañons oder Seebeckens; in zarten, fließenden Linien steigen sie wie Kaskaden abwärts, zersprühen an großen Felsen in eine Art Gischt oder teilen sich und fließen zu beiden Seiten um die vorstoßende Felsinsel. Manchmal rauscht ein lauter Strom hindurch, und dann ist wieder kaum ein Tropfen Wasser in Sicht. Sie verdanken ihr Dasein jedenfalls den Flüssen, ob nun sichtbar oder unsichtbar, und die wildesten Exemplare finden sich dort, wo eine ganzjährige Quelle, zum Beispiel ein Gletscher oder eine Schneewehe oder eine Moränenquelle, ihr Wasser in einem ausschweifenden Netz schwacher, sickernder Rinnsale über den rauhen Boden schickt. Unter diesen Bedingungen entsteht eine wiesenartige Vegetation, deren lange Wurzeln den freien Fluss des Wassers noch stärker hemmen und dafür sorgen, dass es sich über ein größeres Gebiet verteilt. Auf diese Weise sind der Moränenboden und die für eine höhere Klasse von Wiesenpflanzen erforderliche Feuchtigkeit zuweilen beinahe so perfekt miteinander verbunden, als wären sie auf ebener Fläche ausgebreitet. Wo das Erdreich aus feinerem Gletschergeröll besteht und das Wasser nicht im Übermaß vorhanden ist, kommt die Vegetation jener der Seewiesen am nächsten. Doch wo der Boden rauh und steinig ist, wie zumeist der Fall, ist die Vegetation dementsprechend üppig. Hohe, breitblättrige Gräser nehmen ihren Platz an den Rändern ein, und Binsen und nickende Seggen in den feuchteren Bereichen, vermischt mit den schönsten und eindrucksvollsten Blumen — sieben bis acht Fuß hohe orangefarbene Lilien und Rittersporne, Lupinen, Greiskräuter, Allium, Indianerpinsel, verschiedene Gauklerblumen und Bartfaden, der große Weiße Germer mit bootförmigen Blättern und die wundervolle Alpen-Akelei, deren Sporne anderthalb Zoll lang sind. Nicht selten stellen prachtvolle Blumen den Großteil der Vegetation zwischen sieben- und neuntausend Fuß Höhe dar; die hängenden Wiesen werden dann zu hängenden Gärten.

In seltenen Fällen finden wir ein alpines Becken, dessen Grund eine vollendete Wiese ist; die sanft ansteigenden Seiten werden fast überall von Moränenboden bedeckt, der gesättigt durch schmelzenden Schnee aus den Quellen der Umgebung einen nahezu kontinuierlichen Gürtel abschüssiger Wiesenvegetation entstehen lässt, die anmutig in die flache Wiese am Grund übergeht und so ein großes, glattes, weiches, wiesengesäumtes Bergnest bildet. Das Biberhörnchen (*Aplodontia rufa*) liebt es, sich in solchen Wiesen häuslich einzurichten, indem es gemütliche Kammern unter der Erde ausschachtet, Tunnel gräbt und das Grundwasser zu seinem Vorteil von einem Kanal in den anderen leitet und damit die Pflanzen speist.

Eine weitere Art von Wiese oder Sumpf tritt an dicht bewaldeten Hängen auf, wo ganzjährige Flüsschen in kurzen Abständen von umgestürzten Bäumen gestaut wurden. Und dann findet man noch jene, die an glatten, flachen Vorsprüngen herabhängen, während die entsprechend lehnenden Wiesen sich ihnen entgegenstrecken.

Außerdem gibt es drei Arten von Gletschertopf-Wiesen, die eine ist an den Ufern der Hauptflüsse zu finden, die andere auf den Gipfeln der Felsgrate und die dritte auf Gletscherböden — alle haben eine interessante Entstehung und strotzen vor pflanzlicher Schönheit.

KAPITEL VIII

Die Wälder

Die Nadelwälder der Sierra sind die erhabensten und schönsten der Welt, sie wachsen in einem angenehmen Klima auf der interessantesten, zugänglichsten Bergkette, doch seltsamerweise sind sie nicht sonderlich bekannt. Vor mehr als sechzig Jahren wanderte David Douglas, ein begeisterter Botaniker und Baumliebhaber, allein und voller Vergnügen durch herrliche Abschnitte der wilden Zuckerkiefer- und Grautannenwälder. Ein paar Jahre später unternahmen andere Botaniker kurze Reisen von der Küste in die unteren Wälder. Dann kamen die wunderbaren Goldgräberscharen in die Vorgebirgszone, meist blind vor Goldstaub, dicht gefolgt von den ›Schafhütern‹, die mit wolleverschleierten Augen ihre Herden durch alle Waldgürtel von einem Ende der Berge zum anderen jagten. Dann wurde das Yosemite Valley entdeckt, und tausende staunender Touristen strömten durch den unteren und mittleren Bereich auf ihrem Weg in den Park und erhielten schöne Blicke auf die Zuckerkiefern und Grautannen am Rande staubiger Wege und Pfade. Tatsächlich sind nur einige wenige Starke und Freie mit von Sorgen ungetrübten Augen weit genug gewandert und haben lange genug mit den Bäumen gelebt, um zu liebendem Begreifen ihrer Größe und Bedeutung zu gelangen, wie sie sich in den Harmonien ihrer Verbreitung und verschiedenen Ansichten im Jahreszeitenlauf zeigen, wenn sie sich in Wintertracht an den Stürmen erfreuen, ihre frischen Blätter im Frühling bekommen, dampfend nach Harz duftend, die sommerlichen Gewitterschauer empfangen oder schwerbeladen mit reifen Zapfen im üppigen Sonnengold des Herbstes ruhen. Für ein derartiges Wissen muss man bei den Bäumen wohnen und mit ihnen wachsen, ohne Rücksicht auf die Zeit im kalendarischen Sinn.

Die Ausbreitung des Waldes in Gürteln wurde bereits dargestellt. Wir haben gesehen, dass sie sich in regelmäßiger Folge von einem Ende der Bergkette zum anderen erstrecken; und wie dicht und düster sie im Gesamtbild auch erscheinen mögen, nichts erinnert einen, weder auf den Felshöhen noch in den belaubten Senken, an die dumpfen Malaria-Selvas von Amazonas und Orinoco mit »grenzenlosem Angrenzen der Schatten«[35], an die monotone Einförmigkeit der Deodarawälder[36] des Himalaya, an den Schwarzwald in Europa oder die dichten finsteren Douglastannenwälder am Fluss Oregon. Die riesenhaften Kiefern, Tannen und Sequoien öffnen ihre Arme dem Sonnenlicht, erheben sich eine über der anderen auf den Bergterrassen, in herrlicher Ordnung aufgestellt, und verbreiten den höchsten Ausdruck an Grandiosität und Schönheit in unerschöpflicher Vielfalt und Harmonie.

Die einladende Offenheit der Sierrawälder ist eines ihrer bezeichnendsten Merkmale. Alle Arten von Bäumen stehen mehr oder weniger voneinander getrennt in Hainen oder in kleinen, ungleichmäßigen Trupps, weshalb man beinahe überall einen Weg findet, an sonnigen Kolonnaden vorbei und durch Lichtungen mit glatter, parkähnlicher Oberfläche, die mit Nadeln und Stachelhüllen[37] übersät ist. Bald durchquert man einen wilden Garten, bald eine Wiese, bald einen Fluss voll Farne und Weiden; und mitunter taucht man aus all diesen Wäldchen und Blumen auf einem Granitpflaster oder einem hohen kahlen Grat auf, die superbe Blicke über das wogende immergrüne Meer nah und fern gestatten.

Es bereitet nur geringe Schwierigkeiten, auf dem Pferderücken durch die Abfolge von Gürteln bis zu den sturmgebeutelten Säumen der eisigen Gipfel hinauf zu reiten. Die tiefen Cañons, die sich aus der Gebirgsachse erstrecken, teilen die Gürtel allerdings mehr oder weniger in einzelne Abschnitte und hindern den berittenen Reisenden daran, ihnen der Länge nach zu folgen.

Die schlichte Aufteilung in Zonen und Abschnitte macht den Wald für jeden Betrachter als ein Ganzes verständlich. Die verschiedenen Arten nehmen stets dieselbe relative Position zueinander ein, weil dies gesteuert wird vom Boden, vom Klima und von der vergleichbaren Kraft jeder Spezies, eine Fläche einzunehmen und zu besetzen. Diese Relationen sind derart klar zu erkennen, dass man die Höhe über dem Meeresspiegel stets bis auf ein paar hundert Fuß nur anhand der Baumarten bestimmen kann; denn obwohl einige sich über mehrere tausend Fuß hinauf erstrecken und alle mehr oder weniger nebeneinander wachsen, stehen selbst jene Arten, die die größte vertikale Ausdehnung haben, in besagtem Zusammenhang, da sie neue Formen annehmen, die mit der jeweiligen Höhe korrespondieren.

Wer die baumlosen Ebenen des Sacramento und San Joaquin von Westen durchquert und die Ausläufer der Sierra erreicht, betritt den unteren Waldsaum, der aus kleinen Eichen und Kiefern besteht, die in solchem Abstand wachsen, dass am hellen Mittag nicht ein Zwanzigstel der Bodenfläche im Schatten liegt. Nachdem man fünfzehn oder zwanzig Meilen vorangekommen und von zwei- auf dreitausend Fuß gestiegen ist, gelangt man zum unteren Rand des Nadelwaldgürtels, bestehend aus der riesigen Zuckerkiefer, der Gelbkiefer, der Rauchzypresse und der Sequoie. Anschließend kommt man in den herrlichen Grautannengürtel und zuletzt in den oberen Kieferngürtel, der sich zwischen zehn- und zwölftausend Fuß in verzwergtem, wellenden Saum zu den Felshängen der Gipfel dahinzieht.

Diese allgemeine Verbreitungsordnung hinsichtlich des von der Höhe abhängigen Klimas nimmt man sofort wahr, allerdings gibt es hierbei weitere Harmonien, die derart tiefgreifend sind, dass sie erst nach geduldigem Beobachten und Studieren offenkundig werden. Die vielleicht interessanteste ist das Arrangement der Wälder in langen gekrümmten Bändern, die miteinander zu spitzeähnlichen Mustern verflochten und in bezaubernder Vielfalt ausgebreitet sind. Den Schlüssel zu dieser schönen Harmonie liefern die alten Gletscher;

Wasserfälle des Yosemite. Vom Glacier Rock gesehen. (2600 Fuß hoch).

wo sie flossen, dort folgten die Bäume, sie nahmen ihre schwankende Spur auf, längs der Cañons, über Felskämme und über hohe gewellte Plateaus. Hooker[38] sagt, die Libanonzedern wachsen auf einer Moräne des alten Gletschers. Alle Wälder der Sierra wachsen auf Moränen. Doch die Moränen verschwinden wie die Gletscher, die sie erschufen. Jeder Sturm, der auf die niedergeht, zerstört sie, zerklüftet sie, zersetzt Felsbrocken und fügt zerfallenes Material zu neuen Formationen, bis sie schließlich nur die Gelehrten erkennen können, die ihren Übergangsformen von frischen, noch im Entstehen befindlichen Formen zu immer älteren, immer stärker durch Vegetation und alle Arten nacheiszeitlicher Verwitterung verschleierten folgen.

Wenn die Eisschicht, die einst den gesamten Höhenzug bedeckt hat, gleichzeitig von seinen Ausläufern bis zu seinen Gipfeln geschmolzen wäre, dann wären die Bergflanken nackt und ohne Erde geblieben und diese noblen Wälder würden fehlen. Sicherlich wären viele Wäldchen und Dickichte in den Becken von Seen und Lawinen gewachsen, und allerhand schöne Blumen und Sträucher hätten Nahrung und Siedlungsraum in verwitterten Winkeln und Klüften gefunden, insgesamt wäre die Sierra jedoch eine kahle Felswüste gewesen.

Daher scheint es, dass die Wälder der Sierra im Allgemeinen ebenso auf die Ausdehnung und Standorte der alten Moränen wie auf die Klimagrenzen hindeuten. Denn Wälder können genau genommen nicht ohne Erdboden existieren; und da die Moränen auf starrem Fels und nur an ausgewählten Stellen abgelagert wurden, wobei sie einen beträchtlichen Teil der alten Gletscheroberfläche nackt hinterließen, finden wir dichte Kiefern- und Tannenwälder, die abrupt an gekritztem, geschliffenem Untergrund enden, auf dem nicht einmal Moos wächst, obwohl nur Erdreich erforderlich wäre, um ihn für das Wachstum 200 Fuß hoher Bäume tauglich zu machen.

DIE WEISSKIEFER
(Pinus Sabiniana)

Die Weißkiefer[39] ist der erste Nadelbaum, den man beim Aufstieg von Westen in die Berge antrifft, sie wächst nur im heißen Vorgebirge und scheint die glühendste Sonnenwärme wie die Palme zu genießen; sie ragt hier und dort vereinzelt oder in zerstreuten Gruppen zu fünft oder sechst zwischen struppigen Weißeichen und Flieder- und Bärentrauben-Dickichten. Ihre Höchstgrenze liegt bei rund 4000 Fuß über dem Meeresspiegel, ihre untere zwischen 500 und 800 Fuß.

Dieser Baum ist bemerkenswert wegen seiner luftigen, weitläufigen, tropischen Erscheinung, die eher an ein Palmengefilde als an kühle, harzige Kiefernwälder erinnert. Niemand würde sie auf den ersten Blick für irgendeinen Nadelbaum halten, denn sie ist von lockerem Habitus und weit verzweigt und ihr Laubwerk ist dünn und grau. Ausgewachsene Exemplare erreichen eine Höhe von vierzig bis fünfzig Fuß und einen Durchmesser von zwei bis drei Fuß. Der Stamm teilt sich meist etwa fünfzehn, zwanzig Fuß über dem Boden in drei, vier Hauptäste, die voneinander wegstreben, dann gerade hochschießen und einzelne Wipfel bilden, während die krummen nachrangigen Äste aufstreben, sich verbreitern und in dekorativen kleinen Zweigen herabhängen. Die schlanken, graugrünen Nadeln haben eine Länge von acht bis zwölf Zoll, locker in Quasten und zu hübschen Rundungen gebogen, die mit dem starren, dunklen Stamm und den Ästen in markantester Weise kontrastieren. Kein anderer mir bekannter Baum hat einen so kräftigen Leib und eine so dünne, so lichtdurchlässige Belaubung. Die Sonnenstrahlen dringen fast ungehindert selbst durch die nadelreichsten Bäume, und der müde, erhitzte Wanderer findet in ihrem Schatten nur wenig Schutz.

Der großzügige Ertrag an nahrhaften Nüssen macht die Weißkiefer bei Indianern, Bären und Hörnchen beliebt. Besonders schön sind die Zapfen, zwischen fünf und acht Zoll lang und nicht weniger dick, tief schokoladenbraun und durch kräftige, abwärts gebogene Haken am Ende der Schuppen geschützt. Das kleine Douglashörnchen kann sie trotzdem öffnen. Indianer, die ihre reife Früchte sammeln, sind ein bemerkenswerter Anblick. Die Männer klettern wie Bären auf die Bäume, schlagen die Zapfen mit Stöcken herunter oder hacken die fruchtbarsten Äste unbekümmert mit Beilen ab, während die Squaws die großen, prallen Zapfen aufklauben und rösten, bis sich die Schuppen weit genug öffnen, damit sich die hartschaligen Samen herausschlagen lassen. An kühlen Abenden sitzen die Männer, Frauen und Kinder, durch das weiche Harz, mit dem sie alle beschmiert sind, noch mehr als sonst verschmutzt, um ihre Lagerfeuer am Ufer des nächsten Flusses und liegen Nüsse knackend, lachend und schwatzend in behaglicher Unabhängigkeit, der Zukunft nicht achtend wie die Hörnchen.

DIE HÖCKERKIEFER

(*Pinus tuberculata*)

Man findet diese seltsame kleine Kiefer auf einer Höhe von 1500 bis 3000 Fuß. Sie wächst in dichten, biegsamen Hainen und ist von überaus schmalem, anmutigem Wuchs, obwohl einzelne Exemplare, die zufällig außerhalb des Waldes stehen, lange gebogene Äste ausstrecken, wodurch sich ein bemerkenswerter Gegensatz zur gewöhnlichen Waldform ergibt. Die Nadeln haben dieselbe eigentümlich graugrüne Farbe wie die Nadeln der Weißkiefer und sind ebenso spärlich verteilt, so dass der Stamm kaum von ihnen bedeckt ist.

Sie beginnt im Alter von sieben oder acht Jahren Zapfen zu tragen, nicht an den Ästen, sondern an der Mittelachse, und da sie niemals abfallen, ist der Stamm bald malerisch getüpfelt. Die Äste tragen ebenfalls Früchte, sobald sie eine ausreichende Größe erlangt haben. Die durchschnittliche Größe eines älteren Baums beträgt rund dreißig bis vierzig Fuß in der Höhe und zwölf bis fünfzehn Zoll im Durchmesser. Die Zapfen sind etwa fünf Zoll lang, außerordentlich hart und mit einer Art kieselhaltigem Lack oder Harz überzogen, der sie offenbar im Hinblick auf behutsames Bewahren der Samen unempfindlich gegen Feuchtigkeit macht.

Keine andere Nadelbaumart in den Bergen ist so eng auf bestimmte Gegenden beschränkt. Man findet sie gewöhnlich abseits, tief im Chaparral[40] auf sonnigen Hügel- und Cañonflanken, wo es nur wenig Erde gibt, aber wenn man sie antrifft, dann in wahrer Fülle. Der gewöhnliche Reisende jedoch, der den Wagenspuren und Wanderpfaden folgt, kann viele Male ins Gebirge steigen, ohne auf sie zu stoßen.

Als ich den unteren Bereich des Merced Cañon erkundete, traf ich einen einsamen Minenarbeiter, der sein Glück in einer Quarzader an einem wilden Berghang versuchte, auf dem nur dieser eine Baum wuchs. Er sagte mir, dass er sie wegen der Zähigkeit des weißen Holzes die »Hickorykiefer« nannte. Sie ist so wenig bekannt, dass man kaum sagen kann, sie besäße einen volkstümlichen Namen. Die meisten Bergsteiger sprechen von »dieser seltsamen kleinen Kiefer, die über und über mit Zapfen bedeckt ist«. Bei meinen Untersuchungen dieser Spezies entdeckte ich einige höchst interessante und wichtige Fakten, deren Zusammenhang rasch ersichtlich ist, sobald sie dargelegt wurden:

1. Alle Bäume in den von mir untersuchten Wäldern haben unabhängig von ihrer Größe dasselbe Alter.

2. Diese Wälder wachsen sämtlich auf trockenen, mit Gebüsch bedeckten Hügellehnen und sind deshalb besonders feuergefährdet.

3. Es gibt in oder bei den lebenden Wäldern keinerlei Sämlinge oder Schösslinge, jedoch hübsche, hoffnungsvolle Saaten, die austreiben, sobald den Boden ein Wald einnimmt, der durch Verbrennen des Unterholzes zerstört wurde.

4. Die Zapfen fallen niemals ab und verteilen nie ihre Samen, solange der Baum oder Ast, an dem sie hängen, nicht stirbt.

Eine umfassende Diskussion über den Zusammenhang dieser Fakten ist hier vielleicht fehl am Platz, trotzdem möchte ich die Aufmerksamkeit auf die bewundernswerte Anpassung des Baumes an die feuerdurchwälzten Regionen lenken, in denen allein man ihn findet. Nachdem ein Wald zerstört worden ist, wird der Boden mit einem Male mit den während seines gesamten Daseins herangereiften und für ein solches Unheil sorgfältig bewahrten Samen reichlich übersät. Sofort sprießt ein junger Wald auf und tauscht Asche gegen Schönheit.

ZUCKERKIEFER
(*Pinus Lambertiana*)

Dies ist die edelste aller bisher entdeckten Kiefern, sie übertrifft die anderen nicht bloß hinsichtlich ihrer Größe, sondern auch ihrer königlichen Schönheit und Majestät.

Sie ragt erhaben von jedem Kamm und Cañon des Gebirges zwischen drei- und siebentausend Fuß überm Meeresspiegel und erreicht ihre vollkommenste Entfaltung bei einer Höhe von etwa 5000 Fuß.

Ausgewachsene Exemplare sind gewöhnlich rund 220 Fuß hoch und haben am Boden einen Durchmesser von sechs bis acht Fuß, obwohl man zuweilen einen mächtigen alten Patriarchen trifft, der sich fünf, sechs Jahrhunderte an Stürmen erfreut und eine Dicke von zehn oder sogar zwölf Fuß erreicht hat und in jeder Faser unverwest süß und frisch weiterlebt.

Im südlichen Oregon, wo sie zuerst von David Douglas[41] am Oberlauf des Umpqua entdeckt wurde, erreicht sie noch größere Ausmaße, man hat ein Exemplar vermessen, das 245 Fuß hoch und drei Fuß über dem Boden mehr als achtzehn Fuß im Durchmesser war. Ihr Entdecker war jener Douglas, nach dem die noble Douglasie benannt ist und viele andere Pflanzen, die die Erinnerung an ihn so lange frisch bewahren, wie Bäume und Blumen geliebt werden. Im Jahre 1825 besuchte er zum ersten Mal die Pazifikküste. Die Indianer Oregons beäugten ihn neugierig, als er Pflanzen sammelnd durch die Wälder streifte und sich, anders als die pelzsammelnden Fremden, die sie bisher kannten, überhaupt nicht um den Handel scherte. Als sie ihn schließlich besser kannten und sahen, dass die wachsenden Dinge in den Wäldern und Prärien Jahr für Jahr die einzigen waren, denen er nachjagte, nannten sie ihn »den Mann des Grases«, ein Titel, auf den er stolz war. Im ersten Sommer an den Wassern des Columbia machte er Fort Vancouver zu seinem Hauptquartier und unternahm von diesem Posten der Hudson's Bay Company Exkursionen in sämtliche Himmelsrichtungen. Auf einer seiner längsten Wanderungen sah er im Tabaksbeutel eines Indianers die Samen einer neuen Kiefernart und erfuhr, dass sie von einem sehr großen Baum fern im Südwesten Columbias stammten. Gegen Ende des nächsten Sommers, als er nach dem Einsetzen des Winterregens nach Fort Vancouver zurückkehrte, die große Kiefer im Sinn, von der man ihm berichtet hatte, brach er zu einer Suche ins Willamette Valley auf; seine Reise und die Gefahren und Mühsal, die er ertragen musste, sind am besten in seinem eigenen Tagebuch erzählt, aus dem ich im Folgenden zitiere:

> 26. OKTOBER 1826. Trübes Wetter. Kalt und wolkig. Wenn ich meine Freunde in England mit meinen Reisen bekannt mache, dann werden sie glauben, fürchte ich, dass ich ihnen von nichts anderem als meinem Elend berichtet habe. ... Ich verließ mein Lager früh am Morgen, um die benachbarte Gegend zu untersuchen, und gab bis zu meiner Rückkehr am Abend die Pferde in die Obhut meines Führers. Ungefähr eine Wegstunde vom Lager traf ich einen Indianer, der sofort als er mich gewahrte seinen Bogen spannte, über den linken Arm

ein Waschbärfell legte und sich zur Verteidigung aufstellte. Ich war mir sicher, dass dieses Verhalten aus Furcht und nicht aus feindlichen Absichten herrührte, der arme Bursche hatte wahrscheinlich nie zuvor ein Wesen wie mich gesehen; ich legte mein Gewehr vor mich auf den Boden und winkte ihm mit der Hand, er möge herkommen, was er langsam und mit großer Vorsicht tat. Dann bewog ich ihn, den Bogen und den Köcher mit Pfeilen neben mein Gewehr zu legen, zündete meine Pfeife an, ließ ihn davon rauchen und gab ihm ein paar Perlen als Geschenk. Mit meinem Stift skizzierte ich grob den Zapfen und die Kiefer, die ich mir beschaffen wollte, und lenkte seine Aufmerksamkeit darauf, als er plötzlich mit seiner Hand auf die fünfzehn oder zwanzig Meilen entfernten Hügel im Süden wies; und als ich meine Absicht dorthin zu gehen bekundete, schickte er sich fröhlich an, mich zu begleiten. Gegen Mittag erreichte ich meine langersehnten Kiefern und verlor keine Zeit, sie zu untersuchen und mich zu bemühen, Proben und Samen zu sammeln. Neuen und fremden Dingen gelingt es fast immer, tiefe Eindrücke zu hinterlassen, deshalb werden sie nicht selten überschätzt; so dass ich, falls ich meine Freunde in England nicht wiedersehen sollte, um sie mündlich von diesem überaus schönen und unermesslich prächtigen Baum zu unterrichten, hier die Ausmaße des größten nenne, den ich unter einigen, die vom Wind umgeweht wurden, finden konnte. 3 Fuß über dem Boden beträgt sein Umfang 57 Fuß 9 Zoll; bei 134 Fuß sind es 17 Fuß 5 Zoll; seine äußerste Länge 245 Fuß. ... Da es nicht möglich war, den Baum zu erklettern oder zu fällen, versuchte ich, die Zapfen mit Kugeln abzuschießen, als der Hall meines Gewehres acht Indianer herführte, alle mit roter Erde bemalt und mit Bogen, Pfeilen, Speeren mit Knochenspitzen und Flintmessern bewaffnet. Sie schienen alles andere als freundlich. Ich erklärte ihnen, was ich wollte, und sie waren damit zufrieden und setzten sich, um zu rauchen; doch bald sah ich, wie einer den Bogen spannte und ein anderer sein Flintmesser mit einem Paar hölzerner Zangen schärfte und es an sein rechtes Handgelenk hängte. Weitere Bekundung ihrer Absichten war unnötig. Mich durch Flucht in Sicherheit zu bringen, war unmöglich, also sprang ich ohne Zögern fünf Schritte zurück, spannte den Hahn meines Gewehrs, zog eine der Pistolen aus dem Gürtel und hielt sie in meiner Linken und das Gewehr in meiner Rechten, und zeigte mich entschlossen, um mein Leben zu kämpfen. Soweit möglich, bemühte ich mich, kaltblütig zu bleiben, und so standen wir einander wohl zehn Minuten gegenüber, sahen uns an, bewegten uns nicht und sprachen kein Wort. Schließlich machte einer, der ihr Anführer zu sein schien, ein Zeichen, dass sie etwas Tabak haben wollten; ich signalisierte, dass sie ihn bekämen, wenn sie mir eine größere Menge Zapfen holen würden. Sie machten sich sofort auf die Suche, und sobald sie alle außer Sichtweite waren, klaubte ich meine drei Zapfen und einige Zweige des Baumes auf, trat den schnellstmöglichen Rückzug an und eilte ins Lager, das ich vor der Dämmerung erreichte. ... Jetzt schreibe ich auf dem Grase liegend, neben mir das gespannte Gewehr, und notiere diese Zeilen im Licht meiner Columbia-Kerze, nämlich eines angezündeten Stücks harzigen Holzes.

Douglas benannte diese prächtige Kiefer, die er unter solch aufregenden Umständen entdeckt hatte, zu Ehren seines Freundes Dr. Lambert aus London.

Der Stamm ist ein glatter, runder, sich grazil verjüngender Schaft, großenteils astlos, von tief violettbrauner Farbe und meist belebt durch Büschel gelber Flechten. An der Spitze dieses herrlichen Baumstammes schwingen lange, gebogene Äste anmutig abwärts und nach außen; manchmal bilden sie eine palmähnliche Krone, doch weitaus nobler eindrucksvoll als alle anderen mir bekannten. Die Nadeln sind ungefähr drei Zoll lang, fein abgestimmt und zu recht dichten Quasten an den Spitzen schlanker Zweige angeordnet, die die langen schlenkernden Äste bedecken. Wie schön singen sie im Wind und welche erstaunlich harmonische Wirkung machen die riesigen zylindrischen Zapfen, die lose an den Spitzen der Hauptäste hängen! Niemand weiß, was die Natur hinsichtlich der Kiefern-Hüllen zu tun imstande ist, solange er nicht die Zapfen der Zuckerkiefer gesehen hat. In der Regel sind sie fünfzehn bis achtzehn Zoll lang und drei im Durchmesser; grün und an ihren Sonnenseiten dunkelviolett schattiert. Sie sind im September und Oktober reif. Dann öffnen sich die flachen Schuppen und der Samen fliegt davon, die leeren Zapfen werden allerdings noch schöner und eindrucksvoller, denn ihr Durchmesser hat sich durch das Spreizen der Schuppen nahezu verdoppelt und ihre Farbe changiert in ein warmes Gelbbraun, solange sie den folgenden Winter und Sommer am Baum hängen, und sie bleiben auch viele Jahre nach ihrem Fall auf dem Boden noch schön. Das Holz duftet köstlich und ist von zarter Faser und Struktur; es ist von sattem Sahnegelb als bestünde es aus kondensierten Sonnenstrahlen. *Retinospora obtusa, Siebold*[42], der Glanz der Wälder im Osten, heißt bei den Japanern »Fu-si-no-ki« (Baum der Sonne); die Zuckerkiefer ist der Sonnenbaum der Sierra. Zu allem Unglück wird sie von den Holzfällern sehr geschätzt und ist an zugänglichen Orten stets der erste Baum, der ihren Stahl zu spüren bekommt. Doch die gewöhnlichen Holzfäller mit ihren Sägemühlen waren bislang weniger zerstörerisch als die Schindler[43]. Das Holz spaltet sich leicht, und es gibt eine beständige Nachfrage nach Schindeln. Und weil Axt, Säge und Kletzhacke das gesamte für dieses Geschäft nötige Kapital sind, verdingen sich viele Männer aus dieser umherziehenden, unsteten, in Kalifornien so verbreiteten Schicht für etliche Monate im Jahr damit. Wenn Schürfer, Jäger, Rancharbeiter usw. ihren »letzten Pfennig« anfassen und ohne Beschäftigung sind, sagen sie: »Nun, ich kann schließlich zu den Zuckerkiefern gehen und Schindeln herstellen.« Ein paar Pfosten werden in den Boden gerammt, und ein einziger Längsschnitt des ersten gefällten Baumes wirft genügend Bretter für die Wände und das Dach einer Hütte ab; alles Übrige ist für den Verkauf, und der Holzfäller ist rasch unabhängig. Kein Gärtner oder Heumacher duftet süßer als diese rauhen Bergleute in ihrem Geschäft, die Verwüstung jedoch, die sie anrichten, ist höchst bedauernswert.

Der Zucker, von dem sich ihr landläufiger Name ableitet, ist für meinen Geschmack die beste aller Süßspeisen — besser als Ahornzucker. Er tritt aus dem Kernholz aus, in das Wunden durch Axt oder Feuer geschlagen wurden, und zwar in Form unregelmäßiger, harter, bonbonähnlicher Kerne, die in Massen beträchtlichen Umfangs zusammengeballt sind, wie ein Haufen Harzperlen. Im frischen Zustand ist er vollkommen weiß und köstlich, weil jedoch die meisten Wunden durch Feuer verursacht werden, ist der austretende Saft auf der verbrannten Oberfläche verschmutzt und der gehärtete Zucker braun. Die Indianer gieren danach, doch wegen seiner abführenden Eigenschaften kann er nur in kleinen Mengen genossen werden. Bären, die für gewöhnlich naschhaft sind, scheinen ihn nie zu probieren; es ist mir zumindest nicht gelungen, in diesem Zusammenhang irgendeine Spur ihrer Zähne zu finden.

Kein Baumliebhaber wird jemals seine erste Begegnung mit der Zuckerkiefer vergessen, er wird auch keinen Dichter brauchen, der ihn auffordert: »lausche, was die Kiefer spricht«[44]. Die meisten Kiefern haben eine Gleichförmigkeit des Ausdrucks, der auf die meisten Leute monoton wirkt; wie schön ihre typische Turmgestalt auch sein mag, sie bietet nur wenig Spielraum für nennenswerte Individualität. Die Zuckerkiefer jedoch ist so frei von konventionellen Formen und Bewegungen wie die Eiche. Nicht zwei gleichen einander, selbst für den unaufmerksamsten Betrachter; und obwohl sie ihre gewaltigen Äste stets in scheinbar extravaganten Gebärden hinausschleudern, umgibt sie eine Ruhe und Majestät, die jede Möglichkeit des Grotesken oder womöglich Malerischen in ihrem allgemeinen Ausdruck ausschließt. Sie ist der Priester unter den Kiefern und scheint sich immer dem umgebenden Wald zuzuwenden. Bei ihr wächst die Gelbkiefer an warmen Hügellehnen und die Kolorado-Tanne an den kühlen nördlichen Hängen; doch so nobel diese sind, die Zuckerkiefer ist mühelos ihr König und breitet die Arme segnend über ihnen aus, während sie als Zeichen des Anerkennens schaukeln und wogen. Manchmal beträgt die Länge der Hauptäste vierzig Fuß, sie sind aber durchweg schlicht, selten geteilt, ausgenommen an der Spitze; alle Ähnlichkeit mit einem nackten Kabel verhindern die schmalen, bequasteten Zweige, die ringsum hinausragen; und wenn diese stattlichen Äste an allen Seiten symmetrisch hinausschießen, entsteht eine sechzig oder siebzig Fuß breite Krone, die, auf dem Wipfel des Stammes anmutig schwebend und mit Sonnenlicht erfüllt, eines der denkbar prachtvollsten Dinge des Waldes ist. Meist besteht allerdings nach Osten, den vorherrschenden Winden abgewandt, ein Übergewicht der Äste.

Mir scheint keine andere Kiefer so fremdartig und autark. Wenn wir uns ihr nähern, fühlen wir uns gleichsam in der Gegenwart eines höheren Wesens und beginnen, mit leichtem Schritt und angehaltenem Atem zu gehen. Dann kommt, während wir ehrfurchtsvoll starren, zufällig ein lustiges Hörnchen schnatternd und lachend daher und bricht den Bann; ohne viele Umstände rennt es den Stamm hinauf und nagt die Zapfen ab, als wären sie nur für es geschaffen. Indes hämmert der Specht-Schreiner weiter in die Borke und bohrt die Löcher, in denen sein winterlicher Eichelvorrat verstaut wird.

Wild und unkonventionell im Erwachsenenalter, ist die Zuckerkiefer in ihrer Jugend ein bemerkenswert artiger Baum. Von allen immergrünen Bäumen der Sierra erscheint eine alte Zuckerkiefer höchst originell und unabhängig, eine junge überaus vorschriftsmäßig — sie befolgt strikt die Sitten der Kiefern: schlank, aufrecht, die nadelreichen biegsamen Äste exakt an Ort und Stelle, jeder in konischem Umriss und in eine turmartige Spitze auslaufend. Ein vergnügliches Studium bietet die Abfolge der Übergangsformen von der vorsichtigen Adrettheit der Jugend zur kühnen Freiheit der Reife. Mit fünfzig oder sechzig Jahren beginnen die scheuen, modischen Formen aufzubrechen. Spezialisierte Zweige treiben an den unvorstellbarsten Stellen aus und biegen sich unter den großen Zapfen, womit sie dem Baum augenblicklich einen individuellen Charakter verleihen, und weil dies Jahr um Jahr durch die verschiedenen Einflüsse von Sonnenlicht, Wind, Schneestürmen usw. zunimmt, geht die Individualität niemals verloren im Wald.

Die beharrlichste Gefährtin dieser Art ist die Gelbkiefer, eine würdige Begleiterin. Auch Douglasie, Weihrauchzeder, Sequoie und Kolorado-Tanne gehören mehr oder weniger zu ihr; auf vielen humustiefen Bergflanken bildet sie auf rund 5000 Fuß über dem Meeresspiegel das Gros des Waldes, indem sie jede Anhöhe, Senke und abfallende Schlucht füllt. Die majestätischen Wipfel, die sich einander in kühnen Bögen nähern, schaffen ein herrliches Kronendach, durch welches gemilderte Sonnenstrahlen strömen, die die Nadeln versilbern und die massigen Stämme und den blühenden, parkähnlichen Boden zu einem verzauberten Anblick vergolden.

An den sonnigsten Hängen ist die weißblütige, duftende Kalifornische Fiederspiere wie ein Teppich ausgebreitet, im Frühsommer von der purpurroten Sarcodes, der wilden Rose und zahllosen Veilchen und Gilien aufgehellt. Nicht einmal in den schattigsten Winkeln findet man wuchernde, zottelige Unkräuter oder unbekömmliche Dunkelheit. An den Nordseiten der Hänge sind die Stämme schlanker und der Boden ist zum größten Teil mit einem Strauchwerk aus Hasel, Säckelblume und blühendem Hartriegel bedeckt, allerdings nie so dicht, dass der Wanderer daran gehindert würde zu schlendern, wohin es ihm gefällt; die sich wölbenden Zweige sind für die Sonnenstrahlen nie undurchdringlich und nie dermaßen miteinander verflochten, dass sie ihre Individualität verlören.

Betrachte den Wald von unten oder von einem beherrschenden Bergkamm: Jeder Baum bietet eine eigene Studie und verkündet die überragende Größe dieser Art.

GELB- ODER PONDEROSAKIEFER

(*Pinus ponderosa*)

Die Ponderosa- oder Gelbkiefer, wie sie gemeinhin genannt wird, nimmt als Nutzholz unter den Kiefern der Sierra den zweiten Platz ein und konkurriert fast mit der Zuckerkiefer hinsichtlich des Wuchses und der edlen Haltung. Weil sie die verschiedenen Klimate und Böden besser ertragen kann, hat sie eine größere Ausbreitung als alle anderen Nadelbäume, die in der Sierra wachsen. An den Westhängen findet man sie in einer Höhe von rund 2000 Fuß bis fast zum oberen Ende der Baumgrenze. Von dort überquert sie den Höhenzug an den niedrigsten Pässen und steigt zum östlichen Sockel hinab und stößt über eine beträchtliche Strecke in die heißen Vulkanebenen vor, wo sie unerschrocken auf den gut bewässerten Moränen, kiesreichen Seebecken, arktischen Kämmen und sengenden Lavabetten wächst; und sich auf den Kraterrändern postiert, energisch sogar dort in Blüte, und reife Zapfen zwischen die Asche und Schlacken der Naturöfen schleudert.

Die durchschnittliche Größe ausgewachsener Bäume auf den Westhängen, wo sie im Verband mit der Zuckerkiefer stehen, beträgt wenig mehr als 200 Fuß Höhe und fünf bis sechs Fuß im Durchmesser, obwohl sich leicht um etliches größere Exemplare finden lassen. Ich habe eines vermessen, das auf 4000 Fuß im Tal des Merced wächst und im Durchmesser mehrere Zoll über acht Fuß beträgt und 220 Fuß hoch ist.

Wo die Sonne ungehindert scheint und die anderen Bedingungen günstig sind, stellt ihre Gestalt einen erstaunlichen Gegensatz zur

Zuckerkiefer dar, ihr symmetrischer Spitzturm besteht aus einem geraden, runden Stamm, mit unzähligen Zweigen bedeckt, die sich wieder und wieder teilen. Ungefähr die Hälfte des Stammes hat in der Regel keine Zweige, bei engem Wuchs sind jedoch drei Viertel oder mehr nackt; der Baum enthüllt dann einen Stamm, der schlanker und eleganter als jeder andere in den Wäldern ist. Die Borke ist zumeist in massiven Platten angeordnet, einige davon sind, bei einer Breite von achtzehn Zoll, vier oder fünf Fuß lang und drei bis vier Zoll dick, sie bilden somit ein sehr charakteristisches Merkmal. Die Nadeln sind von schöner, warmer, gelbgrüner Farbe, sechs bis acht Zoll lang, fest und biegsam, gebündelt zu hübschen, strahlenförmigen Quasten an den nach oben gewandten Zweigenden. Die Zapfen haben eine Länge von drei bis vier Zoll, sind zweieinhalb breit und wachsen in dichten, stiellosen Gruppen zwischen den Nadeln.

Ihre edelste Gestalt nimmt diese Art in aufgefüllten Seebecken an, vor allem in jenen der älteren Yosemites, und ihre Wälder bilden einen dermaßen prominenten Teil, dass man sie ebenso gut die Yosemite-Kiefer nennen könnte. Günstig situierte ausgewachsene Exemplare erreichen fast immer eine Höhe von 200 Fuß und mehr, und ihre Zweige bedecken den Stamm bis beinahe zum Boden.

Die Varietät der Jeffreys-Kiefer erreicht ihre schönste Entfaltung im nördlichen Abschnitt der Bergkette, in den weiten Becken des McCloud und des Pitt River, wo sie wundervolle Wälder bildet, in die selten ein anderer Baum eindringt. Sie unterscheidet sich von der gewöhnlichen Form hinsichtlich der Größe — sie ist nur halb so hoch —, ihrer röteren, enger gefurchten Borke, der graugrünen Nadeln, der weniger unterteilten Zweige und der größeren Zapfen; es treten jedoch Zwischenformen auf, die keine eindeutige Unterscheidung ermöglichen, trotzdem betrachten sie einige Botaniker als eine eigene Gattung. Es ist diese Varietät, die sturmgepeitschte Kämme erklimmt und inmitten der Vulkane des Great Basin umherwandert. Extremer Hitze oder Kälte ausgesetzt, verzwergt sie wie jeder andere Baum und bekommt Knorren und Winkel, in vollkommenem Gegensatz zu den majestätischen Formen, die wir skizziert haben. Alte Exemplare, die Zapfen von Ananasgröße tragen, findet man zuweilen auf einer Höhe von sieben- oder achttausend Fuß, sie klammern sich an Felsspalten und ihre obersten Äste reichen einem kaum über die Schulter.

Ich habe oft in der Schönheit dieser noblen Bäume geschwelgt, wenn sie in all ihrer winterlichen Pracht mit Schnee beladen aufragen — eine einzige erblühte Masse; und auch im Sommer, wenn die braunen, männlichen Zapfengruppen dick zwischen den schimmernden Nadeln hängen und die großen purpurnen Stachelhüllen im sanften Licht reifen; von eindrucksvollster Schönheit sind diese kolossalen Kiefern indes bei wolkenlosen Sturmwinden. Dann biegen sie sich wie Weiden, ihre Nadeln strömen alle in eine Richtung hinaus, und wenn die Sonne im richtigen Winkel auftrifft, glühen ganze Wälder als bestünde jede Nadel aus poliertem Silber. Das einfallende Tropenlicht auf der königlichen Krone einer Palme ist ein wahrhaft glorioses Spektakel, die feurige Sonnenflut bricht sich in speerlangen Strahlen an den glänzenden Nadeln, wie Gebirgsbäche zwischen Felsen. Doch für mich gibt es nichts, das eindrucksvoller wäre, als der Einfall des Lichts auf diese Ponderosakiefern. Es scheint zu feinstem Staub zerstoßen und in Millionen winzigster Funken vergossen, die aus dem Innersten der Bäume kommen, als wär es aufgesogen worden wie Regen, der auf fruchtbaren Boden fällt, um in Blüten aus Licht wieder zu erscheinen.

Diese Art verströmt die schönste Musik in den Wind. Nachdem ich ihr in allen möglichen Winden tags und nachts, Jahreszeit um Jahreszeit, gelauscht habe, könnte ich mich wohl allein durch diese Kiefernmusik meinem Standort in den Bergen nähern. Willst du die Töne der einzelnen Nadeln erfassen, klettere auf einen Baum. Sie sind wohltemperiert und geben keinen unklaren Laut von sich, jede einzelne sticht hervor, ohne eine Störung, es sei denn während schwerer Stürme; dann kannst du hören, wie eine Nadel an die andere klickt, leicht zu unterscheiden von ihrem freien, flügelartigen Summen. Man bekommt eine Vorstellung ihres Temperaments durch die Tatsache, dass ihre Vibrationsrate, die den eigentümlichen Lichtschimmer hervorruft, bei zweihundertfünfzig in der Minute liegt, obwohl sie dermaßen lang sind.

Wenn man eine Zuckerkiefer und eine Gelbkiefer gleicher Größe zusammen betrachtet, ist letzte viel schlichter in ihrem Benehmen, viel anmutiger rank, ihre Schönheit viel leichter zu fassen; andererseits ist sie jedoch weitaus weniger würdevoll und originell in ihrem Gebaren. Die Gelbkiefer ist begierig, in die Höhe zu schießen, selbst wenn sie im herbstlichen Sonnengold schlummert, kann man noch ein Streben himmelwärts spüren. Die Zuckerkiefer aber scheint selbst für eine Hinwendung zum Himmel unbewusst zu edel und allseits zu vollkommen.

DIE DOUGLASIE

(*Pseudotsuga Douglasii*)

Dieser Baum ist der König der Fichten, wie die Zuckerkiefer der König der Kiefern ist. Es ist die bei weitem majestätischste Fichte, die ich jemals in irgendeinem Wald gesehen habe, und eine der größten und langlebigsten Giganten, die überall im Hauptkieferngürtel gedeihen, sie erreicht oft eine Höhe von beinahe 200 Fuß und einen Durchmesser von sechs oder sieben Fuß. Wo sie nicht zu dicht wachsen, steigen die Äste mehr als den halben Stamm hinab, behangen mit zahllosen schlanken, schaukelnden Zweigen, hübsch befiedert mit kurzen Nadeln, die ringsum im rechten Winkel abstehen. Diese robuste Fichte ist immer schön, sie heißt die Gebirgswinde und den Schnee ebenso willkommen wie das milde Sommerlicht und bewahrt ihre jugendliche Frische in tausend Stürmen von einem Jahrhundert zum nächsten.

Ihren schönsten Auftritt hat sie in den Monaten Juni und Juli. Die tiefbraunen Knospen an ihren Zweige schwellen und brechen zu ungefähr dieser Zeit auf und enthüllen die jungen Nadeln, die zunächst hellgelb sind, so dass der Baum aussieht, als sei er mit heiteren Blüten bedeckt; während die hängenden Zapfen mit ihren muschelartigen Deckschuppen ein dauerhafter Schmuck sind.

Junge Bäume stehen meist in schönen Familien zusammen, jeder Schössling herrlich symmetrisch. Die Primärzweige stehen regelmäßig spiralig um die Achse, meist zu fünft, jeder mit langen Federquasten besetzt, die in so leichten und so fein gezeichneten Bögen nach unten weisen wie fallendes Wasser.

In Oregon und Washington wächst sie mastenähnlich und bis zu 300 Fuß hoch in dichten Wäldern und wird als Nutzholz überaus geschätzt. Aber in der Sierra steht sie verstreut zwischen anderen Bäumen oder bildet kleine Haine, steigt selten mehr als 5500 Fuß hinauf und fügt sich niemals zu etwas, das man Wald nennen könnte. Das liegt nicht speziell an der Wahl des Bodens — feucht oder trocken, glatt oder felsig, es zeigt sich, dass sie auf allen gut gedeiht. Zwei der größten Exemplare, die ich gemessen habe, stehen im Yosemite Valley, eines hat einen Durchmesser von mehr als acht Fuß und wächst auf der Endmoräne des Gletscherrestes, der den South Fork Cañon einnimmt; das andere ist beinahe ebenso groß und wächst auf kantigen Granitblöcken, die aus der steilen Front des Liberty Cap bei den Nevada Falls gerüttelt wurden. Kein anderer Baum kann sich Erdbebenschuttkegeln dermaßen anpassen, und viele dieser rauhen Geröllhänge sind fast ausschließlich von der Douglasie in Besitz genommen, vor allem in den Yosemiteschluchten, die feucht vom Sprühnebel der Wasserfälle sind.

RAUCHZYPRESSE
(*Libocedrus decurrens*)

Die Rauchzypresse ist einer der Giganten, die überall in diesem Teil des Waldes vorkommen, ohne ausnahmslos beträchtlichen Raum einzunehmen oder ausgedehnte Wälder zu bilden. An den wärmeren Hügelflanken steigt sie bis auf rund 5000 Fuß und erreicht das ihr genehmste Klima zwischen 3000 und 4000 Fuß. In dieser Höhe wächst sie üppig auf allen Böden und ist insbesondere dazu fähig, mehr Feuchtigkeit an ihren Wurzeln zu überstehen als all ihre Gefährten, einmal von der Sequoie abgesehen.

Die größten Exemplare sind ungefähr 150 Fuß hoch und sieben im Durchmesser. Die Borke ist braun, von einer einzigartig satten, für Künstler sehr reizvollen Farbe, und das Nadelwerk hat eine gelbe Tönung, die wärmer ist als die aller anderen Immergrüne in den Wäldern. Wirft man von irgendeinem Bergkamm einen Blick auf den Wald insgesamt, genügt allein die Farbe ihrer turmgleichen Wipfel, um sie von ihren Begleitern zu unterscheiden.

In der Jugend, sagen wir bis zum Alter von siebzig, achtzig Jahren, bildet kein anderer Baum vom Wipfel bis zum Grund einen solch streng sich verjüngenden Kegel. In kühnen Bögen schießen die Äste auswärts und abwärts, mit Ausnahme der jüngeren ganz oben, die hochstreben, und der untersten, die zu Boden hängen; und alle spreizen sich in flache, farnartige Federn, wunderschöne Wedel, verfalzt wie Dachziegel. Wenn die Rauchzypresse älter wird, wächst sie verblüffend unregelmäßig und malerisch. Große spezialisierte Zweige ragen im rechten Winkel aus dem Stamm, bilden dicke, störrische Ellbogen und schießen dann parallel zur Achse aufwärts. Sehr alte Bäume sind gewöhnlich an der Spitze abgestorben, die Hauptachse tritt aus der üppigen Fülle grüner Federn heraus, grau und flechtenbedeckt, von den Eichellöchern der Spechte durchbohrt. Die Federn sind über die Maßen schön; kein wogender Farnwedel im schattigen Tal ist so vorbehaltlos schön in Gestalt und Textur oder nur halb so inspirierend in Farbe und würzigem Duft. Im besten Alter ist der gesamte Baum von ihnen bedeckt, so dass sie den Regen und Schnee wie ein Dach abweisen und in einen Sturm geratenen Vögeln und Wanderern prächtige Unterkunft bieten. Wenn man Librocedrus allerdings in seiner ganzen Pracht sehen will, muss man die Wälder im Winter besuchen. Dann ist sie mit Millionen viereckiger Blütenzapfen in der Größe von Getreidekörnern beladen — Winterweizen —, die einen goldenen Farbhauch erzeugen und die unsterbliche Kraft und Fruchtbarkeit der Natur aufs Nobelste illustrieren. Die ertragreichen Zapfen sind ungefähr drei Viertel Zoll lang, geheftet an die Außenseite der kleinen gefiederten Zweige, wo sie dazu beitragen, die überragende Schönheit dieser großen winterblühenden Goldruten noch zu mehren.

KOLORADO- ODER GRAUTANNE
(*Abies concolor*)

Wir kommen nun zu dem am ebenmäßigsten wachsenden aller Waldgürtel, der sich beinahe ausschließlich aus zwei Tannen zusammensetzt, *A. concolor* und *A. magnifica*. Ohne merkliche Unterbrechung erstreckt er sich über 450 Meilen auf einer Höhe von 5000 bis annähernd 9000 Fuß über dem Meer. In ihrer Jugend ist *A. concolor* ein bezaubernd symmetrischer Baum mit regelmäßig in flachen Ringen um die weißgraue Achse gewirtelten Zweigen, die in einem kräftigen, hoffnungsvollen Trieb enden. Die Nadeln verlaufen in zwei horizontalen Reihen an den Zweigen, die gewöhnlich nicht älter als acht Jahre sind, und bilden hübsche Federn, ähnlich den Fiederblättern der Farnwedel. Die reifen Zapfen sind graugrün, zylindrisch, etwa drei bis vier

Zoll lang, anderthalb bis zwei Zoll breit, und stehen aufrecht an den oberen Zweigen.

In günstiger Lage im Hinblick auf Boden und Exponiertheit werden ausgewachsene Bäume rund 200 Fuß hoch und haben unten einen Durchmesser von fünf bis sechs Fuß. Größere Exemplare sind keinesfalls selten.

Wenn das Alter herannaht, wird die Borke rauher und grauer, die Zweige verlieren ihre exakte Ebenmäßigkeit, viele sind vom Schnee gebogen oder abgebrochen, die Mittelachse krümmt sich oder wird ungleichmäßig durch Störungen der Endknospe oder des Endspross. Doch in allen Wechselfällen des Lebens im Gebirge, komme was wolle, ist die edle Pracht dieser Art jedem Auge offenkundig.

PRACHT-TANNE ODER KALIFORNISCHE ROTTANNE

(*Abies magnifica*)

Dies ist der am bezauberndsten symmetrische aller Riesen in den Wäldern der Sierra, er übertrifft darin seine begleitenden Arten bei weitem und ist leicht von diesen anhand der violettroten Borke, die auch enger gefurcht ist als bei der Grautanne, der größeren Zapfen, der ebenmäßiger gewundenen, gefiederten Zweige und der Nadeln zu unterscheiden, die rings um die Ästchen wachsen und kürzer sind, aufwärts gerichtet.

Im Hinblick auf ihre Größe gleichen sich diese beiden Tannen, vielleicht ist die *magnifica* ein Stückchen höher. Exemplare von 200 bis 250 Fuß trifft man auf dem gut zermahlenen Moränenboden zwischen 7500 und 8500 Fuß über dem Meeresspiegel an. Die größte, die ich je vermessen habe, steht drei Meilen vom Rand der Nordwand des Yosemite Valley entfernt. Vor fünfzehn Jahren hatte sie eine Höhe von 240 Fuß und einen Durchmesser von etwas mehr als fünf Fuß.

Glücklich, wer die Freiheit und Liebe besitzt, einen dieser stattlichen Bäume in voller Blüte und Frucht zu erklettern. Wie bewundernswert ist das Forstwerk der Natur, wenn man seinen Weg mitten durch die breiten, belaubten Äste nimmt, die alle in herrlicher Ordnung um den Stamm arrangiert sind wie die wirteligen Lilienblätter, jeder Ast und jeder Zweig beinahe so streng gefiedert wie der symmetrischste Farnwedel. Man sieht die männlichen Blütenzapfen von der Unterseite der jungen Zweige in verschwenderischer Fülle gerade nach unten wachsen, wobei sie hübsche violette Gruppen im graugrünen Nadelwerk bilden. An den obersten Zweigen stehen die weiblichen Zapfen starr am Ende wie kleine Fässer. Sie sind rund sechs Zoll lang, drei breit, mit einem feinen grauen Flaum bedeckt und von kristallenem Saft gestreift, der auf jeden Zapfen getropft zu sein scheint.

Die Rot- und die Grautanne leben 250 Jahre, wenn alle Bedingungen vorteilhaft sind. Nicht selten sieht man einen ehrwürdigen Patriarchen, schwer vom Sturm gezeichnet, der in ernster Majestät die aufwachsende Generation überragt, ein schützendes Wäldchen von Schösslingen drängt sich ihm dicht zu Füßen, jeder mit solch liebender Umsicht bekleidet, dass es nicht einer Nadel an etwas zu mangeln scheint. Andere Gefährten sind Bäume kurz vor der Blütezeit ihres Lebens, in Gestalt und Gebärden köstlich aufeinander abgestimmt, als habe die Natur einen um den anderen mit feinem Urteil aus dem Rest des Waldes auserwählt.

Von diesem Baum, den die Holzfäller Rottanne nennen, schneiden die Bergwanderer ihre Zweige, wenn sie das Glück haben, sich in seinem Gebiet aufzuhalten. Zwei Reihen plüschiger Zweige, die sich in der Mitte überlappen, und als Kissen ein Halbmond aus kleinerem Gefieder, mit Farnen und Blumen vermengt, ergeben das beste Bett, das man sich vorstellen kann. Die Essenzen der gepressten Nadeln scheinen einem jede Pore am Leib zu füllen, die Geräusche tropfenden Wassers erzeugen eine besänftigende Stille, indes die Lücken zwischen den großen Baumtürmen herrliche Lichtungen gewähren, durch die man verträumt in den Sternenhimmel blicken kann. Im Vergleich dazu scheint jede Kombination von Tuch, Stahlfedern und Daunen sogar in Sachen sinnlicher Komfort ordinär zu sein.

Die Tannenwälder sind zu allen Jahreszeiten ein Ort des Lustwandelns, besonders im Herbst. Dann sind die Bäume von diesigem Licht gedämpft und tropfen vor lauter Harz; die Zapfen sind reif und die Samen mit ihrem Reichtum violetter Flügel sprenkeln die Luft wie Schmetterlingsschwärme; unterdessen verursachen das Rotwild, das auf den blumenreichen Lichtungen zwischen den Hainen äst, und die Vögel und Hörnchen im Gezweig einen angenehmen Aufruhr, der die tiefe, brütende Stille der Wildnis bereichert und jedem Baum eine besondere Eindrücklichkeit verleiht. Kein Wunder, dass der Enthusiast Douglas vor Freude verrückt wurde, als er diese Art als erster entdeckte. Selbst in der Sierra, in der so viele immergrüne Bäume Hochachtung fordern, verweilen wir mit frischer Liebe unter diesen kolossalen Tannen und rühmen ihre Schönheit immer wieder aufs neue, als könne kein anderer fortan unsere Aufmerksamkeit fordern.

Es sind diese Wälder, in denen sich die großen Granitdome erheben, die das erstaunliche charakteristische Merkmal der Sierra darstellen. Und hier finden wir auch die besten Gartenwiesen. Sie liegen flach oben auf den trennenden Höhenzügen oder abschüssig an ihren Hängen, eingebettet in die wunderbaren Wälder. Etliche dieser Wiesen sind großenteils von *Veratrum alba*[45] eingenommen, das hier hoch und schlank wächst, mit bootförmigen Blättern, die dreizehn Zoll lang, zwölf Zoll breit und gefurcht wie jene der Cypripedien[46] sind. Auf den trockeneren Rändern wachsen Akeleien mit großem Rittersporn und Lupinen kniehoch in Gräsern und Seggen; verschiedene Arten von Castilleja prunken hell in Beeten blauer und weißer Veilchen und Gänseblümchen. Aber der Stolz dieser Waldwiesen ist eine Lilie — *L. parvum*[47]. Die Blüten sind orangefarben und recht klein, die kleinsten, die ich jemals bei echten Lilien gesehen habe; trotzdem ist sie prunkvoll, denn sie ist sieben bis acht Fuß hoch und schwenkt einem herrliche Trauben von zehn bis zwanzig Blüten oder mehr über den Kopf, während sie aus dem freien Feld heraussticht; ringsum befinden sich gerade ausreichend Gras und andere Pflanzen, um ihre Füße zu säumen und sie bestens zur Geltung zu bringen.

Ein trockener Flecken etwas abseits am Rande eines Rottannen-Liliengartens ist herrlicher Platz zum Kampieren, vor allem, wenn der Hang nach Osten weist und den Blick auf die fernen Gipfel entlang des Höhenzuges freigibt. Der Schein deines lodernden Feuers begünstigt die Pracht der schlanken Lilien, hebt sie gegen die Finsternis draußen ab, und die nächsten Bäume mit ihren spiraligen Zweigen ragen über dir wie noch größere Lilien, und der Himmel, den man durch die Gartenlichtung sieht, gleicht einer weiten Wiese voll weißer Liliensterne.

Am Morgen ist alles freudig und hell, das köstliche Purpur der Dämmerung wechselt sanft ins Narzissengelbe und Weiße. Sonnenstrahlen brechen durch die Pässe zwischen den Gipfeln und verleihen allem einen Goldrand. Dann fangen die Spitzen der Tannen in den Mulden der mittleren Region den Glanz ein, und dein Waldlager ist mit Licht erfüllt. Die Vögel beginnen sich zu regen, suchen besonnte Zweige am Rande der Wiese für ein Sonnenbad nach der kalten Nacht und halten Ausschau nach ihrem Frühstück, ein jeder so frisch wie eine Lilie und ebenso entzückend bekleidet. Unzählige Insekten fangen zu tanzen an, das Rotwild zieht sich von den Lichtungen und Kämmen in seine laubreichen Verstecke im Chaparral zurück, die Blumen öffnen und strecken ihre Blätter, sobald der Tau verschwindet, alle Pulse schlagen höher, jede Lebenszelle jubelt, selbst die Felsen scheinen vor Leben zu zittern, und Gott brütet über allem Großen und Kleinen.

RIESENMAMMUTBAUM

(*Sequoia gigantea*)

Zwischen den Gürteln der Kiefern und Rottannen finden wir den Riesenmammutbaum, den König aller Nadelhölzer auf Erden, »den Edelsten einer edlen Rasse«. Er erstreckt sich in einem weit durchbrochenen, 260 Meilen langen Gürtel von einem Wäldchen am mittleren Arm des American River bis zum Oberlauf des Deer Creek; seine nördliche Grenze liegt am 39. Breitengrad, die südliche ein Stück unterhalb des 36.; seine Höhe schwankt zwischen 5000 und 8000 Fuß überm Meeresspiegel. Vom Hain am American River bis zu dem Wald am King's River tritt diese Art nur in kleinen isolierten Gruppen auf, die sich so spärlich entlang des Gürtels verteilen, dass die drei Lücken darin zwischen vierzig und sechzig Meilen breit sind. Südlich des King's River jedoch ist die Sequoie nicht auf Haine beschränkt, sondern erstreckt sich auf fast siebzig Meilen über das breite zerklüftete Becken der Flüsse Kaweah und Tule in hehren Wäldern, und dieser Abschnitt des Gürtels wird allein durch tiefe Cañons unterbrochen. Der Fresno, der größte der nördlichen Wälder, nimmt ein Gebiet von drei bis vier Quadratmeilen ein, nach Süden nur wenig entfernt vom berühmten Mariposa Grove. An der abgeschrägten Kante des Cañons der südlichen Gabelung des King's River steht ein majestätischer Sequoienwald, der sechs Meilen lang und zwei Meilen breit ist. Dabei handelt es sich um die nördlichste Ansammlung von Mammutbäumen, die man mit Recht als Wald bezeichnen kann. Steigt man die steile Scheide zwischen King's River und Kaweah hinab, betritt man die großen Wälder, die den bedeutenden kontinuierlichen Abschnitt des Gürtels darstellen. Wenn man sich von Süden nähert, vermehren sich die Giganten auf unbändige Weise, sie heben ihre massigen Kronen von jedem Kamm und jedem Hang in den Himmel und wogen in anmutiger Befolgung der komplexen Topographie dieser Region. Der schönste Teil dieses Gürtels am Kaweah liegt auf dem breiten Rücken zwischen Marble Creek und dem mittleren Arm und zieht sich von den granitenen Landzungen, die über die heißen Ebenen blicken, innerhalb weniger Meilen zu den kühlen Gletscherquellen der Bergspitzen dahin. Die Obergrenze des Gürtels liegt bei einer Höhe von 8400 Fuß zwischen dem mittleren und südlichen Arm des Kaweah. Der schönste Riesenmammutbaumwald des gesamten Gürtels befindet sich allerdings an der Nordgabel des Tule River. In den nördlichen Hainen gibt es vergleichsweise wenige junge Bäume oder Schösslinge. Hier jedoch stehen für jeden greisen, sturmgebeutelten Giganten viele in der Pracht und Kraft ihrer besten Jahre, und für jeden von diesen eine Schar begieriger, hoffnungsvoller junger Bäume und Sämlinge, die beherzt auf Moränen und Felsgesimsen, an Wasserläufen und im feuchten Schwemmland der Wiesen wachsen, scheinbar höchst erpicht auf das ewige Leben.

Obwohl sich das von dieser Art eingenommene Gebiet von Norden nach Süden stark erweitert, nimmt die Größe der Bäume nicht in auffälliger Weise zu. Eine Höhe von 275 Fuß und ein Durchmesser von rund 20 Fuß in Bodennähe ist wohl das übliche Maß ausgewachsener, günstig stehender Bäume; doch sind Exemplare von 25 Fuß im Durchmesser nicht besonders selten, und die Höhe von einigen beträgt sogar fast 300 Fuß. Im Calaveras Grove stehen vier Bäume, die mehr als 300 Fuß emporragen, nach sorgfältiger Messung ist der höchste 325 Fuß. Der größte, den ich selbst im Laufe meiner Erkundungen angetroffen habe, ist ein majestätisches altes vernarbtes Monument im Wald am King's River. Vier Fuß über dem Boden betrug sein Durchmesser innerhalb der Borke 35 Fuß und acht Zoll. Unter vorteilhaftesten Bedingungen leben diese Riesen wohl 5000 Jahre und länger, auch wenn nur wenige der größeren Bäume mehr als halb so alt sind. Ich habe nie einen Mammutbaum gesehen, der eines natürlichen Todes gestorben ist; abgesehen von Unglücksfällen, scheinen sie unsterblich zu sein, frei von sämtlichen Krankheiten, die andere Bäume befallen und töten. Wenn die Menschen sie nicht zerstört, leben sie unbegrenzt, bis sie verbrannt, von Blitzen zersplittert oder durch Stürme umgeworfen werden oder der Boden, auf dem sie stehen, nachgibt. Das Alter von einem, den man im Calaveras Grove fällte, um aus seinem Stubben einen Tanzboden zu machen, betrug ungefähr 1300 Jahre und sein Durchmesser innerhalb der Borke, am Stumpf gemessen, 24 Fuß. Ein weiterer, der im King's River Forest gefällt wurde, hatte in etwa dieselbe Größe, war jedoch fast tausend Jahre älter (2200 Jahre!), obwohl er nicht sehr gealtert aussah. Er wurde gefällt, um Platz für eine Ausstellung zu schaffen, und auf diese Weise ergab sich die Gelegenheit, seine Jahresringe zu zählen. Das bereits erwähnte narbenübersäte Riesenmonument im King's River Forest ist zur Hälfte verbrannt, und ich verbrachte einen Tag damit, sein Alter zu schätzen, indem ich die verkohlte Oberfläche mit einer Axt abschlug und die Jahresringe mit Hilfe einer Taschenlupe sorgsam zählte. Die Holzringe in dem von mir freigelegten Abschnitt waren an manchen Stellen dermaßen verwickelt und verdreht, dass es mir nicht möglich war, sein Alter exakt zu bestimmen, doch ich zählte über 4000 Ringe, die bewiesen, dass dieser Baum in der Hochzeit seines Lebens stand und sich bereits im Wind der Sierra wiegte, als Christus auf Erden wandelte. Soweit mir bekannt, hat kein anderer Baum der Welt auf so viele Jahrhunderte herabgesehen oder solch eindrückliche und sinnreiche Blicke in die Geschichte eröffnet wie die Sequoie.

Selbst die mächtigsten dieser Monarchen der Wälder sind in ihren Proportionen und Verhältnissen so wundervoll harmonisch und bestens ausgewogen, dass an ihnen nichts Wucherndes oder Monströses ist. Wer sie das erste Mal zu Gesicht bekommt, wird gewiss sagen: »Oh, was für schöne, edle Bäume ragen dort zwischen den Tannen und Kiefern hervor!« — obwohl ihre Hoheit zuweilen großenteils nicht zu erkennen ist, doch dem lebhaften Auge wird sie sich früher oder später zeigen, allmählich in die Sinne schleichen, wie die Ma-

William H. Seward. 86 Fuß Umfang, 268 Fuß Höhe. Mariposa Grove mit Mammutbäumen.

jestät des Niagara oder die hohen Kuppeln Yosemites. Ihre Größe bleibt dem unerfahrenen Betrachter so lange verborgen, wie er sie in einem einzigen harmonischen Blick aus der Ferne betrachtet. Wer sich ihnen indes nähert und um sie herumgeht, beginnt über ihre kolossalen Ausmaße zu staunen und sucht nach einem Maßstab. An der Basis wölben sich diese Giganten beträchtlich, jedoch nicht mehr als für Schönheit und Sicherheit notwendig ist; und der einzige Grund, warum diese Ausbeulung in manchen Fällen übertrieben scheint, besteht darin, dass aus der Nähe nur ein vergleichsweise kleiner Teil des Stamms zu sehen ist. Einer, den ich im Wald am King's River gemessen habe, hatte am Boden einen Durchmesser von 25 Fuß und in einer Höhe von 200 Fuß einen Durchmesser von 10 Fuß, was zeigt, dass die Verjüngung des Stammes insgesamt bezaubernd schön ist.

Und wenn man sich in ausreichender Entfernung postiert, um die gewaltigen Säulen vom schwellenden Spann bis zum hohen Wipfel, der sich zu einer grünen Kuppel auflöst, zu sehen, erfreut einen die unerreichte Darstellung von Erhabenheit mit Schönheit kombiniert. Ungefähr einhundert Fuß und mehr des Stamms sind gewöhnlich astfrei, seine wuchtige Schlichtheit wird jedoch durch die Furchen der Borke belebt, die streng parallel verlaufen, statt ein unregelmäßiges Netzwerk zu bilden, wie bei der Kannelierung von Säulen in der Architektur, und bis zu einem gewissen Grade durch die Büschel schlanker Zweige, die leicht im Wind schaukeln und Schattenflecken werfen und allein um der Schönheit willen hier und dort angesteckt zu sein scheinen. Die jungen Bäume tragen dünne schlichte Äste bis zum Boden, in klarer Ordnung, scharf aufwärts strebend an der Spitze, waagrecht in der Mitte, in hübschen Bögen hängend am Fuß. Sobald der Schössling fünf- oder sechshundert Jahre alt ist, verschmilzt dieser turmartige, gefiederte, juvenile Habitus in die kräftige, runde Kuppelform des mittleren Alters, die ihrerseits das exzentrisch Malerische des Greisentums annimmt. Im Sierrawald hat kein anderer Baum ein so dichtes Nadelwerk, zeigt kein anderer so stark gezogene und stets nur einem bestimmten Typus zugewiesene Konturen. Man kann wohl einen knorrigen, unbezähmbar dreinblickenden, fünf bis acht Fuß dicken Ast urplötzlich aus dem glatten Stamm vorstoßen sehen, als wolle er den ebenmäßigen Bogen durcheinander bringen, doch sobald der allgemeine Umriss erreicht ist, hält er abrupt inne und löst sich in spreizende Knubbel regeltreuer kleiner Zweige auf, gerade so als wäre jeder Baum unter einer riesigen, unsichtbaren Glasglocke aufgewachsen, gegen dessen Seiten sämtliche Äste gepresst und geschmolzen wurden, doch irgendwie mit dermaßen viel Nachsicht in den vielen kleinen Abweichungen von der regulären Gestalt, dass noch ein Anschein von Freiheit besteht.

Die Belaubung der Schösslinge hat eine dunkel bläulich-grüne Färbung, die älteren Bäume hingegen reifen zu einem warmen braungelben Ton wie die Rauchzypresse. Die Rinde ist satt zimtbraun, leicht violett bei jungen Bäumen und in den verschatteten Bereichen der alten, während der Boden mit braunen Nadeln und Zapfen bedeckt ist, die außergewöhnlich reiche Farbmassen bilden, nicht zu erwähnen die Blumen und das Unterholz, die ringsum in ihren Jahreszeiten jubeln. Wann immer du in den Sequoienwäldern wanderst, wirst du sagen, dass sie die schönsten und erhabensten sind. Überall triffst du auf herrliche, eindrucksvolle Kontraste: die Farben von Baum und Blume, Fels und Himmel, Licht und Schatten, Stärke und Schwäche, Dauer und Vergänglichkeit, Gestrüppe schmiegsamer Haselsträucher, Baumsäulen, starr wie Granitkuppeln, Rosen und Veilchen, die kleinsten ihrer Art, die rings um die Füße der Riesen blühen, und Matten der bescheidenen Fiederspieren, wo das Sonnenlicht einfällt. Im Winter dann brechen die Bäume selbst in Blüte aus, Milliarden kleiner viereckiger Blütenzapfen drängen sich an den Enden der schlanken Zweige, färben den ganzen Baum und überstäuben, sobald reif, die Luft und den Boden mit goldenen Pollen. Die weiblichen Zapfen sind hell grasgrün, etwa zwei Zoll lang und anderthalb dick, und bestehen aus ungefähr vierzig harten rhombischen, dicht gepackten Schuppen, mit jeweils fünf bis acht Samen an der Basis. Darum enthält ein einziger Zapfen zwischen zweihundert und dreihundert Samen, die etwa ein Viertel Zoll lang und drei Sechzehntel Zoll breit sind, einschließlich eines schmalen, flachen Randes, der sie im Fall aufblitzen und schwanken lässt wie der Drachen des Knaben. Die Fruchtbarkeit der Sequoie kann durch zwei beispielhafte Äste von anderthalb und zwei Zoll Durchmesser veranschaulicht werden, auf denen ich 480 Zapfen gezählt habe. Kein anderer Nadelbaum der Sierra produziert auch nur annähernd so viele Samen. Jährlich reifen Millionen auf einem einzigen Baum, in einem fruchtbaren Jahr würden die Erzeugnisse eines der nördlichen Wälder ausreichen, um sämtliche Bergketten der Welt zu begrünen. Die Natur sorgt dafür, dass nicht ein Same aus einer Million keimt und dass von jenen, die es tun, nicht einer von zehntausend die vielen Launen von Sturm, Dürre, Feuer und Schneelast überlebt, die ihre Jugend bedrängen.

Das Douglashörnchen ist der Glückliche, der die meisten der Mammutbaumzapfen erntet. Von hundert fallen ihm wohl neunzig zu, und bis sie von seiner Elfenbeinsichel geschnitten werden, bleiben sie am Baum und streuen jahrelang ihre Samen aus. Eine der angenehmsten Zerstreuungen ist es, die Hörnchen bei ihrer Erntearbeit im Indianersommer zu beobachten. Die Wälder sind still und die reifen Farben lodern in all ihrer Pracht; die zapfenträchtigen Bäume stehen reglos in der warmen, diesigen Luft, und man kann sehen, wie der Eichelspecht[48], der Fürst der Sierra-Spechte, einen toten Ast oder umgestürzten Stamm mit seinem Schnabel durchbohrt und immer wieder die Schluchten mit fröhlichem Geschnatter erfüllt. Auch der Kolibri wohnt in diesen edlen Wäldern, man sieht ihn oft zwischen den Blumen aufblitzen oder flügelmatt auf einem kahlen Zweig ruhen; hier leben ebenfalls die aus den Obsthainen bekannte Wanderdrossel und der Braun- und der Grizzlybär, die so offensichtlich in diese majestätischen Einsamkeiten passen; und das Douglashörnchen, das für mehr übermütigen, ausgelassenen Aufruhr sorgt als alle Bären, Vögel und summenden Flügel zusammen.

Sobald der Krone dieser Sequoien ein Unglück geschieht, wenn sie beispielsweise von einem Blitz getroffen oder von Stürmen geknickt wird, scheinen die Äste unterhalb der Wunde, gleichgültig, wo sie sich befindet, aufgeregt wie eine Bienenkolonie, die ihre Königin verloren hat, und sind ängstlich darum bemüht, den Schaden zu reparieren. Zweige, die seit Jahrhunderten im rechten Winkel aus dem Stamm wuchsen, beginnen sich aufwärts zu wenden, um bei der Erschaffung einer neuen Krone zu helfen, wobei jeder unverzüglich die spezielle Gestalt des echten Wipfels annimmt. Selbst im Falle bloßer, halbverbrannter Stümpfe versuchen rein ornamentale Büschel aufwärts zu streben und ihr Bestes zu geben als Anführer beim Formieren einer neuen Krone.

Oft findet man diese prächtigen Bäume in Zweier- oder Dreiergruppen dicht beisammen stehen, die Samen, denen sie entsprangen, wuchsen wahrscheinlich auf einem Boden, der durch den Sturz eines großen Baums der älteren Generation für ihren Empfang gerodet wurde. Diese Stellen frischer, lockerer Erde neben den Wurzeln des umgestürzten Giganten können zwischen vierzig und sechzig Fuß breit sein und werden rasch von den Sämlingen besetzt. Aus diesen Sämlingsdickichten entstehen vielleicht zwei, drei Bäume, die jene engen Gruppen bilden, die man ›drei Grazien‹, ›Liebespaare‹ usw. nennt. Denn selbst wenn die noch jungen Bäume zwanzig oder dreißig Fuß voneinander entfernt standen, werden sich ihre Stämme im Erwachsenenalter berühren und gegeneinander drängen und in einigen Fällen sogar aussehen wie nur einer.

Im Allgemeinen wird angenommen, dass diese große Sequoie früher viel stärker in der Sierra verbreitet war; indes bin ich nach langer und sorgfältiger Untersuchung zu dem Schluss gekommen, dass sie dies niemals gewesen ist, zumindest nicht seit dem Ende der Eiszeit, denn eine gewissenhafte Suche an den Waldrändern und in den Zwischenräumen gibt nicht die geringste Spur einer früheren Existenz jenseits der heutigen Grenzen preis. Trotzdem bin ich überzeugt, dass zahlreiche Denkmäler ihrer Existenz zurückblieben, wenn alle Sequoien in den Bergen aussterben würden, und zwar von solch unvergänglicher Natur, dass sie dem Forscher noch in zehntausend Jahren zur Verfügung stehen.

Als erstes können wir feststellen, dass keine andere Nadelbaumart in den Bergen ihre Individuen so gut zusammenhält wie die Sequoie; die Ausreißer entfernen sich nicht mehr als vielleicht eine Meile von der Haupttruppe, und alle Ausreißer, die mir unter die Augen gekommen sind, waren jung, keine alten Baummonumente, Relikte ausgedehnteren Wachstums.

Noch einmal, Sequoienstämme überdauern oft Jahrhunderte nach ihrem Sturz. Ich besitze einen Musterblock, aus einem ungestürzten

Stamm gehauen, der kaum von Exemplaren zu unterscheiden ist, die aus lebenden Bäumen geschlagen wurden, obwohl das alten Baumstück, von dem es stammte, seit mehr als 380 Jahren im feuchten Wald gelegen hat, womöglich dreimal so lange. In dem Falle ist die Zeitmessung schlicht diese: Als der schwere Stamm, zu dem der alte Überrest gehörte, fiel und in den Boden sank, schuf er auf diese Weise einen langen, geraden Graben; in dessen Mitte wächst eine Grautanne, die einen Durchmesser von vier Fuß hat und 380 Jahre alt ist, wie ermittelt wurde, indem man sie zur Hälfte durchschnitt und ihre Jahresringe zählte, um darzulegen, dass das Überbleibsel des Stammes, das den Graben verursachte, seit mehr als 380 Jahren am Boden gelegen hat. Denn es versteht sich, dass wir, um die Gesamtdauer herauszufinden, zu den 380 Jahren die Spanne addieren müssen, in welcher der verschwundene Teil des Stammes im Graben gelegen hat, bevor er verbrannte, und die Spanne, die vergangen ist, bevor der Samen, dem die gewaltige Tanne entsprang, in den vorbereiteten Boden fiel und Wurzeln schlug. Nun wird klar — weil Mammutbaumstämme vom Waldbrand niemals vollständig aufgezehrt werden und diese Feuer nur in beträchtlichen Abständen auftreten, und weil Sequioengräben, nachdem sie freigelegt sind, oft für Jahrhunderte unbewachsen bleiben —, dass der besagte Stammrest wahrscheinlich eintausend Jahre oder länger dort gelegen hat. Und dies ist beileibe kein seltener Fall.

Wenn wir nun einräumen, dass in jenen Gebieten, die früher vermutlich mit Sequoien bedeckt waren, sämtliche Bäume umgestürzt und alle Stämme ohne Überreste verbrannt oder verschüttet wurden, dann würden viele Gräben, die die schweren Stämme, und viele Löcher, die deren umgewendete Wurzeln verursachten, noch Jahrtausende nach dem Verschwinden der letzten Spur der Stämme offenkundig bleiben. Manche Graben-Schrift würde zweifellos durch über die Ufer tretende Flüsse und auswaschenden Regen rasch getilgt; nach solch zerstörerischem Tun bliebe allerdings auf Dauer kein unbedeutender Teil in die Bergkämme gemeißelt, denn wo alle Bedingungen günstig sind, ist sie fast unvergänglich. *Diese historischen Gräben und Wurzellöcher treten in allen heutigen Sequoienhainen und -wäldern auf, doch soweit ich es beobachtet habe, zeigt sich außerhalb davon nicht die blasseste Spur.*

Deshalb schließen wir daraus, dass sich das von Riesenmammutbäumen bedeckte Gebiet in den letzten acht- bis zehntausend Jahren, und wohl in der gesamten Nacheiszeit, nicht verkleinert hat.

Steht die Art am Rande der Ausrottung? Welche Beziehungen hat sie zum Klima, Boden und den benachbarten Bäumen?

Alle diese Fragen betreffenden Phänomene werfen auch, wie darzustellen wir uns bemühen werden, Licht auf die eigentümliche Ausbreitung der Art und stützen die Schlussfolgerung, die bereits bei der Frage nach der Ausdehnung gezogen wurde.

Wir sahen, dass in den nördlichen Gruppen nur wenige junge Bäume oder Sämlinge rings um die absterbenden alten wachsen, um die Gattung fortzusetzen, und weil diese greisen, nahezu kinderlosen Sequoien die einzigen sind, die man gewöhnlich kennt, scheint die Art für die meisten Beobachter einem raschen Untergang geweiht zu sein, nichts mehr als ein sterbendes Relikt, im sogenannten Kampf ums Dasein von den Kiefern und Tannen besiegt, die sie in ihre letzten Festungen in den feuchten Schluchten mit äußerst günstigem Klima zurückgetrieben haben. Doch die Sprache der majestätischen kontinuierlichen Wälder im Süden hinterlässt einen ganz anderen Eindruck. Im gesamten Wald steht kein Baum dauerhafter im Einklang mit Klima und Boden. Er wächst beherzt überall — auf Moränen und Felsgesimsen, an Wasserläufen und im tiefen, feuchten Schwemmland der Wiesen, mit einer Schar von Sämlingen und Schösslingen rings um die Greise, anscheinend in hohem Maße dazu fähig, den Wald in den besten Jahren zu erhalten. Für jeden greisen, sturmgebeutelten Baum gibt es mindestens einen in der Blüte seines Lebens; und für jeden von diesen viele junge Bäume und Scharen unbändiger Schösslinge. So dass die Bäume, wenn man sie aus allen Teilen des großen Sequoienwaldes dem Alter nach aufstellen würde, eine sehr verheißungsvolle Kurve von den Sämlingen des letztes Jahres bis zu den Riesen beschreiben würden, wobei der Bereich der Kurve mit dem jungen und mittleren Alter um ein Vielfaches länger wäre als der greise. Ich zählte selbst im Norden, auf der Höhe des Fresno River, 536 Schösslinge und Sämlinge, die auf einem rauhen Geröllboden von nicht mehr als zwei Acre aussichtsreich wuchsen. Dieses Bett war rund sieben Jahre alt und wurde fast gleichzeitig von Kiefern, Tannen, Rauchzedern und Sequoien besamt; es bot eine schlichte und instruktive Illustration für den Kampf ums Dasein unter konkurrierenden Arten, und es war interessant zu bemerken, dass die Bedingungen, soweit es sie betraf, den jungen Sequoien ermöglichten, sich einen klaren Vorteil zu verschaffen.

In allen Fällen wie in dem erwähnten habe ich beobachtet, dass der Sequoiensämling in der Lage ist, sowohl auf trocknerem als auf nasserem Boden als seine Konkurrenten zu wachsen, jedoch mehr Sonnenlicht benötigt; dies letzte Faktum ist überall dort klar ersichtlich, wo eine Zuckerkiefer oder Tanne in enger Verbindung mit einer Sequoie gleichen Alters und gleicher Größe wächst und im gleichen Maß der Sonne ausgesetzt ist; in solchen Fällen verfügen die Zweige der letzten stets über weniger Nadeln. Nach Süden hin werden die Sequoien allerdings üppiger und häufiger, die Zahl der konkurrierenden Bäume nimmt hingegen ab; und wo sie sich mit den Sequoien vermischen, wachsen sie zumeist unterhalb, wie schmächtige Gräser zwischen Maisstengeln. Auf einem sandigen Schwemmboden habe ich vierundneunzig Sequoien gezählt, von einem bis zwölf Fuß Höhe, auf einem Flecken, den früher vier große Zuckerkiefern beansprucht hatten, die jetzt zerfallend unter ihnen lagen — Bedingungen, die es den Sequoien ermöglicht haben, die Kiefern zu verdrängen.

Ich habe auch sechsundachtzig vitale Sämlinge auf einem Boden gesehen, den ein Feuer frisch für ihren Empfang bereitet hat. Feuer ist der große Vernichter der Sequoien, liefert jedoch auch nackten, unberührten Boden, eine der wesentlichen Bedingungen für das Samenwachstum. Frischen Boden für die stetige Erneuerung der Wälder ohne Feuer liefern in ausreichendem Maße die umstürzenden alten Bäume. Auf diese Weise wird der Boden umgewendet und gelockert, und für jeden Baum, der gefallen ist, wachsen viele neue. Auch Erdrutsche und Überflutungen lassen nackten, unberührten Boden entstehen; und hin und wieder verdankt ein Baum seine Existenz einem grabenden Wolf oder Hörnchen, doch den regelmäßigsten Nachschub an frischer Erde liefern umgestürzte alte Bäume.

Man hat die gegenwärtigen Klimaveränderungen in der Sierra und ihre Beziehung zur Dauer des Baumlebens vollkommen missverstanden, vor allem in puncto Zeit und Mittel, die die Natur zu deren Verursachung einsetzt. Stets wird vage behauptet, die Sierra sei einmal viel feuchter gewesen als heute, und die zunehmende Dürre werde die Sequoien auslöschen und das Gelände anderen Bäumen überlassen, die angeblich in trocknerem Klima blühen können. Dass die Sequoie jedoch auf ebenso trockenem Boden wachsen kann wie jeder ihrer heutigen Konkurrenten, zeigt sich an tausend Orten. »Doch warum«, wird man fragen, »findet man Sequoien in größter Fülle immer an gut bewässerten Stellen mit besonders vielen Flüssen?« Ganz einfach deshalb, weil ein Sequoienbestand solche Flüsse erschafft. Der durstige Bergsteiger weiß genau, dass er in jedem Sequoienhain fließendes Wasser finden wird, es ist jedoch ein Irrtum anzunehmen, dass das Wasser der Grund für die Anwesenheit des Waldes ist; im Gegenteil, der Wald ist der Grund für die Anwesenheit des Wassers. Lass das Wasser versickern, und die Bäume werden bleiben; fälle die Bäume, und die Flüsse werden verschwinden. Niemals war die Verwechslung von Ursache und Wirkung größer als im Falle dieser aufeinander bezogenen Phänomene von Wäldern und ganzjährigen Flüssen, und ich gestehe, dass ich diesen Fehler zuerst auch gemacht habe.

Richtet man seine Aufmerksamkeit auf die Art und Weise der Flusserschaffung durch Sequoien, wird dies sofort verständlich. Die

Wurzeln der immensen Bäume füllen den Boden aus und bilden einen dicken Schwamm, der den Regen und schmelzenden Schnee absorbiert und zurückhält und ihnen nur gemächlich zu sickern und fließen erlaubt. Tatsächlich kann man jedes abgefallene Blatt und Würzelchen, jede lange klammernde Wurzel und jeden niedergesunkenen Stamm als einen Damm betrachten, der die Gaben der Sturmwolken sammelt und den Sommer über als Segen spendet, anstatt ihnen zu gestatten, kopfüber in kurzlebigen Fluten dahinzustürzen. Auch die Verdunstung wird in größerem Maße als bei jedem anderen Baum in der Sierra durch die dichte Belaubung eingedämmt, und die Luft verfängt sich in den rasch gesättigten Massen und Flächen; durstigen Winden wird unterdessen nicht ermöglicht, saugend und leckend über den Boden zu streichen.

An vielen Stellen im Waldgürtel ist die Wasserspeicherung so stark, dass Sümpfe und Wiesen bei der Zerstörung der Bäume erschaffen werden. Ein einziger Stamm, der in den Wäldern quer über einen Fluss fällt, bildet einen 200 Fuß langen Damm zwischen zehn und dreißig Fuß Höhe und lässt einen Teich entstehen, der die Bäume in seiner Umgebung tötet. Diese toten Bäume stürzen ihrerseits und erzeugen auf diese Weise eine Lichtung, während die sich allmählich sammelnden Sedimente den Teich in einen Sumpf oder eine Wiese mit Seggen und Torfmoos verwandeln. In einigen Fällen entsteht übereinander am Hang eine Reihe kleiner Sümpfe und Wiesen, die allmählich verschmelzen und dabei abschüssige Sümpfe oder Wiesen bilden, ein frappantes Merkmal der Sequoienwälder, und da alle hineingestürzten Bäume bewahrt wurden, enthalten sie Aufzeichnungen über die Generationen, die seit ihrer Entstehung vergangen sind.

Weil es also eine Tatsache ist, dass tausende von Sequoien gedeihlich auf sogenanntem trockenen Boden wachsen und sich sogar an Spalten in den Granithängen klammern wie Bergkiefern; und weil der Nachweis erbracht wurde, dass die besondere Nässe in Verbindung mit dem dichteren Wachstum ein Auswirkung ihrer Anwesenheit ist und nicht umgekehrt eine Ursache hierfür, sind die Ansichten über die einstige Verbreitung der Art und ihr bevorstehendes Aussterben, basierend auf vermuteter Abhängigkeit von stärkerer Feutigkeit, offensichtlich vollkommen falsch.

Der Rückgang des Regen- und Schneefalls seit dem Ende der Eiszeit in der Sierra ist geringer als man gemeinhin annimmt. In den höher gelegenen Flussbetten haben sich die obersten nacheiszeitlichen Wassermarken sämtlich erhalten, sie sind nicht viel höher als die Hochwassermarken heute im Frühling; dies zeigt nur, dass sich der Umfang der oberen Zuflüsse postglazialer Sierra-Ströme seit ihrer Entstehung nicht auffällig verringert hat. Klammert man die komplizierte Frage nach der Klimaveränderung aus, bleibt die schlichte Tatsache, dass *der gegenwärtige Regen- und Schneefall mehr als ausreicht für ein üppiges Wachstum der Sequoienwälder*. Alle meine Beobachtungen führen dahin, dass die Zuckerkiefern und Tannen bei einer längeren Dürreperiode vor den Sequoien sterben würden, nicht allein der längeren Lebensdauer einzelner Bäume wegen, sondern weil diese Art größere Trockenheit ertragen kann und jeden Niederschlag am besten ausnutzt.

Noch einmal, wenn man die Begrenztheit und unregelmäßige Verbreitung dieser Art als Ergebnis der Austrocknung der Bergkette interpretiert, dann müsste sie sich vermindern, anstatt sich wie gen Süden, wo weniger Regen fällt, an Individuen zu vermehren. Wenn also die besondere Verbreitung der Mammutbäume nicht vorrangig durch die Bodenbeschaffenheit hinsichtlich Fruchtbarkeit und Feuchtigkeit reguliert wurde, wodurch dann?

Im Laufe meiner Studien habe ich beobachtet, dass die nördlich gelegenen Wälder — die einzigen, deren Bekanntschaft ich zunächst machte — in eben jenen Bereichen des Waldbodengürtels lagen, die am Ende der Eiszeit als erste befreit wurden, als die Eisdecke in einzelne Gletscher aufzubrechen begann. Während ich das weite Becken des San Joaquin untersuchte und mir das Fehlen der Sequoien dort, wo alle Bedingungen für ein Wachstum günstig schienen, zu erklären versuchte, kam mir der Gedanke, dass diese erstaunliche Lücke im Sequoiengürtel sich genau im Becken des großen vorzeitlichen *mer de glace* von San Joaquin und King's River befand, das seine Eismassen in die Ebene ergoss, gespeist vom Schnee, der auf mehr als fünfzig Meilen Gipfel fiel. Daraufhin erkannte ich, dass die nächste, vierzig Meilen breite Lücke nach Norden, die sich zwischen den Wäldern von Calaveras und Tuolumne erstreckt, im Becken des alten *mer de glace* von Tuolumne und Stanislaus auftritt und die kleinere Lücke zwischen den Wäldern von Merced und Mariposa im Becken des kleineren Merced-Gletschers. *Je breiter der alte Gletscher, desto breiter die entsprechende Lücke im Sequoiengürtel.*

Als ich meine Nachforschungen in den Becken von Kaweah und Tule weiter verfolgte, entdeckte ich schließlich, dass der Sequoiengürtel seine größte Ausdehnung genau dort erreicht hatte, wo der Boden infolge der topographischen Besonderheiten der Region am besten vor den Eisflüssen geschützt gewesen ist, die von den Bergquellen noch lange, nachdem die kleinen örtlichen Gletscher geschmolzen waren, strömten.

Überschauen wir nun den Gürtel, indem wir im Süden beginnen, dann sehen wir, dass sich die majestätischen alten Gletscher links und rechts in den Tälern des Kern River und King's River durch hohe schützende Bergsporne ergossen haben, die sich oberhalb der warmen sequoiengefüllten Becken von Kaweah und Tule umarmend ausbreiteten. Nach Norden erscheint dann das breite, sequoienlose Bett bzw. Becken des *mer de glace* der alten San Joaquin und King's Rivers. Dann die warmen geschützten Stellen der Haine von Fresno und Mariposa; dann das sequoienlose Bett des alten Merced-Gletschers; danach der warme, überdachte Grund der Haine von Merced und Tuolumne; dann das sequoienlose Bett des alten *mer de glace* von Tuolumne und Stanislaus; schließlich der warme alte Boden der Haine von Calaveras und Stanislaus. Somit scheint es, dass dort, wo die Gletscher in einer gewissen Epoche der Sierra nicht waren, die Sequoien sind, und wo die Gletscher waren, die Sequoien nicht sind.

Welche weiteren Bedingungen geherrscht haben mochten, die es der Sequoie ermöglichten, auf den ältesten, wärmsten Abschnitten des großen Gletscherbodengürtels sich anzusiedeln, weiß ich nicht zu sagen. Da allerdings die Mammutbaumwälder immer älter aussehen, je weiter sie sich nach Süden ausdehnen, wage ich in diesem Zusammenhang die Behauptung, dass sich die Art von Süden her ausgebreitet hat, während die Zuckerkiefer, ihr Konkurrent in den nördlichen Wäldern, von Norden um das obere Ende des Sacramento Valley und in die Sierra gekommen ist; demzufolge könnte sich die Sequoie, als die Böden der Sierra sich erstmals dem Vorrecht auf eine schmelzende Eisdecke öffneten, vor Ankunft der Zuckerkiefer in den freien Abschnitten der Südhälfte des Gebirges angesiedelt haben, während die Zuckerkiefer die Nordhälfte vor Ankunft der Sequoie in Besitz genommen hat.

Wieviel Unsicherheit diesen Fragen auch anhaftet, es gibt keine verdunkelnden Schatten über der dargelegten generellen Beziehung zwischen der heutigen Ausbreitung der Sequoie und den alten Gletschern der Sierra. Und wenn wir uns daran erinnern, dass alle gegenwärtigen Sierrawälder jung sind und auf kürzlich abgelagertem Moränenboden wachsen, und dass die Gebirgsflanke mit all ihren Landschaften neu geboren wurde, vor kurzem erst geformt und aus dem Eismantel des Gletscherwinters ans Licht des Tages gebracht, dann verschwinden die tausend regellosen Geheimnisse und an ihre Stelle treten klare Harmonien.

Auch wenn sämtliche beobachteten Phänomene, die auf der postglazialen Geschichte dieses Baumriesen beruhen, zu dem Schluss führen, dass er in der Sierra seit dem Ende der Eiszeit niemals weiter verbreitet war; dass seine heutigen Wälder kaum ihre Blütezeit überschritten haben, falls sie ihre Blüte überhaupt schon erreichten; dass der postglaziale Tag dieser Art wahrscheinlich nicht einmal halb vorüber ist — berücksichtigt man jedoch von einer höheren Warte aus das enorme Altertum der Gattung und ihre einstige Vielfalt an Arten und Individuen, vergleicht den Sierrariesen und die *Sequoia sempervirens* der Coast Range, die einzige andere lebende Sequoienart, mit den zwölf fossilen, von Heer und Lesquereux[49] bereits entdeckten und beschriebenen Spezies, von denen manche im Tertiär und in der Kreidezeit gedeihlich in weiten Gebieten der arktischen Region, in Europa und unseren Territorien wuchsen: — dann wird deutlich, dass die beiden überlebenden Arten, beschränkt auf schmale Streifen innerhalb der Grenzen Kaliforniens, sowohl hinsichtlich der Art als auch der Individuen bloße Überreste dieser Gattung sind, und dass sie sich wohl ihrem Untergang nähern. Allerdings könnte die Neige einer in der Kreidezeit begonnenen Epoche zehntausende Jahre lang sein, ganz zu schweigen von der Existenz möglicher Bedingungen, die dazu bestimmt wären, die Art und die Individiuen zu vermehren und neu zu verbreiten. Allerdings möchte ich mich auf derartige Fragen hier nicht weiter einlassen.

Beim Studium des Schicksals unseres Waldkönigs haben wir bislang nur den Einfluss rein natürlicher Ursachen betrachtet; leider kommt jedoch der Mensch in die Wälder, so dass Verwüstung und Zerstörung rasch voranschreiten. Hätte man die Bedeutung der Wälder überhaupt verstanden, selbst von einem ökonomischen Standpunkt, dann würde ihr Schutz die größte Aufmerksamkeit der Regierung wecken. Erst in den letzten Jahren ist durch die Waldreservate die simpelste Grundlage für die vorhandenen Gesetze geschaffen worden, obwohl in vielen der schönsten Wälder noch immer jede Art von Zerstörung mit erhöhter Geschwindigkeit weitergeht.

Im Laufe meiner Erkundungen sah ich nie weniger als fünf Sägemühlen am unteren Rand des Sequoiengürtels oder in seiner Nähe, sie alle haben beträchtliche Mengen an Mammutbaumholz gefällt. Der Großteil der Fresno-Gruppe ist dazu verdammt, die erst kürzlich in ihrer Umgebung errichteten Sägewerke zu füttern, und ein Holzunternehmen fällt gerade den herrlichen Wald am King's River. Bei diesen Sägearbeiten übersteigt die Zerstörung den Nutzen bei weitem, denn nachdem man die erlesensten jungen handlichen Bäume überall gefällt hat, wird das Holz verbrannt, um den Boden für weitere Arbeiten von Ästen und Abfall zu säubern, so dass natürlich die meisten Schösslinge und Sämlinge vernichtet werden.

Verglichen mit der umfangreichen Zerstörung durch ›Schafhüter‹[50] sind diese Sägemühlenplünderungen allerdings gering. Jeden Sommer werden unglaublich viele Schafe zu den Bergweiden getrieben, und stets ist ihre Bahn durch Verwüstungen gekennzeichnet. Alle wilden Gärten werden niedergetrampelt, die Sträucher von Blättern entkleidet, als hätten Heuschrecken sie verschlungen, die Gehölze verbrannt. Überall werden Lauffeuer entzündet in der Absicht, den Boden von umgestürzten Stämmen zu reinigen, um den Herden das Vorankommen zu erleichtern und das Weideland zu verbessern. Der gesamte Waldgürtel wird auf diese Weise von einem Ende des Gebirges zum anderen ausgekehrt und verwüstet, und mit Ausnahme der harzreichen *Pinus contorta* leidet die Sequoie am stärksten darunter. Die Indianer verbrennen das Unterholz an bestimmten Örtlichkeiten, um die Jagd auf das Rotwild zu erleichtern, Bergsteiger und Holzfäller erlauben ihren Lagerfeuern unvorsichtigerweise sich auszubreiten; doch die Feuer der Schäfer bzw. Hammelhirten machen mehr als neunzig Prozent aller vernichtenden Feuer aus, die in den Wäldern der Sierra umherstreifen.

Es scheint daher, dass unser König der Wälder, obwohl er wunderbar in der Obhut der Natur leben könnte, rasch durch Feuer und Stahl des Menschen verschwindet; und falls man nicht schnellstens schützende Maßnahmen ersinnt und anwendet, werden von der *Sequoia gigantea* in allerhöchstens ein paar Jahrzehnten nur einige zerstückte und vernarbte Mahnmale bleiben.

DIE ZWEINADELIGE ODER DREHKIEFER

(*Pinus contorta, var. Murrayana*)

Diese Art bildet das Gros der alpinen Wälder, sie erstreckt sich über die gesamte Bergkette oberhalb der Tannenzone bis in eine Höhe zwischen 8000 und 9500 Fuß und wächst in schöner Ordnung auf Moränen, die sich durch nacheiszeitliche Verwitterung bis heute kaum verändert haben. Verglichen mit den Riesen der unteren Zonen ist sie ein kleiner Baum, der selten eine Höhe von hundert Fuß erreicht. Das größte Exemplar, das ich vermessen habe, war neunzig Fuß hoch und hatte vier Fuß über dem Boden etwas mehr als sechs im Durchmesser. Die gewöhnliche Höhe ausgewachsener Bäume im gesamten Gürtel kommt an die fünfzig, sechzig Fuß heran, bei einem Durchmesser von zwei Fuß. Es handelt sich um eine wohlproportionierte, recht schöne kleine Kiefer mit graubrauner Borke und gebogenen, vielfach geteilten Ästen, die den größten Teil des Stammes bedecken, allerdings nicht so dicht, dass er vor Blicken geschützt ist. Die unteren Zweige biegen sich zur Erde, nehmen bis zur Hälfte des Stammes eine waagrechte Position ein, streben dann mehr und mehr zum Wipfel, und bilden so eine scharf umrissene, konische Spitze. Die Belaubung ist kurz und steif, zwei Nadeln in einem Faszikel, angeordnet in vergleichsweise langen, zylindrischen Quasten an den Enden der robusten, aufwärts gebogenen Zweige. Die Zapfen sind ungefähr zwei Zoll lang und wachsen in starren Gruppen zwischen den Nadeln, ohne eine markante Wirkung zu haben, nur wenn sie noch sehr jung sind, ist ihre Farbe ein lebhaftes Karmesinrot und der ganze Baum scheint mit leuchtenden Blumen gesprenkelt zu sein. Die unfruchtbaren Zapfen sind wegen ihrer großen Fülle noch prächtiger, sie verleihen der Belaubung insgesamt einen rötlich-gelben Hauch und erfüllen die Luft mit Pollen.

Keine andere Kiefer wächst in den Bergen so regelmäßig wie diese. Moränenwälder ziehen sich an den Seiten hoher Felstäler meilenweit ohne Unterbrechung dahin; trotzdem sind sie genau genommen nicht dicht, denn Sonnen- und Blumenflecken finden ihren Weg zu den finstersten Stellen, an denen die Bäume am höchsten und dichtesten wachsen. Darunter stehen schlanke, nahrhafte Gräser in Überfülle, überwuchern den Boden, im Schatten und im Sonnenschein, ausgedehnte Gebiete wie die Felder eines Farmers, und dienen den Schafen, die jeden Sommer von den dürren Ebenen getrieben werden, sobald der Schnee geschmolzen ist, als Weide.

Die Drehkiefer ist mehr als jede andere ein Opfer der Zerstörung durch das Feuer. Die dünne Borke ist mit Harz durchzogen und besprenkelt, als wäre es wie Regen auf sie niedergegangen, so dass selbst die grünen Bäume leicht Feuer fangen und bei starkem Wind ganze Wälder zerstört werden, die Flammen springen dann von Baum zu Baum und bilden eine lückenlose brüllende Feuerwand, die wogend und rasend über die sich biegenden Wälder geht wie die Grasbrände in der Prärie. Während des ruhigen, trockenen Indianersommers kriecht das Feuer still über den Boden und nährt sich von vertrockneten Nadeln und Zapfen; kommt es dann zum Fuß eines Baumes, entzündet sich die Borke und die heiße Luft steigt in kräftiger Strömung empor, nimmt an Geschwindigkeit zu und zieht die Flammen schnell nach oben; dann fangen die Blätter Feuer und eine gewaltige Feuersäule rauscht, an den Rändern wunderbar zugespitzt und violettrot getönt, dreißig, vierzig Fuß über den Baumwipfel hinaus, was vor allem in einer dunklen Nacht ein großartiges Schauspiel bietet. Es dauert allerdings nur ein paar Sekunden, dann verschwindet es mit magischer Schnelligkeit, worauf andere entlang der Feuerlinie in unregelmäßigen Abständen manchmal für Wochen folgen — Baum nach Baum flammt auf und erlischt, aber Stämme und Äste sind kaum zerschunden. Die Hitze reicht jedoch, um die Bäume abzutöten, und nach ein paar Jahren schrumpelt die Rinde und fällt herunter. Baumgürtel sind auf diese Weise meilenweit vernichtet worden und bleiben samt ihren Ästen stehen, geschält und starr, grau auf die Entfernung, wie Nebelwolken. Später verschwinden die Äste und hinterlassen einen Wald ausgebleichter Spieren. Schließlich verrotten die Wurzeln, die elenden Stämme werden bei irgendeinem Sturm umgeworfen und stapeln sich schwerfällig übereinander, bis sie vom nächsten Feuer vernichtet werden und den Boden für eine neue Ernte bereiten.

Die Ausdauer dieser Art zeigt sich daran, dass sie zuweilen mit der Gelbkiefer über die Lavaebenen wandert und mit der Zwergkiefer die moränenlosen Berghänge erklimmt, wobei sie sich an jeden sich bietenden Halt in den Rissen und Spalten der sturmgepeitschten Felsen klammert — und stets die Auswirkung solcher Mühsal in jedem einzelnen Charakterzug sehen lässt.

Unten in den geschützten Mulden, auf reichen Schwemmböden, weicht sie so sehr von der üblichen Gestalt ab, dass man sie nicht selten für eine andere Art hält. Hier wächst sie in dichten Grassoden zwischen vierzig und achtzig Fuß in die Höhe, biegt sich allseits in der Brise, dreht sich in wirbelnden Böen geschmeidiger als alle anderen Bäume in den Wäldern. Ich habe oft fünfzig Fuß hohe Exemplare gefunden, deren Durchmesser weniger als fünf Zoll betrug. Weil sie so schlank und gleichzeitig mit nadelreichen Zweigen umkleidet ist, biegt sie sich unter der weichen Schneelast oft bis auf die Erde und bildet herrliche Bögen in endloser Vielzahl, von denen einige bis zur Schneeschmelze im Frühling überdauern.

WESTLICHE WEYMOUTHKIEFER
(*Pinus monticola*)

Die Weymouthkiefer ist der König der alpinen Wälder, tapfer, zäh, langlebig, sie überragt prachtvoll ihre Gefährten und wird dort stärker und imposanter, wo andere Arten beginnen, sich zusammenzukauern und zu verschwinden. In Bestform ist sie gewöhnlich etwa neunzig Fuß hoch bei einem Durchmesser von fünf, sechs, auch wenn man häufig Exemplare antrifft, die beträchtlich größer sind. Der Stamm ist massiv und erinnert an die dauerhafte Stärke des Eichenstammes. Ungefähr zwei Drittel dieses Stamms sind in der Regel astfrei, doch kommen dichte, ausgefranste Quirle kleiner Zweige vor, vergleichbar jenen, die die kolossalen Schäfte der Sequoien schmücken. Bei Bäumen, die exponierte Stellen an ihrer Obergrenze einnehmen, ist die Borke tief rotbraun und ziemlich tief gefurcht, die Hauptfurchen verlaufen parallel zueinander, durch auffällige Kreuzfurchen verbunden, die mit einer Ausnahme, soweit ich es bemerkt habe, für diese Art bezeichnend sind.

Die Zapfen sind zwischen vier und acht Zoll lang, schlank, zylindrisch, ein wenig gekrümmt und gleichen jenen der gewöhnlichen Strobe[51] an der Atlantikküste. Sie wachsen in Dreier- bis Sechser- oder Siebenergruppen und beginnen meist an der Krümmung der Äste zu hängen, sobald sie schwerer werden.

Diese Gattung ist mit der Zuckerkiefer nahe verwandt und erinnert, obwohl nicht einmal halb so groß, mit ihren lang ausgestreckten Armen und ihrem Habitus an ihren edlen Verwandten. Die Westliche Weymouthkiefer trifft man zuerst am oberen Saum der Tannenzone an, sie wächst dort einzeln in unterwürfiger, unauffälliger Gestalt an scheinbar zufälligen Stellen, ohne im Wald einen besonderen Eindruck zu hinterlassen. Verfolgt man sie durch Drehkiefern in ebendem verstreuten Wuchs weiter hinauf, beginnt sie, ihren Charakter zu offenbaren und erreicht auf einer Höhe von rund 10.000 Fuß ihre nobelste Ausprägung ungefähr in der Mitte der Bergkette. Sie wirft ihre Äste in die frostige Luft, heißt die Stürme willkommen, weidet sich an ihnen und erreicht das großartige Alter von 1000 Jahren.

WESTAMERIKANISCHER WACHOLDER

(*Juniperus occidentalis*)

Der Wacholder ist vornehmlich ein Felsbaum, der die kahlsten Kuppeln und Steinpflaster einnimmt, auf denen in einer Höhe von 7000 bis 9500 Fuß kaum eine Handvoll Erde liegt. An solchen Stellen hat der Stamm nicht selten einen Durchmesser von mehr als achtzig Fuß bei einer nicht wesentlich größeren Höhe. Die Spitze der alten Bäume ist fast immer abgestorben, und prächtige störrische Äste ragen waagrecht heraus, an den Enden meistens abgebrochen und nackt, aber hier und dort mit Hügelchen grauer Belaubung dicht bedeckt und umschlossen. Einige sind bloße verwitterte Stümpfe, so breit wie lang, mit ein paar nadeligen Zweigen dekoriert, und erinnern an die zerfallenden Türme einer alten Burg, die spärlich mit Efeu drapiert sind. Nur an den Oberläufen des Carson habe ich diese Art auf gutem Moränenboden angesiedelt gefunden. Hier gedeiht der Wacholder zusammen mit der Gelbkiefer und der Drehkiefer in großer Schönheit und Üppigkeit und erreicht eine Höhe zwischen vierzig und sechzig Fuß, wobei er nur wenig von der felsigen Kantigkeit sehen lässt, die für den größten Teil seines Gebietes so charakteristisch ist. Zwei der höchsten wuchsen am Anfang des Hope Valley und hatten vier Fuß überm Boden einen Umfang von neunundzwanzig Fuß drei Zoll bzw. fünfundzwanzig Fuß sechs Zoll. Die Borke ist hell zimtfarben und bei gedeihlichen Bäumen schön geflochten und netzförmig, in dünnen glänzenden Bändern abblätternd, die manchmal von den Indianern als Matten für ihre Zelte verwendet werden. Seine hübsche Farbe und malerische Gestalt springen dem Künstler stets ins Auge, mir scheint der Wacholder indes ein besonders trüber und wortkarger Baum zu sein, der nie das Herz anspricht. Ich habe bei jedem Wetter viele Tage und Nächte in seiner Gesellschaft verbracht und ihn immer still, kalt und streng wie eine Eissäule erlebt. Natürlich verhindert seine Gedrungenheit jede Möglichkeit des Wogens oder gar Zitterns; doch es ist nicht seine felsartige Standhaftigkeit, die sein Schweigen ausmacht. An ruhigen Sonnentagen verkündet die Zuckerkiefer ohne ein Blatt zu bewegen die Erhabenheit der Berge.

Auf flachen Felsen stirbt er aufrecht und verschwindet fühllos aus dem Dasein wie Granit, ob lebend oder tot, der Wind hat ihn so wenig in der Gewalt wie einen Findling. Zweifellos sind einige Wacholder mehr als 2000 Jahre alt. Alle Bäume in den alpinen Wäldern leiden mehr oder weniger unter Lawinen, am stärksten die Drehkiefer. Breschen zwischen zweihundert und dreihundert Yard von der oberen Baumgrenze bis hinunter zu den Talgründen und Seebecken sind in allen höheren Wäldern üblich und ähneln den Rodungen der Siedler in den alten *backwoods*. Kaum ein Baum bleibt verschont, selbst wenn der Erdboden abgeschabt ist, und tausende entwurzelter Kiefern und Fichten liegen mit dem Wipfel nach unten übereinandergestapelt und eng gepfercht an den Rändern der Rodung in zwei Schwaden wie Seitenmoränen, die Kiefern mit schlaffen welken Zweigen wie Grashalme. Anders die stämmigen Wacholderbäume. Nachdem sie den Stürmen von vielleicht einem Dutzend oder zwanzig Jahrhunderten still getrotzt haben, scheinen sie in ihrem letzten Verhängnis ein wenig gesprächiger zu werden, indem sie eine höchst unwillige Hinnahme ihres Schicksals signalisieren und sich auf Knien und Ellbogen über dem Boden halten, sich anscheinend höchstens etwas unbehaglich fühlen, wie störrische Ringkämpfer darum bemüht, wieder aufzustehen.

BERG-HEMLOCKTANNE

(*Tsuga Pattoniana*)

Die Berg-Hemlocktanne ist die schönste aller Koniferen in Kalifornien. Ihre Achse ist am Wipfel so schlank, dass sie sich wie der Stengel einer nickenden Lilie beugt und überhängt. Auch die Zweige hängen und teilen sich in unzählige schlanke, wogende Ästchen, die in abwechslungsreicher, beredter Harmonie angeordnet sind — vollkommen unbeschreiblich. Ihre Zapfen sind purpurn und hängen frei an allen Zweigen von der Spitze bis zum Boden in Form kleiner, zwei Zoll langer Quasten. Obwohl ausnehmend zart und weiblich, gedeiht sie dort am besten, wo der Schnee am tiefsten ist, hoch oben in der Sturmregion an den eisigen Nordhängen auf einer Höhe zwischen 9000 und 9500 Fuß. Doch sie ist auch in der Lage, sich weitaus höher anzusiedeln, sagen wir auf 10.500 Fuß. Die größten Exemplare wachsen in geschützten Mulden etwas unterhalb der stärksten Windströmungen und sind zwischen achtzig und hundert Fuß hoch, bei zwei bis vier Fuß im Durchmesser. Das größte von mir gefundene Exemplar hatte vier Fuß über dem Boden einen Umfang von neunzehn Fuß sieben Zoll und stand am Ufer des Lake Hollow, 9250 Fuß über dem Meeresspiegel. Fruchtbar wird sie mit zwanzig oder dreißig Jahren und hängt ihre schönen purpurnen Zapfen an die Spitzen der dünnen Zweige, wo sie frei in der Brise schaukeln und herrlich mit der kaltgrünen Belaubung kontrastieren. Wenn die Zapfen jung sind, schimmern sie durch, von wunderbarer Schönheit. Nachdem sie ausgereift sind, spreizen sie ihre muschelförmigen Schuppen und gestatten den braungeflügelten Samen in die milde Luft zu fliegen, während die leeren Zapfen am Baum bleiben, um ihn bis zur neuen Ernte zu schmücken.

Die Blütenzapfen aller Nadelgehölze sind schön und wachsen in hellen Trauben, gelb, rosa und purpurn. Diejenigen der Hemlocktanne sind jedoch am schönsten, sie bilden kleine Zapfen mit blauen Blüten, jede auf einem dünnen Stengel.

Diese Bäume sind unter allen Bedingungen, geschützt oder sturmgeschüttelt, wohlgenährt oder schlechtgenährt, von einzigartig anmutigem Wuchs. Selbst an ihrer obersten Grenze auf offenen Felskämmen gelingt es ihnen, obwohl in Dickichte gekauert, zusammengedrängt als würden sie sich gegenseitig schützen, ihre Zweige in unverwüstlichem

Liebreiz auszustrecken. Auf zermahlenem Moränenboden entwickelt die Hemlocktanne eine vollkommene Tropenfülle an Belaubung und Frucht und ist der entzückendste Baum im Wald; in dünnem weißen Sonnenlicht, von Kopf bis Fuß mit Zweigen bedeckt, jedoch nicht im Geringsten schwerfällig oder bauschig, ragt sie in unaufdringlicher Majestät, hängend, als sei sie von den aufstrebenden Neigungen ihrer Gattung nicht berührt, den Boden liebend, allerdings offensichtlich des Himmels bewusst und seine Segnungen freudig empfangend, so streckt sie ihre Zweige wie empfindliche Tentakel aus und fühlt das Licht und schwelgt in ihm. Kein anderer unserer alpinen Nadelbäume verhüllt seine Stärke auf so feine Art. Ihre grazilen Zweige geben dem sanftesten Gebirgshauch nach; dennoch hat sie die Kraft, sich den wildesten Sturmausbrüchen zu stellen — stark nicht im Widerstand, sondern in der Willfährigkeit, biegt sie sich schneebeladen bis auf den Grund und akzeptiert würdevoll das Begräbnis Monat um Monat in der Dunkelheit unterm schweren Mantel des Winters.

Wenn der erste sachte Schnee einsetzt, lassen sich die Flocken in den Nadeln nieder und drücken die Zweige gegen den Stamm. Dann biegt sich die Achse allmählich tiefer, bis die schlanke Spitze den Boden berührt, und bildet auf diese Weise einen dekorativen Bogen. Noch immer fällt der Schnee verschwenderisch, und der gesamte Baum wird schließlich verschüttet, um in seinem schönen Grab zu schlafen und zu ruhen als sei er tot. Ganze Wälder junger Bäume zwischen zehn und vierzig Fuß werden auf diese Weise in jedem Winter wie schmale Gräser begraben. Doch wie die Veilchen und Maßliebchen nicht vom schlimmsten Schnee zerquetscht werden, sind auch sie sicher. Es ist, als wäre dies nur die Methode der Natur, ihre Lieblinge in den Schlaf zu bringen, um sie nicht den beißenden Winterstürmen auszusetzen.

Warm eingehüllt warten sie auf die sommerliche Auferstehung. Im Sonnenschein weicht der Schnee auf und gefriert bei Nacht, die Masse wird hart und kompakt wie Eis, so dass man in den Monaten April und Mai mit einem Pferd über die hingestreckten Wälder reiten kann

Tenaya Canyon, Yosemite Valley.

ohne ein einziges Blatt zu sehen. Schließlich befreit sie das einströmende Sonnenlicht. Zuerst erscheinen die elastischen Spitzen der Bögen, dann ein Ast nach dem anderen, der unter leisem Rascheln aufspringt, zum Schluss entkrümmt sich nach und nach mit Hilfe des Windes der gesamte Baum, erhebt sich und nimmt wieder seinen Platz in der warmen Luft ein, trocken und fiederig und frisch wie junge Farnwedel, die sich gerade entrollt haben.

Einige der schönsten Haine, die ich bislang entdeckt habe, befinden sich an den Südhängen des Lassen's Butte. Es gibt auch bezaubernde Trupps an den Oberläufen des Tuolumne, Merced und San Joaquin, und im Allgemeinen ist diese Art dermaßen weit davon entfernt, selten zu sein, dass man beim Durchqueren der Berge, welchen Pass man auch nimmt, kaum Wälder von beträchtlicher Größe verfehlen kann. Daneben wächst die Weymouthkiefer und noch häufiger die Drehkiefer; es gibt jedoch viele schöne Gruppen mit tausend Individuen oder mehr, ohne einen einzigen Eindringling.

Ich wünschte, ich hätte mehr Platz, über die vortreffliche Schönheit dieser hochgeschätzten Tanne zu schreiben. Jeder Baumliebhaber betrachtet sie mit besonderer Bewunderung; selbst gleichgültige Bergsteiger, die nur nach Gold und Wild suchen, halten starrend an, wenn sie ihr zum ersten Mal begegnen, und murmeln: »Das ist ein echt schöner Baum«, und einige fügen hinzu: »ein verd—t schöner!« Im Herbst, wenn die Zapfen reif sind, veranstalten die kleinen Streifenhörnchen, die Douglashörnchen und die Kiefernhäher einen fröhlichen Aufruhr in diesen Wäldern. Das Wild liebt es, unter ihren ausgebreiteten Zweigen zu liegen; helle Bäche vom stets nahen Schnee plätschern durch die Haine und Moosheide breitet kostbare Teppiche in ihrem Schatten aus. Doch die besten Worte können ihren Charme nur andeuten. Kommt in die Berge und seht.

WEISSSTÄMMIGE KIEFER

(*Pinus albicaulis*)

Diese Art stellt in beinahe dem gesamten Bereich der Bergkette auf beiden Seiten den äußersten Rand der Waldgrenze dar. Man begegnet ihr zuerst in Gesellschaft von *Pinus contorta var. Murrayana* am oberen Saum des Waldgürtels, ein aufrechter Baum von fünfzehn bis dreißig Fuß Höhe mit einer Dicke zwischen einem und zwei Fuß; von dort streunt sie die Flanken der Gipfel hinauf, über Moränen und bröckelnde Felssimse, wo immer sie Halt findet, bis in eine Höhe zwischen 10.000 und 12.000 Fuß, wo sie zu einer Masse schrumpeliger, krummer Zweige verzwergt, bedeckt mit schlanken, aufrechten Trieben, jeder mit einem kurzen, dichten Nadelquast versehen. Die Borke ist glatt und hellviolett, an einigen Stellen fast weiß. Die fruchtbaren Zapfen wachsen in steifen Gruppen auf den oberen Ästen, solange jung von der Farbe dunkler Schokolade, und tragen wundervolle perlmuttfarbene Samen in Erbsengröße; die meisten werden von den beiden *tamias*-Arten[52] und dem fleißigen Kiefernhäher gefressen. Die Blütenzapfen erscheinen unter den Nadeln in rund einen Zoll breiten Gruppen, und sobald sie eine helle rosaviolette Farbe haben, nehmen sie ein lebhaftes blütenreiches Aussehen an, das man bei einem solchen Baum kaum erwartet.

Für gewöhnlich betrachtet man Kiefern als himmelsliebende Bäume, die aufstreben oder sterben müssen. Diese Art ist eine bemerkenswerte Ausnahme; in Übereinstimmung mit den strengsten klimatischen Anforderungen kriecht sie niedrig dahin, harrt jedoch tapfer bis zu einem fortgeschritteneren Alter aus als ihre hohen Verwandten in den Sonnengegenden weiter unten. Von Weitem hält man sie gar nicht für einen Baum. Dort drüben, etwa drei Meilen entfernt, ist beispielsweise der Cathedral Peak mit einem versprengten Bewuchs dieser Kiefer, die wie Moos über das Dach und die Kantenbrüche des Nordgiebels kriecht und keinerlei Hinweis auf eine aufrechte Achse gibt. Nähert man sich ihr, erscheint sie noch immer verfilzt und heideartig und ist so niedrig, dass man keine große Schwierigkeit darin sieht, über ihre Wipfel zu laufen. Selten ist sie jedoch vollkommen zu Boden gestreckt und erreicht gewöhnlich eine Höhe von mindestens drei oder vier Fuß, mit einem Hauptstamm und ausgebreiteten Zweigen, die ineinander verflochten sind, als wären sie beim Aufstieg von einer Zimmerdecke gebremst und gezwungen worden, sich waagerecht auszubreiten. Tatsächlich ist der winterliche Schnee solch eine Decke, die ein halbes Jahr bleibt; während heftige Winde, bewaffnet mit fräsenden Sandkörnern, die gedrungene, kahl geschorene Oberfläche noch glatter schleifen, sie drücken jeden Trieb nieder, der sich über das allgemeine Niveau erheben möchte, und schnitzen die toten Stämme und Äste zu schönen Mustern.

Oft habe ich in Sturmnächten unter den verflochtenen Bögen dieser kleinen Kiefer behaglich kampiert. Die Nadeln, die sich in Jahrhunderten angesammelt haben, ergaben ein schönes Bett, eine Tatsache, die auch anderen Kletterern wie Rotwild und wilden Schafen wohlbekannt ist, sie scharren ovale Mulden aus und liegen sicher und in bequemer Geborgenheit unter den größeren Bäumen.

Die Langlebigkeit dieses Gnoms ist größer als man vermuten würde. Hier ist zum Beispiel ein Exemplar, das auf 10.700 Fuß wächst und aussieht, als könne man es an den Wurzeln ausrupfen, denn es hat nur einen Durchmesser von dreieinhalb Zoll, und seine oberste Quaste befindet sich kaum drei Fuß über dem Boden. Schneidet man es zur Hälfte durch und zählt die Jahresringe mit Hilfe einer Lupe, stellt man fest, dass es nicht weniger als 255 Jahre alt ist. Und dort ist ein weiteres aufschlussreiches Exemplar von ungefähr derselben Größe, 426 Jahre alt, sein Stamm hat nur einen Durchmesser von sechs Zoll, und einer seiner biegsamen Zweige, kaum ein Achtel Zoll innerhalb der Borke, ist fünfundsiebzig Jahre alt und dermaßen mit öligem Balsam angefüllt und von Stürmen abgehärtet, dass wir ihn wie eine Peitschenschnur verknoten könnten.

BIEGSAME KIEFER ODER NEVADA-ZIRBELKIEFER

(*Pinus flexilis*)

In den gesamten Rocky Mountains und auf allen höheren Bergketten des Great Basin zwischen den Wahsatch Mountains und der Sierra, wo man sie als Biegsame Kiefer kennt, ist diese Art weit verbreitet. In der Sierra ist sie an der Ostseite, vom Bloody Cañon südwärts bis zur Grenze des Gebirges, gegenüber der Stadt Lone Pine, spärlich versprengt und stellt nirgends einen nennenswerten Teil des Waldes dar. Sie scheint aufgrund ihres besonderen Standorts in lockeren, verstreuten Gemeinschaften aus den Bergen des Basin nach Osten gekommen zu sein, wo es sie im Überfluss gibt.

Sie ist größer als die Weißstämmige Kiefer. Bei rund 9000 Fuß überm Meeresspiegel erreicht sie oft eine Höhe von vierzig bis fünfzig und einen Durchmesser zwischen drei und fünf Fuß. Die Zapfen öffnen sich großzügig, sobald ausgereift, und sind doppelt so lang wie jene der *albicaulis*. Die Belaubung und die Zweige sind offener und neigen dazu, in freien wilden Bögen zu schaukeln wie die einer Weymouthkiefer, mit der sie eng verwandt ist. Man findet sie selten unterhalb von 9000 Fuß, doch es drängt sie weiter hinauf über die rauhesten Felssimse bis zur äußersten Grenze des Baumwuchses, wo sie in ihrer verzwergten, sturmbedrängten Gestalt eher der weißstämmigen Art gleicht.

In Utah und Nevada ist sie eines der wichtigsten Nutzhölzer, große Mengen werden jedes Jahr für die Minen gefällt. Der bekannte White Pine Mining District, White Pine City und die White Pine Mountains haben ihre Namen von diesem Baum abgeleitet.[53]

DIE GRANNENKIEFER
(*Pinus aristata*)

In der Sierra beschränkt sich diese Art auf den südlichen Teil der Bergkette an den Oberläufen des Kings River und des Kern River, wo sie ausgedehnte Wälder bildet und an einigen Stellen die Weißstämmige Kiefer zur Grenze des Baumwachstums begleitet.

Man trifft sie zuerst auf einer Höhe zwischen 9.000 und 10.000 Fuß an, aber sie steigt bis 11.000 Fuß hinauf, ohne dass sie sehr unter dem Klima oder dem mageren Boden zu leiden scheint. Sie ist ein viel hübscherer Baum als die Weißstämmige Kiefer. Sie wächst nicht im Pulk und in niedrigen, heideähnlichen Matten, sondern schafft es irgendwie, eine aufrechte Haltung zu erlangen und steht gewöhnlich einzeln. Wo die jungen Bäume geschützt sind, wachsen sie gerade und pfeilförmig mit einem herrlich sich verjüngenden Stamm und aufstrebenden

Zweigen, an deren Spitzen sich glänzende Flaschenbürstenquasten befinden. Im mittleren Alter sind gewisse Äste spezialisiert und weit ausgestreckt, um die Zapfen in Zuckerkiefermanier zu tragen; im Alter hängen diese Zweige und werfen sich in alle Richtungen, wodurch sehr malerische Wirkungen entstehen. Der Stamm wird dunkelbraun und rauh, wie jener der Weymouthkiefer, während die jungen, in den höheren Ästen gruppierten Zapfen eine seltsame, matte, schwarzblaue Farbe haben. Im reifen Zustand sind sie zwischen drei und vier Zoll lang, gelblich braun und ähneln in allem den Zapfen der Weymouthkiefer. Von der Zuckerkiefer abgesehen, ist kein anderer Baum der Berge zu solch individuellem Ausdruck fähig, obwohl die Anmut ihrer Gestalt und Bewegung stets an die Hemlocktanne erinnert.

Das größte von mir vermessene Exemplar hatte einen Durchmesser von etwas mehr als fünf Fuß und eine Höhe von neunzig Fuß, doch ist dies mehr als das Doppelte des Üblichen.

Diese Art kommt überall in den Rocky Mountains und in den meisten kleineren Höhenzügen des Großen Beckens vor, wo man sie wegen ihrer langen dichten Nadelquirle »Fuchsschwanz-Kiefer« nennt. Auf den Bergen von Hot Creek, White Pine und Golden Gate ist sie überaus zahlreich. Ungefähr achtzehn Zoll der Astenden sind dicht mit steif aufragenden Nadeln bedeckt, die wie ein elektrisierter Fuchs- oder Eichhörnchenschwanz abstehen. Die Nadeln haben einen schimmernden Glanz, und wenn das Sonnenlicht hindurchrieselt, brennen sie silbern strahlend, während ihre Anzahl und ihr biegsames Naturell sich vergnüglich dem Wind mitteilen. Dort ist dieser Baum origineller und malerischer als in der Sierra und übertrifft in dieser Hinsicht nicht nur seine benachbarten Koniferen bei weitem, sondern auch die bekanntesten Eichen des Flachlands. Einige stehen stramm aufrecht, mit glänzenden Quasten bis zum Boden, und bilden schlanke, zugespitzte Türme leuchtenden Grüns; andere nehmen die Gestalt schön verzierter Kreuze an, mit zwei oder drei spezialisierten Zweigen, die im rechten Winkel aus dem Stamm ragen und dicht mit

Zweigen voller Quasten bekleidet sind. In demselben Wald findet man zudem aus verschiedenen Stämmen bestehende Bäume, die nahe am Boden vereint sind und sich an den Seiten in einfacher Parallele zur Achse des Berges ausbreiten; die eleganten Quasten hängen in bezaubernder Ordnung zwischen ihnen und ergeben eine Harfe, die in die vornehmliche Windrichtung gehalten wird, wo sie höchst wirkungsvolle Sturmharmonien spielen. Daneben gibt es unterschiedliche Bogenformen, allein oder in Gruppen, deren zahllose Quasten unterhalb der Bögen hängen oder darüber abstehen; und viele bescheidene Giganten ohne besondere Form, die tausend Jahren Sturm getrotzt haben. Ob nun alt oder jung, geschützt oder wilden Stürmen ausgesetzt, dieser Baum ist immer unbezwinglich und außerordentlich malerisch und bietet dem Künstler eine reichere Gestaltenvielfalt als jeder andere Nadelbaum, den ich kenne.

NUSSKIEFER
(*Pinus monophylla*)

Die Nusskiefer bedeckt oder vielmehr besprenkelt die Ostflanke der Sierra, auf die sie mehr oder weniger beschränkt ist, mit grauen, strauchartigen Flecken vom Rande der Salbeiebenen bis in 7000 oder 8000 Fuß hinauf.

Ein zufriedener fruchttragender und unstrebsamer Nadelbaum lässt sich nicht denken. Alle Arten, die wir bisher skizziert haben, weichen mehr oder weniger stark von der typischen Turmform ab, keine jedoch geht soweit wie diese. Ohne sichtbare Notwendigkeit wegen des Klimas oder Bodens bleibt sie dicht am Grund, streckt krumme, unterschiedliche Äste wie ein Apfelbaum im Obsthain aus und lässt einen einzelnen Trieb selten höher als fünfzehn oder zwanzig Fuß über dem Boden aufschießen.

Die durchschnittliche Dicke des Stammes beträgt rund zehn bis zwölf Zoll. Die Nadeln stehen meist einzeln, wie runde Ahlen, statt wie bei anderen Kiefern zu zwei oder drei oder fünf gebündelt zu sein. Die Zapfen sind während des Wachstums grün, man findet sie am gesamten Baum, und gegen die blaugraue Belaubung bilden sie ein sehr charakteristisches Merkmal. Sie sind ziemlich klein, nur etwa zwei Zoll lang, und verheißen keine essbaren Nüsse; doch wenn wir sie öffnen, entdecken wir, dass etwa die Hälfte der Zapfenmasse aus süßen, nahrhaften Samen besteht, deren Kerne beinahe so groß wie eine Haselnuss sind.

Zweifellos ist dies der wichtigste Nahrungsbaum in der Sierra, er versorgt die Indianer am Mono, Carson und Walker River mit mehr und mit besseren Nüssen als alle anderen Arten zusammen. Dieser Baum gehört den Indianern, und sie haben viele weiße Männer getötet, weil sie ihn fällten.

Die Natur scheint in ihrer Entwicklung darauf gezielt zu haben, eine möglichst große fruchttragende Oberfläche zu formen. Die Zapfen hängen so niedrig und erreichbar, dass man sie bequem mit Stangen herunterschlagen kann, und die Nüsse erhält man, indem man sie röstet, bis sich die Schuppen öffnen. In fetteren Jahreszeiten sammelt ein einziger Indianer dreißig oder vierzig Scheffel — eine hübsche eichhörnchenhafte Beschäftigung.

Von allen Nadelbäumen am östlichen Sockel der Sierra und auf den Berggruppen und kurzen Höhenzügen des Great Basin ist diese kleine nahrhafte Kiefer der alltäglichste Baum und der wichtigste. Er wächst auf beinahe jedem Berg bis in 8000 oder 9000 Fuß hinauf. Manche sind vom Sockel bis zum Gipfel nur mit dieser Art bedeckt, und ihre seltsamen Wälder, die von weitem dunkel aussehen, obwohl sie fast schattenlos sind und über keine jener klammen, belaubten, für andere Kiefernwälder so bezeichnenden Schluchten und Mulden verfügen, werden auf den unteren Hängen bloß spärlich vom Wacholder durchbrochen. Zehntausende Morgen kommen in kontinuierlichen Gürteln vor. Tatsächlich scheint das gesamte Becken bei umfassender Betrachtung ziemlich gleichmäßig in flache, mit Salbeibüschen gefleckte Ebenen und mit Nusskiefern bedeckte Bergketten unterteilt zu sein. Kein Hang ist zu schroff, keiner zu trocken für diese spendablen Fruchtgärten des roten Mannes.

Der Wert dieser Art für Nevada kann kaum überschätzt werden. Sie liefert Holzkohle und Bauholz für die Minen und versorgt, gemeinsam mit dem Wacholder, die Ranchen mit Brennstoff und groben Umzäunungen. In fruchtbaren Jahreszeiten ist die Nussernte vielleicht größer als die kalifornische Weizenernte, die soviel Einfluss auf die Weltnahrungsmittelmärkte ausübt. Wenn die Ernte reif ist, bereiten die Indianer ihre langen Schlagstangen vor; Beutel, Körbe, Matten und Säcke werden zusammengetragen; die Frauen, die draußen bei den Siedlern waschen oder schuften, versammeln sich bei den Hütten der Familien; die Männer verlassen ihre Arbeit auf der Ranch; Alte und Junge sitzen auf Ponys und brechen fröhlich ins Nussland auf, wobei sie seltsam malerische Kavalkaden bilden; lose fließen leuchtende Tücher und Kalikoröcke[54] über die knorrigen Ponys, auf jedem meist zwei Squaws mit Säuglingen, die umwickelt in Körben über ihren Rücken geschlungen oder auf dem Sattelknauf balanciert werden; während Nusskörbe und Wasserkrüge sich an beiden Seiten wölben und die langen Schlagstangen in alle Richtungen abstehen. Dann beginnt das lustige Schlagen, überallhin fliegen die Zapfen, rollen die Hänge hinab, landen hier und dort an Felsen und Salbeibüschen, gejagt und gesammelt von den Frauen und Kindern in schönem natürlichen Frohsinn. Schnell bezeichnen Rauchsäulen die freudige Szene ihrer Bemühungen, wenn die Röstfeuer entzündet werden; und abends, wenn sich alle in fröhlicher Runde geschwätzig wie Häher versammeln, beginnt das erste Nussfest der Saison.

Die Nüsse sind etwa einen halben Zoll lang bei einem Durchmesser von einem Viertel Zoll, oben spitz, rund an der Basis, im Allgemeinen hellbraun und wie viele andere Kiefernsamen hübsch violett gefleckt wie Vogeleier. Die Schalen sind dünn und können zwischen Daumen und Zeigefinger zerdrückt werden. Die Kerne sind weiß, werden beim Rösten braun, sind für jeden Gaumen süß und werden von Vögeln, Hörnchen, Hunden, Pferden und Menschen gegessen. Vielleicht wird bei der Ernte nur ein Scheffel von tausend aufgeklaubt. Dennoch bringen die Indianer in Zeiten der Fülle, neben der Versorgung ihrer eigenen Bedürfnisse, große Mengen auf den Markt; denn werden sie an beinahe jedem Lagerfeuer im Staat gegessen und zuweilen sogar an Pferde statt Gerste verfüttert.

Von den anderen Bäumen, die in der Sierra wachsen, jedoch bloß einen sehr kleinen Teil des Waldes ausmachen, können wir nur kurz die folgenden nennen:

Chamæcyparis Lawsoniana[55] ist ein herrlicher Baum der Küstengebirge, in der Sierra jedoch selten. Man findet ihn eigentlich nur an den Ufern der kühlen Flüsse des oberen Sacramento in Richtung Mount Shasta. Soweit ich es gesehen habe, haben bisher nur ein paar Bäume dieser Art einen Platz in den Wäldern der Sierra erlangt. Offensichtlich kam er über die miteinander verflochtenen Berge am oberen Ende des Sacramento Valley aus dem Küstengebirge.

In schattigen Tälern und an kühlen Uferbänken der nördlichen Sierra finden wir auch die Pazifische Eibe (*Taxus brevifolia*).

Die interessante Kalifornische Nusseibe (*Torreya Californica*) ist spärlich an der Westflanke der Berge auf einer Höhe von rund 4000 Fuß verbreitet, zumeist in Schluchten und Cañons. Sie ist ein kleiner, spitznadliger, glänzender immergrüner Baum wie die Koniferen, zwischen zwanzig und fünfzig Fuß hoch, ihr Durchmesser beträgt ein bis zwei Fuß. Die Frucht ähnelt einer Reineclaude und enthält einen einzigen Samen, der groß wie eine Eichel ist und einer Muskatnuss gleicht, daher der Name. Das Holz ist fein gemasert und hat eine schöne, sahnegelbe Farbe wie der Buchsbaum, süßduftend wenn trocken, obwohl die grünen Nadeln einen unangenehmen Geruch verströmen.

Betula occidentalis, die Wasserbirke, ist ein kleiner schlanker Baum, der nur an der Ostflanke der Berge an Flussufern unterhalb des Kieferngürtels vorkommt, vor allem im Owen's Valley.

Erle, Ahorn und Nuttalls Blüten-Hartriegel erschaffen schöne Lauben über raschen, kühlen Flüssen in 3000 bis 5000 Fuß Höhe, mal mehr, mal weniger mit Weiden und Pappeln durchsetzt; und weiter oben bildet die Espe dekorative Haine in den Becken der Seen und lässt ihr Licht während der Herbstmonate wunderbar erstrahlen.

Die Steinfruchteiche (*Quercus densiflora*) scheint aus dem Küstengebirge rund um das obere Ende des Sacramento Valley eingewandert zu sein wie die *Chamæcyparis*, doch sobald sie sich am unteren Saum des Kieferngürtels südwärts ausbreitet, wird sie kleiner, bis sie schließlich zu einem bloßen Chaparral-Busch verzwergt. In den Bergen an der Küste ist sie ein schöner, hoher, recht schlanker Baum, rund sechzig bis fünfundsiebzig Fuß hoch, und wächst zusammen mit der großartigen *Sequoia sempervirens* bzw. dem Rotholz. Doch leider ist sie allzu kostbar und wird jetzt wegen der Gerberlohe[56] rasch vernichtet.

Neben der gewöhnlichen Blaueiche[57], der großen *Quercus Wislizeni* in den Gebirgsausläufern und verschiedenen kleinen, die einen dichten Chaparral ergeben, existieren zwei Gebirgseichen, die mit den Kiefern bis in eine Höhe von rund 5000 Fuß wachsen und die Schönheit der Yosemite-Parks erheblich verstärken. Es handelt sich um die Immergrüne Cañon-Eiche (*Quercus Chrysolepis*) und die Kalifornische Schwarzeiche (*Quercus Kelloggii*), die zu Ehren des vortrefflichen kalifornischen Botanikpioniers[58] so genannt wurde. Die Schwarzeiche ist ein kräftiger, heller, schöner Baum mit ausladenden Ästen, der bei vier bis sieben Fuß Durchmesser eine Höhe von sechzig Fuß erreicht und auf 3000 bis 5000 Fuß in sonnigen Tälern und Ebenen zwischen Immergrün wächst und weiter oben in verzwergter Gestalt. In den klippenumsäumten Parks auf rund 4000 Fuß Höhe ist sie so zahlreich und effektvoll, dass man sie auch die Yosemite-Eiche nennen könnte. Im Frühling erzeugen die Blätter wundervolle purpurne Massen und im reifen Herbst gelbe; ihre Eicheln werden von Indianern, Hörnchen und Spechten begierig aufgesammelt. Die Cañon-Eiche ist ein zäher, schroffer Kletterer von Baum, sie wächst kühn und erreicht noble Ausmaße auf den rauhsten Erdbeben-Schuttkegeln in tiefen Cañons und Yosemitetälern. Ihr Stamm ist gewöhnlich kurz, teilt sich nahe über dem Boden in große, ausladende Äste, und diese wiederum teilen sich in eine Vielzahl schlanker Zweige, die oft kordelartig geformt sind und auf den Boden hängen wie bei der Kalifornischen Weißeiche (*Q. lobata*) im Flachland. Ihr geräumiger Wipfel ist breit und gewölbt, dicht mit schimmernden Blätter bedeckt, die ein herrliches Kronendach erschaffen; das komplizierte System grauer, miteinander verflochtener, gebogener Äste ist von unten betrachtet überaus reich und malerisch. Kein anderer Baum, den ich kenne, verzwergt unter Klimaveränderungen wegen Höhenveränderungen so regelmäßig und vollständig. Am Ende eines Cañons 4000 Fuß überm Meer kann man prachtvolle, fünfzig Fuß hohe Exemplare dieser Eiche finden, mit zerklüfteten ausbauchenden Stämmen von fünf bis sieben Fuß Durchmesser, und am Anfang dieses Cañons, 2500 Fuß weiter oben, einen dichten, sanften, strauchigen Bewuchs derselben Art, so dass man den ganzen Weg den Cañon hinauf eine perfekte Abstufung zwischen den Größenextremen verfolgen kann. Die größte, die ich sah, maß fünfzig Fuß in der Höhe bei einem Durchmesser von acht Fuß und etwa fünfundsiebzig in der Breite. Ihr Stamm bestand nur aus Knoten und Streben, grau wie Granit, und war beinahe ebenso kantig und unregelmäßig wie die Felsbrocken, auf denen sie wuchs — ein Muster unerschütterlicher, unbedrängbarer Stärke.

KAPITEL IX

Das Douglashörnchen

(Sciurus Douglasii)

Das Douglashörnchen ist das bei weitem interessanteste und prägendste der kalifornischen *sciuridæ*[59], es übertrifft alle anderen Arten an Charakterstärke, Anzahl, Vorkommen und Einfluss auf die Gesundheit und Verbreitung der von ihm bewohnten ausgedehnten Wälder.

Wohin man sich in den noblen Gehölzen der Sierra Nevada auch wendet, unter die riesigen Kiefern und Fichten der tieferen Zonen, hinauf durch die ragenden Grautannen zu den sturmgebeugten Dickichten der Gipfel, überall findet man dieses Hörnchen als vorherrschendes Wesen. Obwohl nur einige Zoll lang, ist sein feuriger Elan und seine Rastlosigkeit so stark, dass es jeden Hain mit wildem Leben aufrührt und sich wichtiger tut als die großen Bären, die durch das Gestrüpp unter ihm schlurfen. Jeder Wind wird von seiner Stimme durchbrochen, fast jeder Stamm und Ast fühlt den Stich seiner scharfen Füße. Es ist nicht leicht in Erfahrung zu bringen, wie sehr das Wachstum der Bäume dadurch stimuliert wird, spürbarer hingegen ist sein Einfluss auf deren Samen. Die Natur hat es zum Oberförster ernannt und seinen Pfoten die meisten Koniferenfrüchte anvertraut. Wahrscheinlich werden mehr als fünfzig Prozent aller in der Sierra gereiften Zapfen nur vom Douglashörnchen abgetrennt und bearbeitet, und von denen der Mammutbäume gehen wohl neunzig Prozent durch seine Hände: Natürlich wird der größte Teil als Nahrung gelagert, um durch den Winter und das Frühjahr zu kommen, einiges allerdings wird getrennt davon in lose bedeckte Löcher gestopft, wo ein paar Samen auskeimen und zu Bäumen werden. Die Sierra ist nur eine von vielen Provinzen, über die es herrscht, denn sein Reich er-

Pohona, Yosemite Valley.

streckt sich über den gesamten Rotholz-Gürtel der Coast Mountains und weiter in den Norden durch die majestätischen Wälder Oregons, Washingtons und British Columbias. Ich beeile mich, diese Fakten zu erwähnen, um darzulegen, auf welch beträchtlicher Grundlage die Bedeutung, die ich ihm zuschreibe, beruht.

Das Douglas ist nahe mit dem Rothörnchen oder Chickaree der Wälder im Osten verwandt. Es könnte ein direkter Abkömmling dieser Art sein, die sich über die Great Lakes und die Rocky Mountains westwärts zum Pazifik und von dort nach Süden unsere bewaldeten Gebirgsketten entlang ausgebreitet hat. Diese Auffassung legt die Tatsache nahe, dass unsere Art im Allgemeinen umso roter und Chickaree-ähnlicher wird, je weiter man es auf der beschriebenen Route zurückverfolgt. Doch wie auch immer seine Verwandtschaft ist und welche evolutionären Kräfte eingewirkt haben mögen, das Douglas ist heute das größere und schönere Tier.

Von der Nase bis zur Schwanzwurzel misst es rund acht Zoll; und sein Schwanz, den es für den Ausdruck seiner Gefühle wirkungsvoll einsetzt, hat eine Länge von etwa sechs Zoll. Es trägt dunkles Blaugrau am Rücken und bis zur Hälfte seiner Flanken, helle Lederfarbe am Bauch, mit einem Streifen dunklen, fast schwarzen Graus, das die obere Farbe von der unteren trennt; allerdings ist diese Scheidelinie nicht sehr scharf umrissen. Es hat lange Schnurrhaare, die ihm bei genauer Betrachtung ein eher verwegenes Aussehen verleihen, starke Krallen, scharf wie Angelhaken, und die hellsten aller wachen Augen voll nachdenklicher Beredtheit.

Ein Indianer am King's River hat mir erzählt, dass sie es »Pillillooeet« nennen, was rasch ausgesprochen mit starker Betonung auf der ersten Silbe seinem fröhlichen Ausruf nicht unähnlich ist, wenn es aufgeregt einen Baum erklimmt. Die meisten Bergsteiger in Kalifornien nennen es Pine Squirrel, Kiefernhörnchen; und als ich einen alten Trapper fragte, ob er unseren kleinen Förster kennt, antwortete er mit strahlendem Gesichtsausdruck: »Oh, klar kenn' ich ihn. Jeder kennt ihn. Wenn ich in den Wäldern jagen geh, weiß ich oft, wo das Wild is', weil er's anbellt. Ich nenn' sie Blitzhörnchen, weil sie so verdammt flink und forsch sind.«

Alle echten Hörnchen sind mehr oder weniger vogelähnlich in ihrer Schnelligkeit und ihren Bewegungen; doch das Douglas tut sich dabei besonders hervor, weil es jede typisch hörnchenhafte Eigenart in enthusiastisch verdichteter Form besitzt. Es ist das Hörnchen der Hörnchen, es flitzt von Ast zu Ast auf seinen liebsten immergrünen Bäumen, frisch und glänzend und unverkränkelt wie ein Sonnenstrahl. Gebt ihm Flügel und es würde jeden Vogel in den Wäldern überholen. Sein großer grauer Cousin ist beweglicher, scheinbar leicht genug, um im Wind zu schweben; doch wenn er von Ast zu Ast springt oder aus einem Baumwipfel in den anderen, ruht er manchmal kurz, um Kraft zu sammeln, als bemühe er sich um ein Ergebnis, mit dem er nicht immer ganz zufrieden ist. Das Douglas hingegen mit seinem gedrungeneren Körper springt und gleitet in verborgener Stärke, scheinbar von gewöhnlichen Muskeln unabhängig wie ein Gebirgsbach. Es windet sich durch die bequasteten Kiefernzweige und schüttert an den Nadeln wie eine raschelnde Brise; jetzt schießt es über die Lichtungen wie ein Pfeil, jetzt flitzt es in Kurven, schimmert flink in abruptem Zickzack von der einen Seite zur anderen und wirbelt in schwindelerregenden Schleifen und Spiralen um die knorrigen Baumstämme; gerät ohne Sinn für Gefahren in die scheinbar unmöglichsten Situationen; mal auf seinem Gesäß, mal auf dem Kopf, jedoch stets voller Anmut; und versieht seine unbändigsten Energieausbrüche in vollkommener Ruhe mit kleinen Punkten und Strichen. Es ist das ausnahmslos wildeste Tier, das ich jemals gesehen habe — ein hitziger, überbordender Blitzstrahl aus Leben, der in flüchtigem Sauerstoff und den besten Säften des Waldes schwelgt. Man kann sich kaum vorstellen, dass ein solches Geschöpf, wie wir anderen, von Klima und Nahrung abhängig ist. Doch zuletzt bedarf es keiner langen Bekanntschaft, um zu erfahren, dass es menschlich ist, denn es arbeitet für seinen Lebensunterhalt. Die geschäftigste Zeit ist der Indianersommer. Dann sammelt es Zapfen und Haselnüsse wie ein sich abplackender Farmer und arbeitet stundenlang jeden Tag; es spricht kein Wort; schneidet die reifen Zapfen in Höchstgeschwindigkeit, als wäre es dazu eingestellt worden, und prüft jeden Zweig ordentlich, als gäbe es acht, dass ihm nicht ein einziger entgeht; beim Abstieg verstaut es sie dann unter Kloben und Stubben, in Vorwegnahme des kneifenden Hungers der Wintertage. Es scheint selbst eine Art Frucht der Nadelbäume zu sein — Frucht und Blüte. Die harzigen Essenzen der Kiefern durchdringen jede Pore seines Körpers, und sein Fleisch zu essen ist wie Kaugummi kauen.[60]

Man wird dieses hellen Splitters der Natur — dieses wackeren kleinen Rufers in der Wildnis — nicht müde, seine allerhand Werke und

Wege zu beobachten, seiner seltsamen Sprache zu lauschen. Das melodiöse Kieferngeplauder schmeckt dem Ohr wie Balsam dem Gaumen; und obwohl es nicht unbedingt die Gabe des Liedes besitzt, sind einige seiner Töne so süß wie die eines Hänflings — beinahe sanft flötend, indes andere wie Disteln prickeln und stechen. Es ist die Spottdrossel unter den Hörnchen; verströmt wie ein ewiger Quell eine Mischung aus Geplapper und Gesang; bellt wie ein Hund, schreit wie ein Falke, zwitschert wie Amsel oder Sperling; in dreistem, frechem Lärm ist es allerdings ein echter Häher.

Wenn es einen Baumstamm hinabklettert mit der Absicht, auf dem Boden zu landen, wahrt es vorsichtige Stille, vielleicht wegen der Füchse und Wildkatzen; doch wenn es in den heimatlichen Kiefernwipfeln schaukelt, finden seine Kapriolen und sein Geschrei kein Ende; und wehe dem Grauhörnchen oder Chipmunk, das es wagt, seinen Lieblingsbaum zu betreten! Wie schlau auch immer sie den Furchen der Rinde nachspüren, sie werden rasch entdeckt und mit drolligem Ungestüm hinuntergetreten, wobei sich eine Sturzflut verärgerter Laute über seine bärtigen Lippen ergießt, die sich erstaunlich nach Flüchen anhören. Manchmal versucht es sogar, Hunde und Menschen zu vertreiben, vor allem, wenn es sie vorher noch nicht kannte. Sieht es einen Menschen zum ersten Mal, nähert es sich bis auf ein paar Schritte und stürmt dann mit einem Wutausbruch plötzlich vorwärts, nur Zähne und Augen, als wollte es einen auffressen. Stellt es aber fest, dass sich das riesige gezwieselte Tier nicht erschreckt, tritt es klugerweise den Rückzug an, stellt sich spähend auf einen überhängenden Ast und prüft jede deiner Bewegungen mit albernem Ernst. Wenn es wieder Mut gefasst hat, wagt es sich erneut zirpend und piepsend den Stamm hinunter, ruckt in kuriosen Schleifen nervös auf und ab und beobachtet dich die ganze Zeit, als würde es posieren und deine Bewunderung heischen. Schließlich beruhigt es sich, setzt sich in bequemer Haltung auf einen waagrechten Ast, der einen guten Ausblick gewährt, und schlägt mit seinem Schwanz den Takt zu einem ständigen »Chee-up! chee-up!« oder, sobald etwas weniger aufgeregt, einem »Pee-ah!« mit starker Betonung auf der ersten Silbe und einer wie ein Falkenschrei langgezogenen zweiten Silbe — dies wiederholt es zunächst langsam und emphatischer, dann allmählich schneller, bis es 150 Worte in der Minute erreicht; dabei sitzt es gewöhnlich auf dem Gesäß, die Pfoten über der Brust ruhend, die bei jedem Wort sichtbar bebt. Es ist bemerkenswert, dass es trotz deutlicher Aussprache seine Schnauze die meiste Zeit geschlossen hält und durch die Nase redet. Ich habe zuweilen beobachtet, wie es Mammutbaumsamen verspeist oder einen lästigen Floh aufknabbert, ohne einen Augenblick mit seinem »Pee-ah! pee-ah!« aufzuhören oder sich verwirren zu lassen.

Beim Erklimmen der Bäume kommen alle seine Klauen ins Spiel, beim Abstieg indes tragen hauptsächlich die Hinterfüße das Gewicht des Körpers; obwohl seine Bewegungen in keinem Fall den Eindruck einer Anstrengung machen, kann man sehen, wenn man nahe genug ist, wie die kurzen, bärenähnlichen Arme vor Kraft anschwellen und die sehnigen Fäuste sich in die Rinde krallen.

Ob nun beim Aufstieg oder Abstieg, es trägt den Schweif voll ausgestreckt in einer Linie mit dem Körper, es sei denn, er wird zum Gestikulieren benötigt. Rennt es hingegen über horizontale Äste oder umgestürzte Stämme, ist er meist nach vorn über den Rücken geklappt, die leichte Spitze anmutig aufwärts gebogen. Bei kaltem Wetter hält der Schwanz es warm, dann kann man es, nach beendeter Mahlzeit, dicht zusammengekauert auf einem geraden Ast finden, die Schwanz-Robe säuberlich bis zu den Ohren ausgebreitet, und die elektrisierten, abstehenden Haare zittern im Wind wie Kiefernnadeln. Bei nassem oder sehr kaltem Wetter bleibt es jedoch in seinem Nest, dort eingerollt ist seine Decke lang genug, um über die Nase gezogen zu werden. Allerdings ist es selten einmal so kalt, dass es daran gehindert wird, zu den Vorräten zu gehen, wenn es hungrig ist.

Einmal war ich am Mount Shasta am oberen Rand der Waldgrenze im Sturm gefangen,[61] das Thermometer fast bei Null und der Himmel voll dichtem Schneetreiben, da kam ein Douglas mehrere Male tapfer aus einem der niedrigen Löcher in einer Weißstämmigen Kiefer nahe meinem Lager, wandte sich gegen den Wind anscheinend ohne viel zu spüren, tollte leicht über den mehligen Schnee und grub sich mit wunderbarer Präzision den Weg zu einigen versteckten Samen, als wäre die dicke Schneedecke für seine Augen aus Glas.

Kein mir bekanntes Tier der Sierra steht besser im Futter, nicht einmal das Rotwild inmitten der Fülle süßer Kräuter und Sträucher oder das Bergschaf oder die allesfressenden Bären. Seine Nahrung besteht aus Grassamen, Beeren, Haselnüssen, Goldschuppenkastanien und den Nüssen und Samen ausnahmlos aller Nadelbäume — Kiefer, Tanne, Fichte, Zeder, Wacholder und Sequoie —, es liebt sie alle und alle sagen ihm zu, ob grün oder reif. Kein Zapfen ist ihm zu groß, um ihn zu bewältigen, keiner zu klein, um nicht der Beachtung wert zu sein. Den kleineren, zum Beispiel jenen von Hemlocktanne, Douglasie und Drehkiefer, erlaubt es nicht, zu Boden zu fallen, es nagt sie ab und frisst sie gleich auf dem Ast; es beginnt an der Basis der Zapfen und schält die Schuppen, um die Samen freizulegen; nagt sie nicht wie Bären nach Belieben, sondern wendet sie entsprechend der spiralförmigen Anordnung gleichmäßig herum.

Wenn es auf diese Weise beschäftigt ist, verrät ein Getröpfel von Schuppen, Schalen und Samenflügeln und alle paar Minuten der Fall einer geschälten Zapfenachse seinen Standort. Dann ist es natürlich für die nächste bereit, und wenn man genau hinschaut, kann man einen Blick auf das Hörnchen erhaschen, wie es leise zum Ende eines Zweiges schlüpft und die Zapfengruppen untersucht, bis es einen nach seinem Sinn findet; dann lehnt es sich darüber, biegt die elastischen Nadeln zur Seite, packt den Zapfen mit seinen Pfoten, damit er nicht hinunterfällt, trennt ihn in unglaublich kurzer Zeit ab, schnappt ihn mit grotesk gedehntem Maul und kehrt zu dem erwählten Sitz nahe des Stamms zurück. Die gewaltige Größe der Zuckerkieferzapfen — zwischen fünfzehn und zwanzig Zoll Länge — und der Zapfen der

Jeffreys-Kiefer zwingen es, eine vollkommen andere Methode anzuwenden. Es trennt sie ab, ohne sie festzuhalten, steigt dann herunter und schleppt sie von dort, wohin sie zufällig fielen, zu dem nackten Bodengefälle rings um den Fuß des Baumes; hier zerlegt es sie in derselben methodischen Weise, zunächst an der Unterseite, dann an den Schuppenspiralen hinauf bis zur Spitze.

Ein einziger Zapfen der Zuckerkiefer liefert ihm zwischen zwei- und vierhundert Samen, die halb so groß wie Haselnüsse sind, so dass es sich in wenigen Minuten genug beschaffen kann, um über die Woche zu kommen. Es scheint allerdings die Zapfen von Pracht-Tanne und Koloradotanne allen anderen vorzuziehen, vielleicht weil sie am leichtesten zu beschaffen sind, da die Schuppen abfallen, sobald sie reif sind, und nicht zerschnitten werden müssen. Beide Arten sind mit einem äußerst kräftigen, aromatischen Öl angefüllt, das sein Fleisch würzt und allein ausreicht zur Erklärung seiner blitzartigen Energie.

Man erkennt diesen kleinen Arbeiter sehr leicht an seinen Splittern. Sie liegen in großen Haufen an den sonnigen Hügellehnen um die wichtigsten Bäume herum — scheffelweise und Körbevoll, alle frisch und sauber, die schönsten Küchenabfälle, die man sich vorstellen kann. Die braunen und gelben Schuppen und Nussschalen sind so zahlreich und so herrlich gezeichnet und getönt wie Muscheln am Meeresstrand; die untergemischten roten und violetten Samenflügel verführen einen hingegen zu der Vorstellung, dass unendlich viele Schmetterlinge dort ihr Schicksal gefunden haben.

Es labt sich an allen Arten lange bevor sie reif sind, ist aber schlau genug, bis zur Vollreife zu warten, ehe es sie in seine Scheunen einbringt. Dies geschieht im Oktober und November, seinen beiden geschäftigsten Monate des Jahres. Alle Arten von Zapfen, große und kleine, werden abgeschnitten, sie regnen herunter und bedecken rasch den Boden. Das Bumsen und Aufprallen nimmt kein Ende; einige der größeren Zapfen, die auf alte Stämme fallen, lassen den Wald widerhallen. Andere, weniger fleißige Nussfresser wissen genau, was vor sich geht, und beeilen sich, die herunterfallenden Zapfen wegzuschaffen. Der Schnitter kann noch so beschäftigt sein, er entdeckt die Diebe sofort und verlässt seine Arbeit, um sie zu vertreiben. Das kleine Streifenhörnchen ist ihm ein Dorn im Auge, und weil es fortwährend stiehlt, bestraft er es, wo er nur kann. Auch das große Grauhörnchen macht Scherereien, obwohl das Douglas beschuldigt wurde, von ihm zu stehlen. Für gewöhnlich ist jedoch das Gegenteil der Fall.

Die Vortrefflichkeit des Sierra-Immergrüns ist bei Sämereienhändlern auf der ganzen Welt bekannt, deshalb besteht eine bedeutende Nachfrage nach ihren Samen. Der Großteil des Angebots ist bisher beschafft worden, indem man die Bäume in den zugänglicheren Waldbereichen entlang den Saumpfaden, die durchs Gebirge führen, umhieb. Anfangs haben Sequoiensamen zwischen zwanzig und dreißig Dollar pro Pfund gebracht, deshalb waren sie sehr gefragt. Einige der kleinen fruchtbaren Bäume hat man in Wäldern gefällt, die nicht von der Regierung geschützt sind, vor allem am Fresno und King's River. Allerdings sind die meisten Sequoien derart gigantisch, dass die Samenleute für den Großteil ihres Nachschubs auf das Douglas achten müssen, das bald lernt, dass es diesen Freibeutern nicht gewachsen ist. Es ist schlau genug, im selben Moment mit der Arbeit aufzuhören, in dem es sie bemerkt, und keine Gelegenheit zu verpassen, sich seine Zapfen wiederzuholen, wenn sie an einem ihm erreichbaren Platz gelagert werden, so dass die eifrigen Sämereienhändler bei ihrer Rückkehr ins Camp oft feststellen, dass das kleine Douglashörnchen den Räuber vollständig ausgeraubt hat. Ich kenne einen Samensammler, der jedes Mal, wenn er die Hörnchen bestiehlt, Weizen oder Gerste unter den Bäumen als Bußgeld ausschüttet.

Zu dieser Jahreszeit spürt man niemals Mangel an nennenswertem Leben, den so viele Wanderer in den Wäldern der Sierra bemerken. Verbanne alle summenden Insekten und die Vögel und Vierfüßler, so dass nur Sir Douglas bliebe, dann würde noch die einsamste der sogenannten Einsamkeiten voll glühendem Leben pochen. Ginge man jedoch in den am stärksten bevölkerten Hainen ungeduldig umher mit der Absicht, ihn zu treffen, und schaut hinauf in die Äste, dann würde man ihn selten zu Gesicht kriegen. Doch legst du dich einem der Bäume zu Füßen, dann wird er schnurstracks kommen. Denn inmitten der üblichen Waldgeräusche, dem Fallen der Zapfen, dem Pfeifen der Wachteln, dem Schreien des Kiefernhähers und dem Rascheln des Rotwilds und der Bären im Unterholz, entdeckt er deine fremdartigen Fußstapfen sehr schnell und wird sich beeilen, dich genau zu untersuchen, sobald du dich still verhältst. Zuerst hörst du, wie er einige Töne neugieriger Prüfung ausstößt, wahrscheinlicher jedoch werden die ersten Anzeichen seiner Annäherung die Kratzgeräusche seiner Füße sein, wenn er den Baum herabklettert, kurz bevor er wild heranstürmt, um dich zu erschrecken und deine Anwesenheit jedem Hörnchen und Vogel in der Umgebung zu verkünden. Wenn du vollkommen reglos bleibst, wird er immer näher kommen und dein Fleisch vielleicht zum Kribbeln bringen, indem er auf dir herumtollt. Einmal saß ich am Fuße einer Hemlocktanne in einem der zugänglichsten Yosemites des San Joaquin und war mit Skizzieren beschäftigt, als hinter mir ein verwegener Bursche auftauchte, unter meinen angewinkelten Arm schlüpfte und auf mein Papier sprang. Und an einem warmen Nachmittag sprang einem meiner alten Freunde, als er draußen im Schatten seiner Hütte las, ein Douglas-Nachbar vom Giebel auf den Kopf und rannte mit bemerkenswerter Frechheit über seine Schulter zu dem Buch, das er in der Hand hielt.

Unser Hörnchen erfreut sich einer großen Gesellschaft; denn neben seinen zahlreichen Verwandten[62], *Sciurus fossor*, *Tamias quadrivitatus*, *T. Townsendii*, *Spermophilus Beecheyi*, *S. Douglasii*, unterhält es intime Beziehungen zu den nussfressenden Vögeln, vor allem zum Kiefernhäher (*Picicorvus columbianus*) und vielen Spechten und Hähern. Die beiden Ziesel sind im Flachland und den Gebirgsausläufern erstaunlich zahlreich, jedoch immer spärlicher oben im Reich des Douglas verbreitet, selten wagen sie sich mehr als sechs- oder siebentausend Fuß hinauf. Das Westliche Grauhörnchen wandert kaum höher. Allein das kleine Streifenhörnchen ist überall mit ihm verbunden. In den unteren und mittleren Zonen treffen sie alle ziemlich harmonisch aufeinander — eine glückliche Familie, auch wenn man zuweilen höchst vergnügliche Scharmützel beobachten kann. Überall, wo die alten Gletscher Waldboden ausgelegt haben, ist unser kleiner Held zu finden, am häufigsten dort, wo tiefe Erde und freundliches Klima eine entsprechende Baumfülle entstehen ließen, doch folgt er jeder Art Vegetation von den gewundenen Moränen zu den höchsten Gletscherquellen.

Obwohl ich natürlich nicht erwarten kann, dass alle meine Leser in die Bewunderung dieses kleinen Tieres einstimmen, hoffe ich, nur wenige werden diesen Abriss seines Lebens für zu lang halten. Ich kann an dieser Stelle gar nicht sagen, wie sehr es meine einsamen Wanderungen in all den Jahren aufgeheitert hat, in denen ich meinen Studien in diesen herrlichen Wildnissen nachgegangen bin; oder wieviel unverkennbare Menschlichkeit ich bei ihm gefunden habe. Hier ist ein Beispiel: Eines ruhigen, sahneweichen Indianersommermorgens, als die Nüsse reif waren, hatte ich mein Lager in den oberen Kiefernwäldern am Südarm des San Joaquin aufgeschlagen, wo die Hörnchen in ähnlicher Fülle wie die reifen Zapfen vorhanden waren. Sie nahmen eine frühe Mahlzeit ein, bevor sie zu ihrer üblichen Erntearbeit schritten. Während ich mit meinem eigenen Frühstück beschäftigt war, hörte ich den dumpfen Aufprall zweier oder dreier schwerer Zapfen aus einer Gelbkiefer in meiner Nähe. Um zu beobachten, stahl ich mich geräuschlos heran, rund zehn Schritte vom Baum entfernt. Nach wenigen Augenblicken kam das Douglas herunter. Die Frühstückszapfen, die es gekappt hatte, waren auf dem leicht abschüssigen Boden in einen Trupp Fliederbüsche gerollt, doch es schien genau zu wissen, wo sie sich befanden, denn es entdeckte sie sofort, offenbar ohne nach ihnen zu suchen. Sie waren mehr als doppelt so schwer wie es selbst, doch nachdem es sie in die richtige Position gedreht hatte, um sie mit den langen Schneidezähnen richtig zu packen, gelang es ihm, sie im Rückwärtsgang zum Fuß jenes Baumes zu schleppen, von dem es sie geschnitten hatte. Dann machte es sich bequem, hielt die Zapfen am Ende fest, mit der Unterseite nach oben, und nahm sie lässig auseinander. Eine Menge musste geknabbert werden, bevor es etwas zu Essen bekam, denn die Deckschuppen sind verholzt, aber nachdem es sich geduldig zu den Fruchtschuppen durchgearbeitet hatte, fand es zwei süße Nüsse an jedem Ende, geformt wie Pökelschinken und violett gesprenkelt wie Vogeleier. Und obwohl diese Zapfen vor weichem Harz troffen und mit Stacheln bedeckt und so fest zusammengefügt waren, dass ein Junge ratlos wäre, wie er sie mit seinem Klappmesser aufschneiden soll, verrichtete es seine Mahlzeit mit müheloser Würde und Sauberkeit, wobei es sich offensichtlich weniger anstrengte als ein Mann, der Weichgekochtes von einem Teller isst.

Nach dem Frühstück pfiff ich ihm ein Liedchen, bevor es sich an die Arbeit machte, und war neugierig, welchen Einfluss dies haben würde. Es hatte mich bereits die ganze Zeit über gesehen, doch in dem Augenblick, als ich zu pfeifen begann, schoss es den ihm nächsten Baum hoch, tauchte auf einem kleinen toten Ast mir gegenüber auf und schickte sich an, zu lauschen. Ich sang und pfiff mehr als ein Dutzend Lieder, und sobald die Musik wechselte, funkelten seine Augen und es wandte den Kopf rasch von einer Seite zur anderen, machte jedoch keine weiteren Anstalten. Andere Hörnchen, auch Chipmunks und Vögel, hörten die seltsamen Klänge und kamen von allen Seiten herbei. Ein Vogel, eine hübsche Drossel mit gefleckter Brust, schien sogar noch interessierter als die Hörnchen. Nachdem er ein Weilchen auf einem der unteren toten Kiefernzweige zugehört hatte, stürzte er vorwärts, bloß einige Fuß von meinem Gesicht entfernt, und flatterte etwa eine halbe Minute, indem er sich mit schwirrendem Flügelschlag in der Luft hielt wie ein Kolibri vor einer Blume, während ich ihm in die Augen blicken und die unschuldige Verwunderung sehen konnte.

Meine Vorstellung musste bereits fast eine halbe Stunde gedauert haben. Ich sang oder pfiff *Bonnie Doon, Lass o' Gowrie, O'er the Water to Charlie, Bonnie Woods o' Cragie Lee* usw., denen anscheinend mit heller Aufmerksamkeit gelauscht wurde. Geduldig saß mein erstes Douglas und hielt die sprechenden Augen die ganze Zeit über auf mich gerichtet, bis ich es wagte, den *Old Hundredth*[63] zu geben, dann rief es seinen indianischen Namen, Pillillooeet, wandte den Schwanz und flitzte in drolliger Eile den Baum hinauf außer Sichtweite, seine Stimme und Bewegungen hinterließen einen leicht profanen Eindruck, als hätte es gesagt: »Ich werde aufgeknüpft, wenn du mich zwingst, etwas zu hören, das so feierlich und kiefernnadellos ist.« Dies war das Zeichen zum allgemeinen Aufbruch des gesamten pelzigen Völkchens, auch wenn die Vögel gewillt schienen, die weitere Entwicklung abzuwarten, denn ihnen liegt Musik von Natur aus mehr.

Ich kann mir nicht vorstellen, was an diesem großartigen alten Kirchenlied so anstößig für die Vögel und Hörnchen ist. Ein oder zwei Jahre nach diesem Konzert in der High Sierra saß ich eines schönen Tages auf einem Hügel in der Coast Range, wo die Erdhörnchen überaus häufig vorkommen. Weil sie überall gejagt wurden, waren sie sehr scheu; doch nachdem ich eine gute halbe Stunde still und reglos war, wagten sie sich aus ihren Löchern und fraßen die Samen der Gräser und Disteln um mich herum, als müsste man mich nicht mehr fürchten als einen Baumstumpf. Dann dachte ich, dass es eine gute Gelegenheit wäre, herauszufinden, ob auch sie den *Old Hundredth* nicht mögen. Deshalb begann ich, so weit ich mich erinnern konnte, dieselben bekannten Lieder zu pfeifen, die den Kletterern in der Sierra gefallen hatten. Plötzlich hörten sie auf zu fressen, standen aufrecht, lauschten geduldig — bis ich zum *Old Hundredth* kam und sie alle in drolliger Eile in ihre Löcher huschten und flitzten; als sie verschwanden, funkelten ihre Pfoten für einen Moment in der Luft.

Niemand, der Bekanntschaft mit unserem Förster schließt, wird ihn nicht bewundern; doch er ist viel zu selbständig und angriffslustig, um als liebreizend zu gelten.

Ich weiß nicht, wie lang ein Douglashörnchen lebt. Die jungen scheinen Astlöchern entsprossen zu sein, perfekt von Anbeginn, und dauerhaft wie ihre Bäume. Tatsächlich ist es schwer, sich vorzustellen, dass ein solches Bündel Sonnenfeuer jemals eintrübt oder sogar stirbt. Selten wird es von Jägern getötet, denn es ist zu klein, um ihre Aufmerksamkeit länger zu erregen, und wenn man ihm in besiedelten Gebieten nachstellt, wird es äußerst scheu und hält sich dicht an die Furchen der höchsten Stämme, die oft dieselbe Farbe haben wie es selbst. Allerdings warten Indianerjungen mit grenzenloser Geduld, um es mit Pfeilen zu erschießen. In den unteren und mittleren Regionen fallen manche den Klapperschlangen zur Beute. Und bisweilen wird es von Habichten und Wildkatzen verfolgt. Insgesamt jedoch lebt es tief in den Wäldern sicher, das beliebteste seines glücklichen Völkchens. Möge es sich vermehren!

KAPITEL X

Ein Sturm in den Wäldern

Der Wind in den Bergen ist, wie Tau und Regen, Sonnenschein und Schnee, den Wäldern mit Liebe zubemessen und verliehen zur Enthüllung ihrer Kraft und Schönheit. Wie begrenzt der Bereich anderer Einflüsse auf die Wälder auch sein mag, jener des Windes ist universell. Jeden Winter beugt und stutzt der Schnee die höher gelegenen Wälder, der Blitz fährt hier und dort in einen einzelnen Baum, Lawinen indessen mähen tausende auf einen Streich nieder wie ein Gärtner ein Blumenbeet zurichtet. Aber der Wind geht in jeden Baum, berührt jedes Blatt und jeden Zweig und jeden gefurchten Stamm; nicht einer wird vergessen; die Weymouthkiefer, die mit ausgebreiteten Armen auf den schroffen Pfeilern der vereisten Gipfel emporragt, oder der bescheidenste und scheueste Bewohner der Täler; er sucht und findet sie alle, liebkost sie sanft, beugt sie in frischer Ertüchtigung, stimuliert ihr Wachstum, reißt ein Blatt oder einen Ast ab, falls dies erforderlich ist, oder schafft einen ganzen Baum oder Hain beiseite, mal durch die Zweige flüsternd und krähend wie ein schläfriges Kind, mal brüllend wie der Ozean; der Wind segnet den Wald, der Wald den Wind, mit unbeschreiblicher Schönheit und Harmonie als unfehlbarem Resultat.

Wenn man Kiefern von sechs Fuß Durchmesser gesehen hat, die sich wie Gräser in einem Gebirgssturm biegen, und zuweilen einen Giganten, der mit solchem Krach umstürzt, dass die Hügel erschüttern, scheint es erstaunlich, dass bis auf die niedrigsten gedrungenen Bäume alle einen ausreichend sturmfreien Zeitraum finden konnten, um sich einzuwurzeln; oder dass sie nicht früher oder später umgeweht wurden, sobald sie eingewurzelt waren. Doch wenn der Sturm vorüber ist und wir sehen, dass die Wälder wieder still sind und frisch und unversehrt in aufrechter Majestät emporragen, und bedenken, wieviele Jahrhunderte Sturm über sie herfielen, seit sie erstmals Wurzeln schlugen — Hagel, der die zarten Schösslinge knickt; Blitze, die verbrennen und zerstören; Schnee, Wind und Lawinen, die zerquetschen und überschütten —, wobei das offensichtliche Ergebnis all dieser wilden Sturmkultur jene herrliche Vollkommenheit ist, die wir erblicken, dann ist der Glaube an die Forstwirtschaft der Natur begründet, und wir hören auf, die Gewalt höchst zerstörerischer Winde oder jeglicher anderer stürmischen Werkzeuge zu beklagen.

Es gibt in den Wäldern der Sierra zwei Bäume, die nie umgeweht werden, solange sie gesund bleiben. Es sind der Wacholder und die Weißstämmige Kiefer auf den Bergkuppen. Ihre steifen, krummen Wurzeln umklammern die sturmgepeitschten Felsgesimse wie Adlerklauen, während ihre geschmeidigen, kordelähnlichen Zweige sich ringsum willfährig biegen und dem noch so heftigen Wind nur geringen Halt bieten. Die anderen alpinen Nadelgehölze — Grannenkiefer, Weißstämmige Kiefer, Murraykiefer, Hemlocktanne — werden darum wegen ihrer bewundernswerten Zähigkeit und ihres dichten Wuches niemals bis zur Vernichtung ausgedünnt. Dasselbe trifft im Allgemeinen auf die Giganten der tieferen Zonen zu. Die königliche Zuckerkiefer, die bis zu einer Höhe von 200 Fuß aufragt, bietet den Stürmen ein gutes Ziel; sie ist jedoch nicht dicht belaubt und ihre langen, horizontalen Äste schwingen willfährig in den Sturmböen herum wie Flechten grüner, fließender Algen in einem Bach; die Grautannen dagegen stehen an den meisten Orten mit vereinten Kräften in festen Reihen. Die Gelbkiefer oder Grautanne wird öfter als jeder andere Baum in der Sierra umgeworfen, weil ihre Nadeln und Zweige eine im Verhältnis zu ihrer Höhe größere Masse bilden, obwohl sie an vielen Orten spärlich wächst und freie Gassen lässt, durch die die Stürme in voller Kraft einfallen können. Weil sie darüber hinaus am unteren

Gebirgsabschnitt verbreitet ist, der beim Aufbrechen der Eisdecke am Ende des Gletscherwinters als erstes entblößt wurde, war der Boden, auf dem sie wächst, länger dem postglazialen Klima ausgesetzt und befindet sich folglich in einem bröckligeren, verfalleneren Zustand als die jüngeren Böden weiter oben in den Bergen, so dass er einen weniger sicheren Ankerplatz für die Wurzeln bietet.

Bei der Erkundung der Waldzonen des Mount Shasta entdeckte ich die Bahn eines Hurrikans, die mit tausenden Kiefern eben jener Art bedeckt war. Große und kleine waren durch schiere Gewalt entwurzelt und ausgerissen und schufen eine helle Schneise, ähnlich jener, die eine Schneelawine hinterlässt. Doch sind Hurrikane, die ein solches Werk schaffen, in der Sierra selten; und sobald wir die Wälder von einem Ende des Gebirges zum anderen erkundet haben, müssen wir zu der Überzeugung gelangen, dass sie die schönsten auf dem Angesicht der Erde sind, wie auch immer wir die Kräfte betrachten mögen, die sie derart schufen.

Immer ist dort etwas, das zutiefst erregt, nicht bloß in den Geräuschen des Windes in den Wäldern, die einen mehr oder weniger starken Einfluss auf jeden Geist ausüben, sondern in seinem wechselvollen, wassergleichen Fließen, wie es sich in den Bewegungen der Bäume, vor allem der Koniferen, zeigt. Keine anderen Bäume machen den Wind so ausgiebig und eindrücklich sichtbar, nicht einmal die vornehmen Palmen der Tropen oder die Baumfarne, die auf die sanfteste Brise antworten. Das Wogen eines Waldes riesenhafter Sequoien ist unbeschreiblich eindrucksvoll und erhaben, jedoch scheinen mir die Kiefern die besten Übersetzer des Windes. Sie sind gewaltige wogende Goldruten, stets eingestimmt, die ihr jahrhundertelanges Leben die Musik des Windes singen und aufschreiben. Doch ist nur wenig von dieser noblen Baumwelle und Baummusik im rein alpinen Bereich der Wälder zu sehen oder zu hören. Der stattliche Wacholder, dessen Umfang zuweilen seine Höhe übertrifft, ist fast so unbeugsam wie der Fels, auf dem er wächst. Die schlanken peitschenartigen Zweige der Weißstämmigen Kiefer strömen hinaus in flatterndem Gekräusel, doch sind die größten und dünnsten zu starr, um selbst in den heftigsten Stürmen zu flattern. Sie wackeln nur in schnellem, raschen Zittern. Die Hemlocktanne und die Weymouthkiefer und einige der größten Dickichte der zweinadeligen Art biegen sich jedoch beträchtlich weit und anmutig in den Stürmen. In all seiner Pracht ist das Aufeinandertreffen von Wind und Wäldern allerdings nur in der tieferen und mittleren Zone zu sehen.

Einer der schönsten und erhebendsten Stürme, an denen ich mich jemals in der Sierra erfreut habe, geschah im Dezember 1874, als ich eines der Nebentäler des Yuba River erkundete. Der Himmel und der Boden und die Bäume waren vollkommen von Regen durchflutet und dann wieder getrocknet. Der Tag war ungemein rein, einer der unvergleichlichen Momente des kalifornischen Winters, warm und mild und voll weißem funkelnden Sonnenschein, duftend nach den unverfälschten Einflüssen des Frühlings und gleichzeitig belebt von einem der erfrischendsten Stürme, die man sich vorstellen kann. Anstatt draußen zu kampieren, wie es meine Gewohnheit war, riskierte ich es, im Haus eines Freundes zu bleiben. Doch als der Sturm zu ertönen begann, verlor ich keine Zeit und stürzte hinaus in die Wälder, um ihn zu genießen. Denn bei solchen Gelegenheiten hat die Natur uns stets etwas Seltenes zu zeigen, und die Gefahr für Leib und Leben ist kaum größer, als wenn man sich missbilligend unter ein Dach verkriecht.

Es war noch früh am Morgen, als es mich fernab umhertrieb. Herrlicher Sonnenschein flutete über die Hügel, erhellte die Wipfel der Kiefern und setzte einen Schwall sommerlicher Düfte frei, die in seltsamem Gegensatz zu den wilden Klängen des Sturms standen. Die Luft war gesprenkelt mit Kiefernquasten und hellgrünen Federbüschen, die im Sonnenlicht vorbeistoben wie gejagte Vögel. Nicht die geringste Unklarheit gab es, nichts weniger Reines als Blätter und reife Pollen und Tupfen vertrockneten Farns und Mooses. Seit Stunden hörte ich die Bäume im Abstand von zwei oder drei Minuten um-

Yoesemite Valley, Blick vom Rocky Ford.

stürzen; einige teils wegen der lockeren, durchweichten Beschaffenheit des Bodens entwurzelt; andere stracks umgeknickt, wo ein Feuer die Stelle geschwächt hatte. Die Gebärden der verschiedenen Bäume ergaben ein herrliches Studium. Junge Zuckerkiefern, leicht und buschig wie Eichhörnchenschwänze, bogen sich beinahe bis auf den Grund; die großen alten Patriarchen hingegen, deren massive Stämme in Hunderten von Stürmen erprobt wurden, wogten in feierlichem Ernst hoch über ihnen, ihre langen gebogenen Äste fluteten reißend im Sturmwind, und jede Nadel erschauerte und tönte und schleuderte scharfe Speere aus Licht wie ein Diamant. Die Douglasien mit ihren langen, in waagerechten Zöpfen ausgestreckten Zweigen und grauen, schimmernden Nadelnmassen hatten einen bemerkenswerten Auftritt, als sie in kühnem Relief auf den Hügeln standen. In den

Talsenken bogen sich die Erdbeerbäume mit roter Rinde und großen glänzenden Blättern in alle Richtungen, warfen das Sonnenlicht in pulsierenden Pailletten zurück wie jene, die man oft auf den Rippeln eines Gletschersees sieht. Am eindrucksvollsten und schönsten von allen waren jetzt aber die Grautannen. Die gewaltigen Türme von 200 Fuß Höhe wogten wie biegsame Goldruten, die sangen und sich wie im Gebet verneigten, während die gesamte Masse ihres bebenden Laubwerks zu einer einzigen fortwährenden Lohe weißen Sonnenfeuers entzündet war. Der Sturm war dermaßen kräftig, dass der standfesteste Monarch bis in seine Wurzeln mit einer Bewegung erzitterte, die man deutlich spürte, wenn man sich gegen ihn lehnte. Die Natur beging ihr hohes Fest, und jede Faser der überaus starren Riesen war von jubelnder Begeisterung erregt.

Ich trieb weiter mitten durch diese leidenschaftliche Musik und Bewegung, durch zahlreiche Schluchten, von Bergrücken zu Bergrücken; und oft rastete ich im Windschatten eines Felsens, um mich unterzustellen oder um zu sehen und zu lauschen. Sogar als diese großartige Hymne in höchste Lagen schwoll, konnte ich deutlich die Töne der einzelnen Bäume — Fichte, Tanne, Kiefer und laublose Eiche — voneinander unterscheiden, konnte selbst das unendlich zarte Rascheln des verdorrten Grases mir zu Füßen hören. Jedes drückte sich auf seine Weise aus — es sang sein eigenes Lied und machte die ihm eigentümlichen Gebärden; dabei zeigte sich ein mannigfaltiger Reichtum, den ich in noch keinem anderen Wald zuvor gesehen hatte. Die Nadelwälder Kanadas, North und South Carolinas und Floridas bestehen aus Bäumen, die einander beinahe so gleichen wie ein Grashalm dem anderen und in derselben Weise dicht beieinander wachsen. Im Allgemeinen besitzen Koniferen selten individuellen Charakter wie er sich bei den Eichen und Ulmen zeigt. Die Wälder Kaliforniens hingegen bestehen aus einer größeren Anzahl verschiedener Arten als jeder andere Wald irgendwo auf der Welt. In ihnen finden wir nicht nur eine ausgeprägte Unterschiedenheit in bestimmte Gattungen, sondern auch eine ausgeprägte Individualität bei fast jedem einzelnen Baum, was unbeschreiblich herrliche Sturmwirkungen zur Folge hat.

Gegen Mittag erreichte ich nach langem, aufregendem Klettern durch die Leichname von Hasel und Flieder den Gipfel des höchsten Bergkamms der Umgebung; und dann kam mir in den Sinn, dass es schön wäre, auf einen der Bäume zu steigen, um einen Blick weiter hinaus zu gewinnen und mein Ohr nahe an die Äolische Musik seiner höchsten Nadeln zu halten. Unter diesen Umständen war die Wahl des Baumes eine ernste Angelegenheit. Einer, dessen Wurzelrücken nicht sehr stark war, schien in Gefahr umgeweht oder von anderen mitgerissen zu werden, falls sie stürzen würden; ein anderer hatte bis in beträchtliche Höhe über dem Boden keine Äste und war gleichzeitig zu groß, als dass man ihn mit Armen und Beinen hätte beim Klettern umfangen können; andere wiederum standen ungünstig für klare Ausblicke. Nach umsichtiger Suche entschied ich mich für die höchste aus einer Gruppe Douglasien, die dicht wie ein Grashorst beieinander wuchsen, keine von ihnen würde wohl umstürzen, bevor nicht auch alle anderen fielen. Obwohl vergleichsweise jung, waren sie mehr als 100 Fuß hoch, und ihre schlanken, bürstenartigen Wipfel schaukelten und wirbelten in wilder Ekstase. Weil ich daran gewöhnt war, bei meinen botanischen Studien auf Bäume zu klettern, bereitete es mir keine Schwierigkeiten, diesen Gipfel zu erreichen, doch nie zuvor hatte ich mich an einer solch edlen Heiterkeit der Bewegung erfreut. Beträchtlich flatterten und sausten die schlanken Baumwipfel im leidenschaftlichen Sturzbach, bogen sich, wirbelten vor und zurück, rings umher, und vollführten unbeschreibliche Kombinationen senkrechter und waagerechter Kreise, während ich mich mit angespannten Muskeln festklammerte wie ein Reisstärling an ein Schilfrohr.

In seinen ausladendsten Schwüngen beschrieb mein Baumwipfel einen Bogen von zwanzig bis dreißig Grad, aber ich fühlte mich trotz seines elastischen Naturells sicher, hatte ich doch andere derselben Art gesehen, die viel schwerer geprüft wurden — gebeugt unter starkem

Schnee bis fast zum Boden —, ohne dass eine Faser brach. Deshalb war ich sicher und fühlte mich frei, den Wind in meinen Herzschlag zu holen und den erregten Wald von meinem grandiosen Ausguck zu genießen. Von hier oben musste der Blick bei jedem Wetter außergewöhnlich schön sein. Jetzt streifte mein Auge über die kiefernbewachsenen Hügel und Senken wie über wogende Getreidefelder und spürte, wie das Licht in Kräuseln und breiten anschwellenden Wellen über die Täler von Kamm zu Kamm rann, als das leuchtende Blattwerk von entsprechenden Luftwellen aufgerührt wurde. Diese Wogen reflektierten Lichts zerschellten oft plötzlich in eine Art aufgeschlagenen Schaum, und nachdem sie einander in regelmäßiger Ordnung folgten, schienen sie sich in konzentrischen Kreisen abermals vorwärts zu biegen und an den Flanken der Hügel zu verschwinden, wie Meereswellen an einem stufig abfallenden Ufer. Die von den gekrümmten Nadeln zurückgeworfene Lichtmenge war dermaßen groß, dass sie ganze Wälder gleichsam mit Schnee bedeckt aussehen ließ, indes die dunklen Schatten unter den Bäumen den Eindruck silbernen Glanzes verstärkten.

Mit Ausnahme der Schatten existierte nichts Düsteres in diesem wilden Kiefernmeer. Ungeachtet der Winterzeit waren die Farben im Gegenteil erstaunlich schön. Die Stämme von Kiefer und Zeder waren braun und violett, der Großteil der Blätter gelbgetönt; die Lorbeerhaine, mit ihren fahlen Blattunterseiten nach oben gewendet, bildeten eine Masse aus Grau; und dann gab es etliche schokoladenfarbene Tupfen der Bärentraubengesträuche und Spritzer leuchtenden Karmesinrots von der Rinde der Erdbeerbäume, während der Boden der Hügellehnen, der hier und dort durch die Lichtungen zwischen den Wäldchen schimmerte, ein Blassviolett und Braun in großer Menge zur Schau stellte.

Die Sturmgeräusche entsprachen auf prachtvolle Weise diesem wilden Überschwang an Licht und Bewegung. Der tiefe Bass der nackten Äste und Stämme, der wie Wasserfälle dröhnte; das rasche, nervöse

Zittern der Kiefernnadeln, das bald zu einem schrillen, pfeifenden Fauchen anstieg, bald zu einem sanften Gemurmel absank; das Rascheln der Lorbeerwäldchen in den Talsenken und das scharfe metallische Klicken von Blatt an Blatt — dies alles war bei einfacher Analyse zu hören, wenn sich ihr die Aufmerksamkeit ruhig zuneigte.

Die verschiedenen Gebärden der Menge waren von schönem Nutzen, so dass man die unterschiedlichen Arten auf eine Entfernung von mehreren Meilen allein durch dieses Hilfsmittel erkennen konnte, ebenso durch ihre Formen und Farben und die Weise, wie sie das Licht zurückwarfen. Alles schien kräftig und angenehm, als würde es sich wahrhaftig des Sturms erfreuen, während es auf seine höchst enthusiastischen Begrüßungen antwortete. Heutzutage hören wir viel über den universellen Kampf ums Dasein, doch hier zeigte sich kein Kampf im herkömmlichen Wortsinn; kein Anzeichen von Gefahr durch irgendeinen Baum; keine Missbilligung; vielmehr eine unerschütterliche Freude, die von Jubel so fern wie von Furcht war.

Stundenlang blieb ich auf meinem Hochsitz, und nicht selten schloss ich meine Augen, um allein die Musik zu genießen oder mich still am köstlichen Duft zu ergötzen, der vorüberströmte. Der Duft der Wälder war weniger ausgeprägt als jener, den ein warmer Regen erzeugt, wenn zahlreiche wohlriechende Knospen und Blätter wie Tee durchtränkt werden; durch das Aneinanderscheuern der harzigen Zweige und die unablässige Reibung von Milliarden Nadeln jedoch war der Sturm äußerst belebend gewürzt. Von diesen örtlich begrenzen Quellen einmal abgesehen, gab es Geruchsspuren, die aus der Ferne hierher getragen wurden. Denn dieser Sturm kam zuerst vom Meer, strich über die frischen, salzigen Wellen, ging in die Destille der Rothölzer, fädelte sich durch farnreiche Schluchten und verbreitete sich in wellenförmigen Strömungen über die blumenbedeckten Bergkämme an der Küste, dann über die goldenen Ebenen, die violetten Vorgebirge hinauf und schließlich in diese Nadelwälder, mit allerhand unterwegs eingesammeltem Weihrauch.

Winde sind Verkündigungen dessen, was sie berühren, wie viel oder wie wenig wir auch immer davon zu lesen imstande sind; sie erzählen von ihren Wanderungen sogar durch ihre Gerüche allein. Seeleute spüren das blumige Parfum der Landwinde draußen auf dem Meer, und Meereswinde tragen den Duft von Rotalgen und Tang tief ins Binnenland hinein, wo man ihn schnell erkennt, obwohl er mit den Gerüchen von tausend Landblumen vermischt ist. Zur Illustration dessen könnte ich hier berichten, dass ich als Knabe die Meeresluft am Firth of Forth in Schottland schnupperte; dann brachte man mich nach Wisconsin, wo ich neunzehn Jahre blieb; ohne dass ich in dieser ganzen Zeit einen Hauch vom Meer geatmet hatte, wanderte ich später still, für mich allein, auf einer botanischen Exkursion vom mittleren Mississippi Valley zum Golf von Mexiko, und als mich ich in Florida aufhielt, fern der Küste, meine Aufmerksamkeit völlig auf die herrliche tropische Vegetation gerichtet, erkannte ich plötzlich eine durch die Palmettopalmen und blühenden Rankenknäuel rieselnde Meeresbrise, die sofort tausend schlafende Assoziationen weckte und freisetzte und mich wieder zu einem Knaben in Schottland machte, als seien die Jahre dazwischen ausgelöscht.

Die meisten Menschen betrachten Gebirgsflüsse gerne und behalten sie in Erinnerung; doch nur wenige kümmert es, den Wind zu betrachten, obwohl er weitaus schöner und erhabener ist und zuweilen beinahe so sichtbar erscheint wie fließendes Wasser. Wenn im Winter die Nordwinde Aufwärtsschwünge über die krummen Gipfel der High Sierra vollziehen, wird diese Tatsache mitunter durch wehende Schneefahnen von einer Meile Länge publik. Die auf diese Weise körperlich gewordenen Teile des Windes können selten vollkommen unsichtbar sein, nicht einmal für die trübste Einbildungskraft. Und wenn wir über einen aufgewühlten Wald das Auge schweifen lassen, können wir durch seine Auswirkungen an den Bäumen den Wind sehen, der ihn schüttelt. Dort hinten steigt er in einem Aufruhr wasserähnlicher Rippeln und fegt über die sich biegenden Kiefern von einem Hügel zum nächsten. Näher sehen wir abgerissene Federn und Blätter, die bald auf flachen Strömen heranrasen, bald über die Ränder der Wirbel fliehen, weit oben auf großen, anschwellenden Luftkuppeln segelnd oder auf flammengleichen Graten dahinschleudernd. Glatte tiefe Strömungen, Kaskaden, Fälle und kreiselnde Wirbel singen rings um jeden Baum und jedes Blatt und über die gesamte vielfältige Topographie dieser Landschaft mit aufschlussreichen Veränderungen in der Form, so wie Gebirgsbäche sich der Gestalt ihrer Kanäle anpassen.

Nachdem wir die Flüsse der Sierra von ihren Quellen bis zu den Ebenen verfolgt und bemerkt haben, wo sie in Wasserfällen weiß aufblühen, in kristallnen Federn gleiten, grau und schaumgefüllt in felsverstopften Schluchten fluten und durch die Wälder in langen, ruhigen Läufen schlüpfen — nachdem wir auf diese Weise ihre Sprache und ihre Formen im Detail erfahren haben, können wir sie schließlich alle gemeinsam in einer großen Hymne singen hören und in einer reinen inneren Vision begreifen, wie sie das Gebirge mit Spitze bedecken. Doch sogar dieses Schauspiel ist weniger erhaben und keinen Deut substantieller als das, was wir von diesen Flutstürmen der Luft in den Bergwäldern sehen können.

Wir alle, Bäume und Menschen, reisen gemeinsam auf der Milchstraße; aber bis zu diesem stürmischen Tag, als ich im Wind schaukelte, ist mir nie in den Sinn gekommen, dass die Bäume Reisende in der gewöhnlichen Bedeutung des Wortes sind. Sie unternehmen allerlei Reisen, keine ausgedehnten freilich, aber auch unsere eigenen kleinen Reisen hin und wieder zurück sind nur wenig mehr als das Flattern der Bäume — viele nicht einmal dies.

Als der Sturm abzuflauen begann, kletterte ich wieder vom Baum herunter und bummelte durch die allmählich beruhigten Wälder talwärts. Die Sturmtöne erstarben, und ich sah, da ich mich nach Osten wandte, wie die zahllosen Waldscharen beschwichtigt und still waren und eine über der anderen auf den Hügelflanken ragte wie ein andächtiges Auditorium. Der Sonnenuntergang erfüllte sie mit bernsteingelbem Licht und schien ihnen, während sie lauschten, zu sagen: »Meinen Frieden gebe ich euch.«[64]

Vergessen war die ganze angebliche Zerstörung des Sturms, als ich die eindrucksvolle Szene betrachtete, und niemals vorher schienen diese edlen Wälder so frisch, so voller Freude, so unsterblich.

KAPITEL XI

Hochwasserflüsse

Die Flüsse der Sierra werden jeden Frühling so regelmäßig durch Schneeschmelze überflutet wie der berühmte alte Nil. Im Mai beginnen sie zu steigen, im Juni ist die Hochwassermarke erreicht. Doch weil die Schmelze nicht rasch gleichzeitig über alle höheren und niedrigeren Quellen schreitet, und weil der geschmolzene Schnee zu dieser Jahreszeit nicht durch Regen verstärkt wird, sind die Frühlingsfluten selten sehr heftig und zerstörerisch. Dennoch, die tausend Wasserfälle und die Kaskaden in den Cañons stehen dann in voller Pracht und singen Lieder von einem Ende der Bergkette zum anderen. Natürlich schmilzt der Schnee auf den tiefer gelegenen Nebenflüssen zuerst, dann jener auf den höheren, am stärksten der Sonne ausgesetzten Quellen, und etwa einen Monat später schicken die kälteren, überschatteten Quellen ihre Reichtümer hinab und erlauben es den Hauptflüssen fast sechs Wochen, ihre Wasser durch die Vorgebirge und Niederungen bis ins Meer zu treiben. Auf diese Weise werden heftige Frühjahrsfluten vermieden, und zwar so lange, wie die schattenwerfenden hemmenden Bäume überdauern. Die Flüsse in der Nordhälfte des Gebirges sind plötzlichen Fluten nach wie vor weniger unterworfen, da ihre höher gelegenen Quellen großenteils vor Wetterwechseln geschützt unter dicken Lavaschichten liegen, so wie viele Flüsse in Alaska unter Eisschichten, und ein Stück tiefer in Bornen ans Tageslicht treten. In der Sierra befinden sie sich hingegen auf der Oberfläche festen Granits, jeder Temperaturschwankung ausgesetzt. Mehr als neunzig Prozent des Wassers, das vom Schnee und Eis des Mount Shasta stammt, wird sofort unter den porösen Lavaschichten des Berges aufgesogen und abgeleitet, dort murmeln und tasten die Wasser im Dunklen herum und finden schließlich breitere Spalten und tunnelähnliche Höhlen, aus denen sie dann gefiltert und kühl in Gestalt von Quellen aufsteigen, einige von ihnen so gewaltig, dass sie Flüsse gebären, die sich zu ihrer Reise unter der Sonne aufmachen ohne eine erkennbare Zeit der Kindheit dazwischen. So entspringt der Shasta River einer teichartigen Quelle im Shasta Valley, und rund zwei Drittel der Menge des MacCloud River sprudelt unversehens in einer brüllenden Fontäne siebzig Meter weit aus der Wand einer Lavaklippe.

Diese Frühjahrsflüsse des Nordens sind natürlich kürzer als jene im Süden, deren Zubringer sich bis zu den Berggipfeln erstrecken. Fall River, ein wichtiger Nebenfluss des Pitt oder Upper Sacramento, ist nur etwa zehn Meilen lang und besteht vom Ursprung bis zur Mündung in den Pitt nur aus Wasserfällen, Kaskaden und Quellen. An einem Ende entspringen den Felsen freigebige Quellen, zauberhaft umrankt, am anderen donnert ein einhundertachtzig Fuß hoher schneebedeckter Fall, dazwischen singen und tanzen kristallene Stromschnellen. Solche Flüsse sind natürlich nur wenig vom Wetter beträchtigt. Vor dem Verdunsten geschützt, führen sie im Herbst beinahe so viel Wasser wie zur Zeit der allgemeinen Frühjahrsüberschwemmungen. Die Flüsse der Sierra jedoch schwinden auf ein Hundertstel ihres Frühlingshöchststandes und verflachen im Herbst zu einer Reihe stiller Tümpel zwischen den Felsen und Mulden ihrer Rinnen, verbunden durch schwächliche, kriechende Wasserfäden, wie die lahmen Sätze eines müden Schriftstellers, die nur mit eingestreuten ›Und‹ und ›Aber‹ verknüpft sind. Merkwürdigerweise geschehen die stärksten Überflutungen im Winter, wenn man denkt, alle Wildwasser sind in Frost und Schnee gehüllt und gekettet. Dieselben ausgedehnten, täglichen Stürme der sogenannten ›Regenzeit‹ in Kalifornien, die dem Flachland Regen spenden, bringen den Bergen trockenen, frostigen Schnee. In seltenen Abständen jedoch dringen warmer Regen und warmer Wind in die Berge vor und verschieben die Schneegrenze von 2000 Fuß auf 8000 Fuß und höher, und dann kommen die großen Überflutungen.

Meist wurde ich aus der High Sierra gegen Ende November ins Flachland vertrieben, aber der Winter 1874/75 war dermaßen warm und ruhig, dass ich verlockt war, mir im Januar ein Gesamtbild der Geologie und Topographie des Feather River-Beckens zu verschaffen. Gerade als ich eine hastige Vermessung der Region abgeschlossen hatte und mich auf dem Weg hinab zu den Winterquartieren befand, brach in den Bergen einer der grandiosesten Flutstürme los, die ich je gesehen habe. Ich war am Saum des Waldgürtels in einem Vorgebirgsstädtchen namens Knoxville, an der Wasserscheide von Feather River und Yuba River. Der Grund für diese beachtliche Flut war schlicht ein plötzlicher, ergiebiger Einfall von warmem Wind und Regen in die Becken jener Flüsse zu einem Zeitpunkt, als sie bereits eine beträchtliche Schneemenge fassten. Der Regen war so anhaltend stark, dass dies allein ausgereicht hätte, eine hübsche wilde Überschwemmung zu verursachen. Der Schnee, den warme Winde und der Regen in den oberen und mittleren Bereichen der Beckens schmelzen ließen, genügte, um eine der Regenflut ebenbürtige weitere Flut zu verursachen. Jetzt wurden diese beiden Flutwasserernten zur selben Zeit eingebracht und ergossen sich in einer herrlichen Lawine in die Ebene. Wie viele andere in der Sierra sind die Becken von Yuba und Feather solchen schwellenden Fluten wunderbar angepasst. Ihre vielen Nebenarme erstrecken sich in weite Fernen und umschließen ausgedehnte Areale, sie haben ein starkes Gefälle, unterdessen die Hauptströme vergleichsweise eben verlaufen. Das Thermometer in Knoxville schwankte während des Flutsturms zwischen 6.7 °C und 10 °C; wenn also warmer Wind und warmer Regen gleichzeitig auf den Schnee in Becken wie diese fallen, werden sowohl der Regen als auch der Schnee, den Regen und Wind schmolzen, zunächst so lange aufgesogen und zurückgehalten, bis deren kombinierte Masse einen Schlamm ergibt, der plötzlich aufgelöst hinab ins Bett des Hauptflusses rutscht; und da der Fluss umso schneller fließt, je tiefer er ist, holt der überflutete obere Abschnitt seines Laufes den langsameren Teil im Vorgebirge darunter ein, und alles rauscht in hoher, sich überschlagender Front gemeinsam vorwärts und ergießt sich mit einer Gewalt und Abruptheit in die offene Ebene, die im ersten Moment vollkommen unerklärlich zu sein scheint. Verstärkt wurde die Zerstörungskraft im unteren Bereich der Überschwemmung durch abgebauten Kies in den Flussbetten und nachgebende Dämme, welche das aufgestaute Wasser zunächst noch gebändigt und zurückgehalten hatten. Diese verschärften Bedingungen hatten allerdings letztlich keinen größeren Einfluss auf das Ergebnis, denn Ursache der meisten Auswirkungen war die seltene Verbindung der bereits erwähnten Überschwemmungsfaktoren. Leider machen nur wenige Menschen die Bekanntschaft so edler Stürme in deren heimatlichen Bergen und erfreuen sich an ihnen, denn in den freien Flächen der Ebenen legen sie sich, und man erinnert sich ihrer mehr wegen der mitgerissenen Brücken und Häuser, als wegen ihrer Schönheit oder den tausend Segnungen, die sie den Feldern und Gärten der Natur bringen.

Am Morgen der Überflutung, dem 19. Januar, waren die gesamten Landschaften von Feather und Yuba mit fließendem Wasser bedeckt, verschlammte Sturzbäche füllten jede Schlucht und jede Klamm, dichter Regen überzog den Himmel. Lange hatten die Kiefern im Sonnenlicht geschlafen; jetzt waren sie erwacht, brüllten und wogten mit dem peitschenden Sturm; und der Wind fegte an den Linien von Hügel und Tal entlang, durchflutete die Wälder, brandete und plätscherte auf Felsgraten, sang die wildeste der wilden Sturmmelodien.

Man konnte leicht sehen, dass nur wenig Regen den Boden in Form von Tropfen erreichte. Der größte Teil wurde zu Sprühnebel zerstoßen, jenem vergleichbar, in den sich kleine Wasserfälle zerteilten, wenn sie auf Felsschräge prallen. Niemals zuvor habe ich Wasser gesehen, das aus dem Himmel in dichteren und leidenschaftlicheren Strömen

Kahchoomah, Wild Cat Fall, 30 Fuß hoch, am Hauptarm des Merced.

fiel. Der Wind peitschte die Regenspritzer in erstickendem Gestöber voran und nötigte mich wieder und wieder, im Unterholz der Täler und hinter großen Bäumen Schutz zu suchen, damit ich mich ausruhen und zu Atem kommen konnte. Wohin ich auch ging, auf Kämme oder in Senken, das enthusiastische Wasser spritzte und gurgelte mir um die Knöchel und erinnerte mich an eine wilde Winterüberschwemmung[65] in Yosemite, als hundert Wasserfälle donnernd und singend zusammenliefen und das riesige Tal mit einem meeresähnlichen Brüllen erfüllten.

Nachdem ich eine oder zwei Stunden durch die tiefer gelegenen Wäldern gestreunt war, begab ich mich zum Gipfel eines 900 Fuß hohen Hügels, um einen Ausblick so nahe wie möglich am Auge des Sturms zu erlangen. Aus diesem Grunde musste ich den Dry Creek überqueren, einen Nebenfluss des Yuba, der sich nordwestlich am Sockel des Hügels dahinzieht. Er war nun ein donnernder Fluss von der Größe des Tuolumne in seinen gewöhnlichen Abschnitten, die Strömung braun vom Minenschlamm, der von den vielen ›Claims‹ herabgespült wurde, und mit Goldwaschrinnen, Zaunnägeln und Brettern gesprenkelt, die lange Zeit außerhalb seiner Reichweite lagen. Eine schmaler Steg führte darüber, der sich jetzt kaum über dem angeschwollenen Wasser befand. Ich war froh, hier starrend und lauschend zu verweilen, während der Sturm in Hochstimmung war — die graue Regenflut über mir, die braune Flussflut unter mir. Die Sprache des Flusses war kaum weniger berückend als die von Wind und Regen; das sublime Überdröhnen der hüpfenden, jubelnden Strömung, das Schwappen und Glucksen der Wirbel, der klatschende und platschende kühne Aufprall schwerer Wellen gegen die Felsen und das sanfte, federleichte Huschen seichten Wassers, das sich durch die Weidendickichte am Ufer tastete. Und inmitten dieser Schar von Geräuschen hörte ich vom Grund das erstickte Rumpeln und Poltern des Gerölls, als würde es sich in wilder Hast anrempeln und anstoßen, nachdem es wohl hundert Jahre oder länger still gelegen hatte.

Der muntere Bach stieg hoch über die Ufer und wanderte aus seinem Bett über viele stachelige Sandflächen und Wiesen. Erlen und Weiden behaupteten sich mit nervös zitternden Gebärden hüfthoch gegen die Strömung, als fürchteten sie, davongespült zu werden, derweil neigten sich die biegsamen Äste vertrauensvoll, tauchten leicht ein und schnellten wieder empor, als würden sie die wilden Wasser im Spiel schlagen. Als ich die Brücke verließ und durch die sturmgepeitschten Wälder weiterging, schien sich der gesamte Boden zu bewegen. Kiefernquasten, Rindenstücke, Erdbrocken, Blätter und abgebrochene Zweige wurden fortgetragen, und mancher Felssplitter, der von exponierten Gesimsen abgewittert wurde, erhielt nun seine erste Rundung und Politur in den aufgerührten Sturmflüssen. Vorwärts sausten sie durch alle Schluchten und Senken, segelten dahin, setzten ihren Willen durch, freuten sich wie lebende Geschöpfe.

Aber die Flut war nicht auf den Boden beschränkt. Jeder Baum hatte sein eigenes Wassersystem, das sich weit erstreckte wie ein Amazonas oder Mississippi im Miniaturformat.

Gegen Mittag erreichten Wolken, Wind und Regen ihren Höhepunkt. Der Sturm war in vollem Gange und schuf, von meinem beherrschenden Ausguck auf der Hügelkuppe aus, einen der prachtvollsten Anblicke, die ich jemals gesehen habe. So weit das Auge reichte, erfüllte der windgepeitschte Regen die Luft wie ein einziger gewaltiger Wasserfall, oben, unten, von allen Seiten. Einzelne Wolken jagten imposant das Tal hinauf, als wären sie mit unabhängiger Bewegung ausgestattet und hätten ein besonderes Werk zu vollbringen, indem sie die Gebirgsbrunnen auffüllten, bald stiegen sie über die Kiefernwipfel, bald senkten sich mitten in sie hinein, streichelten ihre pfeilspitzen Helme und beruhigten alle Zweige und Blätter mit Sanftmut inmitten des wilden Gebrülls und Geschüttels. Andere blieben dem Boden nahe, glitten hinter einzelne Wäldchen und brachten ihre Umrisse in bewunderswerter Klarheit hervor; oder schoben sich vor sie und verdunkelten ganze Wälder der Reihe nach, Kiefer um Kiefer verschmolz in ihren grauen Fransen und brach, scheinbar deutlicher als zuvor, wieder heraus.

Die Gestalt der Stürme wird großenteils von der Topographie der Regionen, in denen sie entstehen und über die sie hinwegjagen, bestimmt und geregelt. Wenn wir also versuchen, sie von Tälern oder Breschen und Lichtungen im Wald aus zu studieren, verwirrt uns eine Vielzahl verschiedenener, scheinbar gegensätzlicher Eindrücke. Die Unterseite des Sturms ist in zahllose kleine Wellen und Strömungen aufgeteilt, die gegen die Hügelflanken wie Meereswogen gegen eine Küste branden und, indem sie auf die untere Seite des Sturmes zurückwirken, immense Höhlungen und Cañons auswaschen und das resultierende Geschiebe in langen Kolonnen wie Gletschermoränen vorwärtsdrängen. Wenn wir jedoch weiter hinaufsteigen, verschwinden diese kleinteiligen, konfusen Auswirkungen und die Phänomene sind harmonisch geeint.

Je länger ich in den Sturm blickte, desto deutlicher war er zu sehen. Das treibende Wolkengeschiebe verlieh ihm eine Art sichtbaren Leib, woraus sich allerlei verblüffende Phänomene erklären ließen, es verkündete seine Bewegungen in klaren Worten, während die Textur der Regenmenge dies abrundete und vervollständigte. Weil die Regentropfen verschiedene Größen haben, fallen sie in unterschiedlichen Geschwindigkeiten, überholen einander und rempeln sich gegenseitig an, wobei sie Nebel und Gesprüh erzeugen. Zugleich überlassen sie sich natürlich der Kraft des Windes, der noch größere Störungen verursacht, nur in unterschiedlichem Maß; leidenschaftliche Böen fegen Sprühnebelwolken aus den Wäldern, jenen vergleichbar, die im Sturm von den Wellenkämmen gerissen werden. All diese Faktoren der unregelmäßigen Dichte, Farbe und Beschaffenheit der Regenmenge führen dazu, sie noch spürbarer und eindrucksvoller zu machen. Man betrachtet sie dann als *eine* große Flut, die über Ufer und Böschung rauscht, die Kiefern wie Gräser biegt, hierhin und dorthin sich wendet, in riesigen Wirbeln in Mulden und Tälern kreist, indes der Hauptstrom sich verschwenderisch über alles ergießt wie Meeresströmungen über jene Landschaften, die verborgen auf dem Grund der See liegen.

Ich beobachtete die Gesten der Kiefern, als der Sturm auf seinem Höhepunkt war, und es war klar zu erkennen, dass sie keine Not litten. Verschiedene große Zuckerkiefern standen nahe dem Dickicht, in dem ich Zuflucht gefunden hatte, bogen sich feierlich und warfen ihre langen Äste empor, als würden sie die Worte des Sturms übersetzen; dessen wildeste Angriffe ertrugen sie mit leidenschaftlichem Hochgefühl. Die Löwen wurden gefüttert. Alle, die gesehen haben, wie Sonnenblumen sich am Sonnenlicht während der goldenen Tage des Indianersommers laben, wissen, dass keine ihrer Gebärden Dankbarkeit ausdrückt. Ihre himmlische Nahrung wird zu herzlich gegeben und zu herzlich genommen, als dass Raum für Dank bliebe. Offensichtlich nahmen die Kiefern die Wohltaten des Sturms in derselben aufrichtigen Weise an; und als ich in die knospenden Haselsträuchern hinabblickte, und noch tiefer hinunter, zu den jungen Veilchen und Farnwedeln auf den Felsen, bemerkte ich dieselbe göttliche Praxis des Gebens und Nehmens und dieselben köstlichen Anverwandlungen dessen, was ein Ausbruch heftiger, unkontrollierbarer Kraft zum Zweck eines schönen heiklen Lebens scheint. Schlafgleiche Windstille kommt über die Landschaften wie über Menschen und Bäume, und Stürme wecken sie in derselben Weise. Im trockenen Mittsommer des niedriger gelegenen Teils der Bergkette scheinen die verdorrten Hügel und Täler so leer und ausdruckslos wie tote Muscheln am Strand zu sein. Selbst die höchsten Gipfel findet man zuweilen stumpf und unkommunikativ, als hätten sie irgendwie die Haltung verloren und wären auf weniger als die Hälfte ihrer tatsächlichen Gestalt geschrumpft. Aber wenn die Blitze in den Cañons krachen und hallen und die Wolken ihre kahlen verschneiten Häupter bekränzen und krönen, leuchtet jedes Detail ausdrucksvoll, und sie erheben sich abermals in ihrer ganzen beeindruckenden Majestät.

Stürme sind gute Redner, sie erzählen alles, was sie wissen, doch sind ihre Stimmen von Blitz, Sturzbach und rauschendem Wind weit weniger zahlreich als die namenlosen stillen, kleinen, für menschliche Ohren zu leisen Stimmen; und weil wir schlechte Zuhörer sind, erfassen wir vieles nicht, das in Reichweite liegt. Unseren besten Regen hört man meistens auf Dächern, den Wind in den Schornsteinen; und wenn wir freiwillig oder gezwungenermaßen ins Innere eines Sturms getrieben werden, verhindert das Durcheinander, das sperrige Ausrüstung, nervöse Hast und kleinliche Furcht anrichten, dass wir etwas anderes als die lautesten Äußerungen hören. Doch wir dürfen Vergnügen aus Sturmgeräuschen ziehen, die jenseits des Hörvermögens sind, und aus Bewegungen, die wir nicht sehen können. Das erhabene Kreisen der Planeten um ihre Sonnen ist genauso still wie Regentropfen, die im Dunkel zwischen den Pflanzenwurzeln versickern. In diesem großen Sturm wurden, wie auch in jedem anderen, unbeschreiblich zarte Klänge und Gebärden mitten in dem offenbar, was man Gewalt und Raserei nennt, jedoch leicht von allen zu verstehen ist, die nach ihnen Ausschau halten und lauschen. Der Regen rief in herrlicher Frische die Farben des Waldes hervor, das satte Braun der Baumrinden und abgefallenen Stachelhüllen und Blätter und toten Farne; das Grau von Felsen und Flechten; das helle Purpur der schwellenden Knospen und das warme Gelbgrün der Zedern und Moose. Die Luft dampfte mit angenehmem Duft, nicht in einzelnen Massen aufsteigend und vorüberwehend, sondern über die gesamte Atmosphäre verteilt. Kiefernwälder duften immer, am stärksten aber im Frühling, wenn sich die jungen Quasten öffnen, und bei warmem Wetter, wenn die verschiedenen Harze von der Sonne aufgeweicht werden. Der Wind scheuerte jetzt an ihren unzähligen Nadeln und der warme Regen durchtränkte sie. Monardella wächst hier in breiten Rabatten auf den Lichtungen, und es gibt eine Fülle von Lorbeer in den Tälern und Bärentraube an den Hügellehnen, und die rosenartige, aromatische Kalifornische Fiederspiere überzieht den Boden fast überall. Zusammen mit den Harzen der Wälder bilden sie die örtlichen Duftquellen des Sturms. Die aufsteigenden Wolken des windgewälzten, regengewaschenen Aromas wurde rein wie das Licht und reisten mit dem Wind als ein Teil von ihm.

Zur Mitte des Nachmittags hin lüpfte sich die große Flutwolke an ihrem westlichen Rand und enthüllte einen schönen, zwanzig oder dreißig Meilen entfernten Abschnitt des Sacramento Valley, glänzend sonnenhell und vor Regenwänden glitzernd, als wäre es mit Silber gepflastert. Bald danach tauchte eine zerklüftete klippenartige Wolke mit blanker Oberfläche überm Tal des Yuba auf, dunkelfarben und aufgerauht von zahllosen Furchen wie eine riesige Lavatafel. Man konnte erkennen, wie die blaue Coast Range sich am Himmel wie eine schräge Mauer erstreckte, und die düsteren, schroffen Marysville Buttes erhoben sich eindrucksvoll aus der überschwemmten Ebene wie Inseln aus dem Meer. Dann begann der Regen nachzulassen, und ich schlenderte hinab durch die tropfenden Sträucher, die in der allgemeinen Vitalität und Frische schwelgten, die alles Leben um mich herum beseelte. Wie rein und unverbraucht und unsterblich schienen mir die Wälder! — die ragenden Zedern in voller Blüte, beladen mit goldenen Pollen und leuchtenden, gewaschenen Quasten; die Kiefern, sanft schaukelnd und wieder zur Ruhe gekommen; und die Abendsonnenstrahlen schmückend auf den breiten Blättern der Erdbeerbäume, deren Maßwerk aus gelben Zweigen sich gegen die dämmerigen Kastanieneichen-Dickichte abhob; Lebermoose, Bärlappe, Farne jubelten in herrlicher Belebung, und alle Moose kehrten sich drängelnd zurück von den Toten, um jeden Stamm und Stein mit lebhaftem Grün zu bekleiden. Der dampfende Boden schien vor Leben zu pulsieren und kribbeln; Stechwinde, Schachblume, Steinbrech und junge Veilchen sprossen auf, als wäre ihnen die Sommerpracht schon bewusst, und unzählige grüne und gelbe Knospen spähten lachend überall hervor.

Was nun die Vögel und Hörnchen betrifft, kein Flügel und kein Schwanz war zu sehen, solange der Sturm tobte. Hörnchen mögen nasses Wetter noch weniger als Katzen; deshalb schaukelten sie daheim in ihren trockenen Nestern. Die Vögel versteckten sich in den Talsenken abseits des Windes, einige der kräftigsten pickten an Eicheln und Bärentrauben, die meisten hockten indes auf niedrigen Zweigen, die Brustfedern geplustert, und leisteten in dieser schweren Zeit einander Gesellschaft so gut sie konnten.

Als ich gegen Sonnenuntergang das Dorf erreichte, tummelten sich die guten Leute und bedauerten meinen verdreckten Zustand, als wäre ich ein betäubter Schiffbrüchiger, den man aus dem Meer gezogen hat — während ich meinerseits, warm vor Erregung und nach dem Erdboden riechend, sie bedauerte, dass sie trocken waren und um all die Herrlichkeit betrogen, die die Natur an diesem Tag ausgeteilt hatte.

KAPITEL XII

Gewitter in der Sierra

Gewöhnlich sind die Frühlings- und Sommerwetter in der mittleren Region der Sierra von Regen und leichtem Puderschnee durchsprenkelt, die meisten offenkundig viel zu erfreulich und belebend, um als Stürme bezeichnet zu werden; und in der malerischen Schönheit und Klarheit der Umrisse ihrer Wolken bieten sie bemerkenswerte Kontraste zu jenen unbegrenzten, allumfassenden Wolkendecken der Winterstürme. Die kleinsten und individuellesten Exemplare treten mit einer opulenten Kumuluswolke auf, die gegen elf Uhr vormittags über die dunklen Wälder steigt und mit sichtbarer Bewegung direkt in den ruhigen, sonnigen Himmel in eine Höhe von 12.000 bis 14.000 Fuß emporquillt, ihre perlweißen Buckel werden von grauen und blassvioletten Schatten in den Mulden hervorgehoben, so scharf konturiert wie gletschergeschliffene Bergkuppeln. In weniger als einer Stunde hat sie ihre volle Ausdehnung erreicht und steht aufrecht im prallen Sonnenschein wie ein kolossaler Berg, in Form und Ausführung derart schön, als würde sie zur dauerhaften Ergänzung der Landschaft. Jetzt kracht ein Blitz durch die frische Luft und tönt wie Stahl auf Stahl, scharf und klar, sein erschreckender Schlag zerspringt an den Klippen und Wänden der Cañons in eine Gischt von Echos. Dann stürzt ein Regenkatarakt nieder. Dicke Tropfen rieseln durch die Kiefernnadeln, prasseln und platschen auf den Granitboden, fließen an den Flanken der Grate und Dome in einem Netz aus grauen, gurgelnden Rinnsalen hinab. Innerhalb weniger Minuten schnurrt die Wolke zu einem Geflecht aus trüben Fasern zusammen und verschwindet, der Himmel ist wieder vollkommen hell und klar, jedes Staubkörnchen abgewischt und fortgespült. Alles wurde erfrischt und belebt, Düfte steigen empor, der Sturm ist vorüber — eine Wolke, ein Blitzschlag, ein Regenschauer. Das ist das Mittsommergewitter der Sierra in seiner schwächsten Form. Einige jedoch erreichen ein viel größeres Ausmaß und nehmen eine Erhabenheit und Ausdruckskraft an, die jene in den Wintertiefen ausgebrüteten kaum übertreffen können; sie verursachen die plötzlichen Überflutungen, die man ›Wolkenbrüche‹ nennt, weil sie wochenlang jeden Tag zur gleichen Zeit erscheinen, meist gegen elf Uhr, und zwischen fünf Minuten und ein, zwei Stunden dauern. Schon bald ist man so an ihren Anblick gewöhnt, dass der Mittagshimmel ohne sie leer und verlassen scheint, als hätte die Natur etwas vergessen. Wenn sich die herrlichen Perl- und Alabasterwolken auftürmen, gilt nur ihnen meine Aufmerksamkeit. Kein Berg, keine Gebirgskette, wie göttlich auch immer in Licht gehüllt, besitzt einen beständigeren Charme als diese flüchtigen Himmelsberge — treibende Quellen, die jedem Brunnen Wasser bringen, Engel der Flüsse und Seen; in tiefem Azurblau brütend oder sanft am Grunde über Kamm und Kuppel streichend, über Wiese und Wald, über Garten und Hain; mit kühlenden Schatten verweilend, jede Blume erfrischend, schroffe Felskuppen dämpfend mit sanftmütiger Berührung und wahrhaft göttlicher Geste.

Die schönsten und imposantesten Sommerstürme steigen knapp über den oberen Rand der Grautannenzone, sie sind alle so schön, dass es nicht leicht fällt, einen einzelnen für die Beschreibung auszuwählen. Derjenige, an den ich mich am besten erinnere, traf am 19. Juli 1869[66] auf die Berge nahe dem Yosemite Valley, als ich mein Lager in den Tannenwäldern aufgeschlagen hatte. Eine Kette buckeliger Kumuluswolken nahm den Himmel in Besitz, riesige Dome und Gipfel erhoben sich einer nach dem anderen, tiefe Cañons zwischen ihnen, und wanden sich in langen Kurven und Läufen mal in diese, mal in jene Richtung, hier und dort von weißen aufwallenden Massen unterbrochen, die aussahen wie die Gischt eines Wasserfalls. Schnell aufeinander folgten die Zickzackspeere, und der Donner war so herrlich laut und gewaltig, dass es schien, als würde mit jedem Schlag tatsächlich ein ganzer Berg zerschmettert. Allerdings wurden nur Bäume getroffen, soweit ich es sehen konnte — ein paar etwa 200 Fuß hohe Tannen mit einem Durchmesser von fünf bis sechs Fuß waren von oben bis unten in lange Streifen und Splitter gespalten und in alle Himmelsrichtungen verstreut. Dann kam der Regen, schüttete heftig und bedeckte den Boden, so dass er glänzte, mit einem lückenlosen Wasserlaken, wie eine transparente Schicht oder Haut, die sich dicht über die schroffe Anatomie der Landschaft legte.

Aus geologischer Sicht ist es nicht lang her, seit der erste Regentropfen auf die heutigen Landschaften der Sierra fiel; und wie schön sind sie geworden in den wenigen zehntausend Jahren stürmischer Kultivierung, mit denen sie gesegnet wurden! Die ersten Schauer fielen auf rauhe, bröckelnde Moränen und Felsen ohne jegliche Pflanze. Jetzt gibt es kaum einen Tropfen, der nicht eine schöne Stelle findet: auf die Bergspitzen, auf die glatten Gletscherböden, auf die Rundungen der Kuppeln, auf Moränen voller Kristalle, auf die tausend Formen der Yosemite-Skulptur mit ihrer zarten Schönheit von wohlriechender, blühender Vegetation spülen, platschen, funkeln und prasseln sie. Einige fallen weich auf Wiesen, kriechen außer Sichtweite, suchen und finden jedes durstige Würzelchen, einige rieseln durch die Spitztürme der Wälder, durch die Nadeln im Staub und flüstern jeder einzelnen guten Mut zu; andere fallen mit dumpf klatschendem Geräusch, trommeln auf die breiten Blätter von Nieswurz, Frauenschuh und Steinbrech; wieder andere fallen direkt in duftende Korollen, küssen die Lippen der Lilien und schimmern an den Flanken der Kristalle, auf den leuchtenden Goldkörnern; einige fallen in die Quellen des Schnees, um deren wohlbehütete Lager aufzustocken, einige in die Seen und Flüsse, betätscheln ihre glatten Glasoberflächen, erzeugen Grübchen und Glocken und Sprühnebel, reinigen die Bergfenster, reinigen die wandernden Stürme; andere klatschen mitten in Schneefälle und Kaskaden, als seien sie begierig darauf, in ihren Tanz und ihr Lied einzustimmen und den Schaum noch feiner zu schlagen. Gute Arbeit und glückendes Werk für die frohen Bergregentropfen, jeder sein eigener tapferer Wasserfall, der von den Klippen und Senken der Wolken in die Klippen und Mulden der Berge stürzt, fort vom Donner des Himmels ins Donnern brüllender Flüsse. Und wie weit müssen sie wandern, wieviele Kelche füllen — Schuppenheidekelche, die einen halben Tropfen fassen, und Seebecken zwischen den Hügeln, jedes mit derselben Umsicht aufgefüllt — jeder Tropfen ein Bote Gottes, ausgesandt mit strahlendem Prunk und Machtentfaltung — silbrige neue Sterne mit Teich und Fluss, Berg und Tal — alles, was die Landschaft einschließt — in ihren kristallnen Tiefen gespiegelt.

KAPITEL XIII

Die Grauwasseramsel

Die Wasserfälle der Sierra werden von nur einem Vogel besucht — der Grauwasseramsel bzw. dem Wasserschmätzer (*Cinclus Mexicanus, Sw.*). Sie ist ein ungewöhnlich fröhlicher und liebenswerter kleiner Bursche von etwa der Größe der Wanderdrossel, gekleidet in einen schlichten wasserdichten Anzug von blaugrauer Farbe, am Kopf und an den Schultern schokoladengetönt. Von der Form her ist sie ungefähr so glattrund und kompakt wie ein Kiesel, der in einem Strudelloch herumgewirbelt wurde, die fließende Kontur ihres Körpers wird nur von ihren starken Füßen und ihrem Schnabel, den forschen Flügelspitzen und dem schräg aufgestellten, zaunkönigähnlichen Schwanz unterbrochen.

Unter den zahllosen Wasserfällen, auf die ich im Laufe meiner zehnjährigen Erkundung der Sierra gestoßen bin, war keiner ohne seine Wasseramsel zu finden, weder auf den vereisten Gipfeln oder im warmen Vorgebirge noch in den tiefen yosemitischen Cañons der mittleren Region. Kein Cañon ist zu kalt für diesen kleinen Vogel, keiner ist zu einsam, vorausgesetzt, dass er über reichlich fallendes Wasser verfügt. Suche einen Wasserfall, eine Kaskade oder eine rauschende Schnelle irgendwo an einem klaren Fluss, und du wirst ganz sicher die dazugehörige Grauwasseramsel finden, die im Sprühnebel herumflitzt, in den schäumenden Wirbeln taucht, wie ein Blatt zwischen den Schaumglocken trudelt, stets energisch und begeistert, eigenständig, deine Gesellschaft weder suchend noch meidend.

Wird sie beim Herumtauchen in den Uferseichten gestört, schwirrt sie rasch davon zu einer anderen Futterstelle stromauf oder stromab oder landet auf einem Felsen oder Knorren im Fluss und beginnt sofort wie ein Zaunkönig zu nicken und zu knicksen, wobei sie den Kopf mit allerhand seltsam zierlichen Bewegungen, die stets die Aufmerksamkeit des Beobachters fesseln, von der einen zur anderen Seite wendet.

Sie ist der Liebling der Gebirgsflüsse, der Kolibri der blühenden Gewässer, der plätschernde Felshänge und Gischtflächen genauso liebt wie eine Biene die Blumen, wie eine Lerche den Sonnenschein und die Wiesen. Unter allen Bergvögeln hat mich kein anderer auf meinen einsamen Wanderungen so erfreut — und keiner so ausnahmslos. Denn sie singt sowohl im Winter als auch im Sommer süß, fröhlich, unabhängig von Sonnenlicht und Liebe, sie braucht keine andere Inspiration als den Fluss, bei dem sie wohnt. Sie singt, solange das Wasser singt, in Hitze oder Kälte, Flaute oder Sturm, und passt ihre Stimme stets sicher an, leis in der Dürre des Sommers und der Dürre des Winters, jedoch niemals schweigend.

In den goldenen Tagen des Indianersommers, nachdem ein Großteil des Schnees geschmolzen ist und die Gebirgsbäche kraftlos geworden sind — eine Abfolge ruhiger Tümpel, miteinander verbunden durch seichte, transparente Läufe und Bänder silbernen Spitzenmusters —, sind auch die Lieder der Wasseramsel auf ihrem niedrigsten Stand. Aber sobald die Winterwolken emporgeschossen und die Schatzkammern der Berge wieder mit Schnee gefüllt sind, gewinnen Flüsse und Wasseramseln bis zu den Überschwemmungen im Frühsommer an Stärke und Reichtum. Dann singen die Wildbäche ihre nobelsten Hymnen, dann ist die Zeit, in der die Melodien unseres Sängers hinausströmen. Finstere Tage und sonnige Tage sind ein und dasselbe für ihn. Die Stimmen der meisten Singvögel leiden, wie fröhlich sie auch waren, unter langer Winterdunkelheit; die Wasseramsel jedoch singt in allen Jahreszeiten und bei jedem Sturm. Tatsächlich fällt kein Sturm heftiger aus als jener Sturm der Wasserfälle, in deren Mitte sie sich aufzuhalten beliebt. Das Wetter kann noch so dunkel sein und mit Schnee, Wind und Wolken toben, sie singt trotzdem und ohne einen trübsinnigen Ton. Es bedarf keiner Frühlingssonne, um ihr Lied aufzutauen, denn es gefriert niemals. Man hört nie irgendetwas Winterliches aus ihrer warmen Brust; kein verhärmtes Piepsen, keine zwischen Gram und Freude schwankenden Töne; ihre weiche, flötende Stimme ist immer auf klaren Frohsinn eingestellt, frei von Niedergeschlagenheit wie das Krähen der Hähne.

Voll Mitleid sieht man, wie die winzigen frostgeplagten Spatzen in den Bergwäldern an kalten Morgen den Schnee von ihren Federn schütteln und herumhüpfen, als fürchteten sie sich davor, munter zu sein, dann eilen sie aus dem Wind in ihre Verstecke zurück, plustern ihr Brustgefieder über die Zehen und versinken kalt und ohne Frühstück zwischen den Blättern, während der Schnee weiter fällt und es kein Anzeichen für ein Aufklaren gibt. Niemals aber weckt die Wasseramsel eine Spur von Mitleid; nicht weil sie die Stärke besitzt, zu ertragen, sondern vielmehr weil sie ein verzaubertes Leben jenseits aller Einflüsse führt, die ein Erdulden überhaupt notwendig machen würden.

Eines wilden Wintermorgens, als ein erquickender Schneesturm das Yosemite Valley in seiner ganzen Länge von West nach Ost durchfegte, machte ich mich auf, um zu sehen, was ich lernen und woran ich mich erfreuen könnte. Eine Art graue, dämmerähnliche Dunkelheit füllte das Tal, die hohen Wände waren außer Sicht, alle üblichen Geräusche waren erstickt und sogar das lauteste Donnern der Wasserfälle wurde zuweilen unter dem Gebrüll der schwerbeladenen Böen begraben. Der lockere Schnee lag bereits mehr als fünf Fuß tief auf den Wiesen und verhinderte ausgedehnte Gänge ohne die Hilfe von Schneeschuhen. Mir fiel es dennoch nicht schwer, zu einer gewissen Kräuselung auf dem Fluss zu gelangen, wo eine meiner Amseln lebte. Sie war daheim, eifrig damit beschäftigt, ihr Frühstück im Geröll einer seichten Stelle am Ufer zusammenzusuchen, und augenscheinlich fiel ihr nichts Außergewöhnliches am Wetter auf. Jetzt flatterte sie zu einem Stein, an den die Eisströmung schlug, wandte ihren Rücken dem Wind zu und sang herrlich wie eine Lerche im Frühling.

Nachdem ich eine oder zwei Stunden bei meinem Liebling verbracht hatte, wanderte ich durch das Tal, indem ich mühsam meinen Weg ins Gestöber bahnte und wühlte, um möglichst genau zu erfahren, wie die anderen Vögel ihre Zeit verbrachten. Man findet die Vögel Yosemites im Winter sehr leicht, denn alle, außer der Wasseramsel, beschränken sich auf die sonnige Nordseite des Tales; die Südseite wird vom riesigen kalten Schatten der Wand dauerhaft verdunkelt. Und weil die Wälder des Indian Cañon wegen ihrer exponierten Lage die wärmsten sind, scharen sich dort die Vögel, vor allem bei schlechtem Wetter.

Die meisten Wanderdrosseln entdeckte ich an die Leeseite größerer Äste geduckt, wo der Schnee nicht auf sie fallen konnte; zwei oder drei der wagemutigeren unternahmen jedoch verzweifelte Versuche, die Mistelbeeren zu erreichen, indem sie sich nervös und wie die Spechte mit dem Rücken nach unten an die Unterseiten der schneebedeckten Massen krallten. Zuweilen lockerten sie ein paar Ränder der Schneekronen, die auf sie niederrieselten, so dass sie schreiend in ihr Lager zurückflogen, wo sie mit einem Schauder zwischen ihren Gefährten einsanken und wie hungrige Kinder leise quengelnd vor sich hinschnatterten.

Einige Spatzen waren am Fuße der größeren Bäume damit beschäftigt, Samen und kältesteife Insekten zu sammeln, dann und wann gesellte sich eine Wanderdrossel zu ihnen, die ihrer erfolglosen Versuche bei den schneebedeckten Beeren überdrüssig war. Die wackeren Spechte hingen an den schneefreien Seiten der breiteren Stämme und kragenden Äste der Rastbäume, flogen kurz von der einen Seite des Hains zu anderen, pickten ab und zu an den Eicheln, die sie in der Borke verstaut hatten, und schnatterten sinnlos, als wären sie unfähig, still zu sein, um auf offensichtlich überaus dumpfe Weise die Zeit zu vertrödeln, wie im Sturm gefangene Reisende in einer Dorfkneipe. Die zähen Kleiber wanden sich gewohnt eifrig durch die offenen Spalten der Baumstämme und sangen ihre wunderlichen Lieder, offenbar weniger notleidend als ihre Nachbarn. Die Diademhäher verursachten natürlich einen größeren Aufruhr als alle anderen Vögel zusammen; sie kamen und gingen ständig mit lautem Getöse, schrien als hätten sie einen Klumpen Schneematsch in der Kehle und nutzten aufmerksam jede vom Sturm gebotene Gelegenheit zu, um etwas aus dem Eichelvorrat der Spechte zu stehlen. Ich bemerkte auch einen einzelnen Grauadler, der auf der Spitze eines großen Kiefernstumpfs gleich am Waldsaum dem Sturm trotzte. Kerzengerade stand er mit dem Rücken zum Wind, Schnee bauschte sich auf den vierschrötigen Schultern, ein Monument regloser Dauer. So hatte es wohl jeder im Schnee gefangene Vogel mehr oder weniger unbequem, wenn er nicht gar in echter Not war. Der Sturm spiegelte sich in jeder Gebärde wieder und kein fröhlicher Ton, geschweige denn ein Lied, kam aus einem der Schnäbel; ihr kauerndes, freudloses Ausharren stand in verblüffendem Gegensatz zur impulsiven, unerschütterlichen Fröhlichkeit der Wasseramsel, die ihren süßen Gesang genauso verströmen musste wie eine Rose ihren süßen Duft. Sie kann nicht anders als singen, auch wenn der Himmel einstürzt. Ich erinnere mich an das Elend eines Wanderdrosselpaars während des gewaltigen Erdbebens im Jahre 1872,[67] als die Kiefern des Valley mit seltsamem Rucken ihre Zweige wedelten und schwenkten, und Felsvorsprünge in ungeheuren Lawinen auf die Wiesen niederdonnerten. Es war mir in der Aufregung anderer Beobachtungen nicht in den Sinn gekommen, nach den Wasseramseln zu schauen, doch ich zweifle nicht, dass sie stracks weitersangen und den fürchterlichen Felsdonner ebenso furchtlos betrachteten wie das Dröhnen der Wasserfälle.

Was man als die einzelnen Lieder der Amsel betrachten kann, fällt äußerst schwer zu beschreiben, weil sie erstaunlich verschieden sind und gleichzeitig miteinander verschmelzen. Obwohl ich meinen Liebling seit zehn Jahren kenne und ihn fast täglich habe singen hören, entdecke ich immer noch Töne und Weisen, die mir neu vorkommen.

Beinahe all ihre Musik ist sanft und zart, sie rinnt aus ihrer runden Brust wie Wasser über den glatten Rand eines Beckens, dann zerfällt sie in einen glitzernden Schaum melodiöser Töne, der vor bezähmter Begeisterung glüht, ohne indes viel von der starken, überschwänglichen Ekstase der Reisstärlinge oder Lerchen auszudrücken.

Die erstaunlichsten Weisen sind perfekte Melodiearabesken, komponiert aus ein paar vollen, runden, weichen Tönen, mit köstlichen Trillern bestickt, die verklingen und in weite schlanke Kadenzen zerfließen. Die Musik der Amsel ist gewissermaßen die verfeinerte und vergeistigte Musik der Flüsse. In ihr sind die tiefen dröhnenden Klänge der Wasserfälle, die Triller der Stromschnellen, das sachte Klimpern der einzelnen Tropfen, die von den Moosspitzen triefen und in stille Teiche fallen.

Die Wasseramsel singt niemals im Chor mit anderen Vögeln oder mit ihren Artgenossen, sondern nur mit den Flüssen. Und wie Blumen, die unter der Erdoberfläche blühen, erheben sich einige der besten Liedblüten unseres Lieblings nie über die schwere Musik des Wassers. Ich habe oft beobachtet, wie sie inmitten versprühter Tropfen singt und ihre Musik vollständig im Brüllen des Wassers untergeht; doch ich wusste aufgrund ihrer Gebärden und der Schnabelbewegung, dass sie ganz gewiss singt.

Soweit ich beobachtet habe, besteht ihre Nahrung aus allen Arten Wasserinsekten, die im Sommer hauptsächlich an den seichten Ufern beschafft werden. Hier watet sie umher, taucht ihren Kopf unter Wasser und wendet geschickt Kiesel und gefallenes Laub mit ihrem Schnabel um, geht aber selten in tiefes Wasser, wo sie ihre Flügel zum Tauchen benutzen muss.

Besonders gierig scheint sie auf Stechmückenlarven, die in Überfülle in seichter Strömung am Boden glatter Felstunnel hängen. Wenn sie an solchen Orten frisst, watet sie stromauf; und während sich ihr Kopf unter Wasser befindet, wird der schnelle Fluss oft längs der glänzenden Rundungen ihres Halses und ihrer Schultern nach oben vorbeigelenkt, und zwar in Form einer hellen, kristallenen Muschel, die sie wie eine Glasglocke umschließt; diese Muschel wird zerstört und neugebildet, wenn die Amsel ihren Kopf hebt oder senkt; manchmal schleicht sie jedoch zu einer Stelle hinaus, wo sie die allzu starke Strömung von den Füßen reißt, dann flattert sie auf und sammelt wieder im flacheren Wasser.

Im Winter jedoch, wenn sich die Flussufer in den Schnee geprägt und die Bäche bis fast zum Gefrierpunkt abgekühlt haben, so dass sich der bei Sturmwetter hineinfallende Schnee nicht vollständig auflöst, sondern einen dünnen blauen Matsch bildet, der die Strömung trübt — dann sucht sie die tieferen Stellen größerer Flüsse, um dort vielleicht in klares Wasser unter dem Matsch zu tauchen. Oder sie begibt sich zu einem offenen See oder Weiher, auf dessen Grund sie in Sicherheit frisst.

Wenn sie auf diese Weise gezwungen ist, einen See aufzusuchen, taucht sie nicht gleich hinein wie eine Ente, sondern landet zunächst auf einem Felsen oder einer umgestürzten Kiefer am Ufer. Sie fliegt dann ungefähr dreißig bis vierzig Meter, je nach Beschaffenheit des Grunds, landet mit zierlichem Funkeln auf der Wasseroberfläche, schwimmt umher, schaut hinab, fasst endlich einen Entschluss und verschwindet mit einem starken Flügelschlag. Nachdem sie zwei, drei Minuten gefressen hat, taucht sie plötzlich wieder auf, schüttelt das Wasser mit energischem Schuddern von den Flügeln, hebt sich jäh in die Lüfte als sei sie von unten geschoben worden, kehrt zu ihrem Ast zurück, singt ein paar Minuten und taucht noch einmal hinab. Sie kommt und geht, singt und taucht auf diese Weise stundenlang an derselben Stelle.

Die Wasseramsel findet man gewöhnlich nur für sich allein, selten in Paaren, außer in der Brutzeit, und überaus selten zu dritt oder viert. Einmal habe ich drei auf einem kleinen Gletschersee im Upper Merced rund 7500 Fuß überm Meeresspiegel beobachtet, die auf diese Weise gemeinsam einen Wintermorgen verbracht haben. Über Nacht

Tutokanula, Yosemite Valley.

war ein Sturm aufgezogen, doch die Morgensonne schien wolkenlos und der schattige See lag, dunkel leuchtend inmitten frischen Schnees, reglos glatt wie ein Spiegel. Mein Lager befand sich zufällig nur ein paar Schritte vom Wasser entfernt, einer ungestürzten Kiefer gegenüber, deren Äste zum Teil auf den See hinaus ragten. Hier bezogen meine höchst willkommenen Besucher ihren Posten und begannen sogleich, die frostige Luft mit ihren köstlichen Melodien zu besticken, mir an diesem Morgen doppelt erfreulich, da ich ein wenig in Furcht war vor dem gefährlichen Abstieg durch die schneeverstopften Cañons ins Flachland.

Der zum Futterplatz erkorene Teil des Seegrunds liegt fünfzehn bis zwanzig Fuß tief unter der Oberfläche und ist mit kurzen Algen und anderen Wasserpflanzen bewachsen — Fakten, die ich vorher ermittelt hatte, als ich mit einem Floß darüberfuhr. Nachdem sie auf der gläsernen Oberfläche gelandet waren, frönten sie bisweilen einem Spielchen und jagten einander in kleinen Kreisen; dann tauchten sie plötzlich gemeinsam und kamen anschließend an Land, um zu singen.

Nur selten paddelt die Wasseramsel mehr als ein paar Meter auf der Oberfläche, denn sie hat keine Schwimmfüße und kommt nur langsam voran, doch mit Hilfe ihrer starken, steifen Flügel schwimmt oder vielmehr fliegt sie in hohem Tempo oft über beträchtliche Entfernungen unter Wasser. Die Kraft ihrer Flügel erweist sich am bemerkenswertesten, wenn sie der Gewalt der Stromschnellen standhält. Das Folgende mag als gute Darstellung der Stärke ihres Unterwasserflugs dienen: Eines stürmischen Morgens im Winter, als der Merced River blau und grün vor ungeschmolzenem Schnee war, beobachtete ich, wie eine meiner Wasseramseln auf einem Knorren weit draußen in der Mitte des reißenden Stroms hockte und fröhlich sang, als wäre ihr alles recht; und während ich am Ufer stand und sie bewunderte, tauchte sie, ihren Gesang abrupt unterbrechend, plötzlich in die matschige Strömung hinein. Nachdem sie eine oder zwei Minuten am Grunde gefressen hatte und man annehmen musste, dass sie unweigerlich stromab getrieben ist, erschien sie an genau derselben Stelle wieder, an der sie abgetaucht war, landete auf dem Knorren, schüttelte die Wasserperlen aus ihrem Gefieder und nahm ihr unvollendetes Lied in scheinbar heiterer Ruhe auf, als sei es niemals unterbrochen worden.

Von allen Vögel wagt nur die Wasseramsel, in einen weißen Gießbach zu tauchen. Obwohl von der Struktur her eine strikte Landbewohnerin, ist keiner sonst derart untrennbar mit dem Wasser verbunden, nicht einmal die Ente oder der kühne Albatros des Meeres oder die Sturmschwalbe. Denn Enten gehen ans Ufer, sobald sie an ungestörten Orten gefressen haben, und unternehmen lange Flüge überland von See zu See und Feld zu Feld. Das Gleiche trifft auf die meisten anderen Wasservögel zu. Doch die Amsel, die am Rande eines Flusses oder in dessen Mitte auf einem Baumstumpf oder Felsen geboren ist, verlässt das Wasser nur selten für kurze Zeit. Obwohl sie oft in der Luft ist, fliegt sie niemals überland, sondern schwirrt mit raschem, wachtelähnlichem Schlag über dem Fluss und verfolgt all seine Windungen. Sogar wenn der Fluss sehr schmal ist, sagen wir fünf bis zehn Fuß breit, kürzt sie nur selten ihren Flug ab, indem sie eine urplötzliche Biegung schneidet; selbst wenn sie auf einen Störenfried am Ufer trifft, zieht sie es vor, über ihn hinwegzufliegen, um so den Boden zu meiden. Verfolgt man also ihren Flug an einem gekrümmten Flusslauf entlang, wirkt er erstaunlich schwankend — ein Schriftzug auf der Luft jeder Biegung mit blitzartiger Schnelligkeit.

Den senkrechten Kurven und Winkeln der abschüssigsten Sturzbäche folgt sie mit derselben unbeugsamen Treue; sie stößt schräge Kaskaden hinab, stürzt jäh über schwindelerregenden Wasserfällen mitten in die Gischt hinein und steigt mit derselben Furchtlosigkeit und Leichtigkeit wieder hinauf, wobei sie selten die Steile der Steigung mindert, indem sie ihren Aufflug schon beginnt, noch ehe sie den Fuß des Wasserfalls erreicht hat. Dieser mag einige hundert Fuß hoch sein, sie fliegt dennoch stracks weiter als pralle sie kopfüber in einen Pulk startender Raketen, flitzt dann abrupt aufwärts und nimmt, nachdem sie für eine kurze Rast über dem Abgrund gelandet ist, ihre Nahrungssuche und ihren Gesang wieder auf. Ihr Flug ist stabil und ungestüm, ohne Flügelschläge dazwischen — ein homogenes Surren wie das einer beladenen Biene auf dem Heimweg. Und während sie auf diese Weise ungehindert von Fall zu Fall schwirrt, hört man sie nicht selten eine lange Reihe unmodulierter Töne ausstoßen, die in keiner Verbindung zu ihrem Lied stehen, aber eng mit ihrem Flug voll anhaltendem Elan übereinstimmen.

Würde man die Flüge aller Wasseramseln in der Sierra auf einer Karte verfolgen, zeigten sie die Fließrichtung des gesamten Systems der alten Gletscher an, vom Aufbrechen der Eisdecke bis zum Ende des glazialen Winters; denn die Ströme, denen die Wasseramseln strikt folgen, verlaufen, mit unwesentlichen Ausnahmen einiger Seitenarme, sämtlich in Rinnen, die von den verschwundenen Gletschern in die harten Gebirgsflanken erodiert wurden — die Flüsse folgen den alten Gletschern, die Wasseramseln folgen den Flüssen. Wir finden eine derart vollständige Einwilligung in glaziale Bedingungen bei keinem Gebirgsvogel und keinem anderen Tier sonst. Bären nehmen meist die von den Gletschern gebahnten Wege, weil sie am leichtesten zu erwandern sind; doch sie verlassen sie auch oft und wechseln von einem Cañon zum nächsten. So folgen auch die meisten Vögel bis zu einem gewissen Maße den Moränen, da auf ihnen Wälder wachsen. Doch sie ziehen weiter, überqueren die Cañons von Hain zu Hain und schlagen äußerst verwinkelte und komplizierte Kurse ein.

Das Nest der Wasseramsel ist eines der merkwürdigsten Werke der Vogelarchitektur, die mir jemals unter die Augen gekommen sind, ungewöhnlich und neuartig in der Gestaltung, vollkommen frisch und schön, ganz dem Genie des kleinen Baumeisters angemessen. Sein Durchmesser beträgt etwa einen Fuß, es ist rund und bauchig im Umriss, verfügt über eine fein gewölbte Öffnung in Bodennähe und ähnelt irgendwie einem altmodischen Ziegelofen oder einer Hottentottenhütte. Es besteht fast ausschließlich aus gelbem und grünem Moos, vornehmlich dem schönfiedrigen Hypnum, das Felsen und altes Treibholz in der Umgebung von Wasserfällen überzieht. Die Moose sind geschickt miteinander zu einer bezaubernden kleinen Hütte verknüpft und verfilzt; und so gelegen, dass viele an der Außenseite weiterblühen als wären sie niemals ausgerissen worden. Gelegentlich findet man einige dünne behaarte Grashalme in die Moose gewoben, doch scheint ihr Vorhandensein, mit Ausnahme eines dünnen Bodenpolsters, eher zufällig, da sie einer Art angehören, die beim Moos wächst und wahrscheinlich mit ihm zusammen ausgerupft wurde. Die für dieses kuriose Haus gewählte Stelle ist in der Regel ein kleiner Felsvorsprung in Reichweite der leichteren Nebel-Partikel des Falls, so dass ihre Wände zumindest in der Hochwasserperiode grün bleiben und wachsen.

Kein Teil des Nestes weist harte Linien auf, doch wenn man es vom Untergrund hebt, findet man an der Rückseite, am Boden und manchmal an einem Teil des Daches sehr scharfe Winkel, weil es der Oberfläche des Felsens, auf oder gegen den es gebaut wurde, angepasst ist, der kleine Architekt nutzt nämlich stets die Vorteile kleiner Spalten und Wülste, die sich ihm zufällig bieten, um sein Bauwerk durch eine Art Ineinandergreifen und Verzahnen zu stabilisieren.

Bei der Wahl eines Bauplatzes scheint Verborgenheit keine Rolle zu spielen; obwohl das Nest groß ist und arglos den Blicken ausgesetzt, ist es alles andere als leicht zu entdecken, vor allem weil es sich vorwölbt wie jedes Mooskissen, das an solchen Stellen ganz natürlich wächst. Dies ist insbesondere der Fall, wo das Nest durch Besprenkelung frisch gehalten wird. Manchmal verstärken auch Felsfarne und Gräser, die rings um die moosigen Wände oder vor der Türschwelle sprießen und vor kristallnen Perlen tropfen, die Schönheit dieser romantischen kleinen Hütten.

Außerdem schillert zu bestimmten Stunden des Tages, wenn das Sonnenlicht im richtigen Winkel einfällt, der gesamte Sprühnebel, der den zauberhaften Bau umhüllt, in hellem Glanz; und in einer solch herrlichen Regenbogenatmosphäre senden einige unserer gesegneten Wasseramseln ihr erstes Piepsen in die Welt hinaus.

Wasseramseln scheinen so vollständig zu den von ihnen bewohnten Flüssen zu gehören, dass sie kaum eine andere Herkunft nahelegen als die Flüsse selbst; und es wäre beinahe zu entschuldigen, wenn man sich vorstellt, sie entsprängen direkt den lebendigen Wassern wie Blumen dem Boden. Aus welchem Grund auch immer, es kam mir schließlich erst über ein Jahr, nachdem ich Bekanntschaft mit den Vögeln geschlossen hatte, in den Sinn, mich nach ihren Nestern umzusehen, und genau an dem Tag, an dem ich mit meiner Suche begann, entdeckte ich eines. Auf meinem Weg von Yosemite zu den Gletschern an den Oberläufen des Merced River und Tuolumne River kampierte ich in einem besonders wilden und romantischen Abschnitt des Nevada Cañon, in dem ich bei früheren Wanderungen niemals auf die erfreuliche Begleitung meiner Lieblinge verzichten musste, die hier zweifellos von den sicheren Nistplätzen an den abschüssigen Felsen und dem Überfluss an Nahrung und Wasser angezogen wurden. Der Fluss bestand über Meilen stromauf und stromab aus einer Abfolge kleiner, zehn bis sechzig Fuß hoher Fälle, welche miteinander verbunden waren durch plane, federartige Kaskaden, die von Fall zu Fall frei und fast ohne Rinne über die Wellenfalten des gletscherpolierten Granits huschten.

An der Südseite eines der Wasserfälle weist dieser Teil des Abhangs, der in Sprühnebel getaucht ist, eine Reihe kleiner Bänke und Platten auf, die durch die Entstehung von Trennflächen im Granit und durch den folgenden Sturz von Gesteinsmassen mittels Wassereinwirkung verursacht wurden. »Dies hier«, sagte ich, »ist die bezauberndste Stelle für ein Amselnest.« Ich suchte unter dem Dunstschleier behutsam den ausgehöhlten Hang ab und stieß endlich auf ein gelbliches Mooskissen, das im Umkreis der äußeren Windungen des Falles am Rand einer flachen Felsplatte wuchs. Doch abgesehen von der Tatsache, dass es sich dort befand, wo sich einer, der mit dem Leben der Wasseramseln vertraut ist, vorstellt, dass ihr Nest sein sollte, gab es auf den ersten Blick nichts in seiner Erscheinung, wodurch man es von den anderen, aufgrund des immerwährenden Sprühnebels ähnlich gelegenen Felsmoos-Buckeln hätte unterscheiden können; und bevor ich es nicht wieder und wieder studiert hatte und meine Schuhe und Socken ausgezogen und an der Felswand bis auf acht oder zehn Fuß herangeklettert war, konnte ich nicht sicher feststellen, ob es ein Nest war oder ein natürlicher Bewuchs.

Drei oder vier schaumbläschenweiße Eier liegen in diesen Mooshütten; und kein Wunder, dass die kleinen ausgebrüteten Vögel ihre Wasserlieder pfeifen, denn sie hören sie ihr ganzes Leben lang und sogar schon, ehe sie geboren wurden.

Ich habe oft beobachtet, wie die Jungen, kaum flügge, ihre seltsamen

Gebärden machten und sich in anscheinend jeder Hinsicht so daheim fühlten wie ihre erfahrenen Eltern, vergleichbar den jungen Bienen auf ihren ersten Ausflügen zu den Blumenwiesen. Häufige Vertrautheit mit Menschen und ihren Gebräuchen scheint sie nicht im mindesten zu verändern. Allem Anschein nach bleibt ihr Verhalten dasselbe, ob sie einen Menschen zum ersten Mal sehen oder ob sie ihn schon oft gesehen haben.

An den Unterläufen der Flüsse, an denen Sägemühlen stehen, singen sie zum Lärm der Maschinen und all dem lauten Durcheinander von Hunden, Vieh und Arbeitern. Während ein Holzhacker am Ufer arbeitete, konnte ich einmal beobachten, wie eine Amsel in Reichweite der umherfliegenden Splitter fröhlich sang. Auch versetzt sie keinerlei ungewohnte Störung in schlechte Laune oder verschreckt sie aus ruhiger Selbstbeherrschung. Als ich einmal eine schmale Schlucht durchquerte, trieb ich eine Amsel von Stromschnelle zu Stromschnelle vor mir her, scheuchte sie vier Mal in rascher Folge dort auf, wo sie wegen der engen Rinne schlecht hinter mich fliegen konnte. Unter solchen Umständen fühlen sich die meisten Vögel verfolgt und werden argwöhnisch; doch anstatt in Nervosität zu verfallen, tauchte sie wie üblich und sang eine ihrer friedlichsten Melodien. Beobachtet man sie aus der Nähe, drücken ihre Augen bemerkenswerte Sanftmut und Intelligenz aus; aber nur selten gestatten sie einen so nahen Blick, es sei denn, man trägt Kleidung von ungefähr der Farbe der Felsen und Bäume und kann still sitzen. Einmal wanderte ich am Ufer eines Bergsees entlang, wo die Vögel, jedenfalls die in diesem Jahr geborenen, noch nie einen Menschen gesehen hatten, und rastete auf einem großen Stein am Rande des Wassers, auf dem die Amseln und Wasserläufer offenbar zu landen pflegten, wenn sie zum Fressen an diesen Teil des Ufers kamen, und auch einige andere Vögel, wenn sie zum Baden und Trinken niederstiegen. Nach ein paar Minuten kam eine Wasseramsel angerauscht und landete neben mir, in Reichweite meiner Hand, auf dem Stein. Plötzlich bemerkte sie mich und duckte sich nervös, als würde sie jeden Moment davonfliegen, doch ich blieb reglos wie der Stein, so dass sie Vertrauen fasste und mir für etwa eine Minute unverwandt ins Gesicht blickte, dann flog sie still zu dem Durchlass und begann zu singen. Als nächstes kam ein Wasserläufer und starrte mich mit demselben arglosen Ausdruck in den Augen an wie die Wasseramsel. Zuletzt stürzte sich ein Diademhäher aus einer Tanne, vielleicht in der Absicht, seine laute Kehle anzufeuchten. Doch anstatt vertrauensvoll zu hocken, wie es meine anderen Besucher getan hatten, stürmte er sofort wieder davon, taumelte in seinem wirren Argwohn beinahe Hals über Kopf in den See und weckte mit lautem Geschrei die Nachbarschaft.

Die Liebe zu den Singvögeln mit ihren sanften menschlichen Stimmen scheint weiter verbreitet und getreuer zu sein als die Liebe zu den Blumen. In gewissem Maße liebt jeder Blumen, zumindest am frischen Lebensmorgen, und wird instinktiv von ihnen angezogen wie die Hummeln und Bienen. Sogar die jungen Digger-Indianer empfinden soviel Liebe für die leuchtendsten, die auf den Bergen wachsen, dass sie sie sammeln und zum Haarschmuck flechten. Ich war froh, als ich entdeckte, dass die wenigen Indianer, die sich zu einem Gespräch über diesen Gegenstand bewegen ließen, Namen haben für die wilde Rose und die Lilie und andere auffällige Blumen, die als Futter oder sonstwie nützlich sind. Die meisten Menschen, ob nun wilde oder zivilisierte, stehen allerdings sämtlichen Pflanzen gleichgültig gegenüber, die keinen weiteren ersichtlichen Nutzen als die Schönheit haben. Zum Glück erlischt die erste instinktive Liebe zu den Singvögeln niemals vollständig, ganz gleich, was unser Leben beeinflusst haben mag. Ich habe mich oft gefreut, wenn ich sah, wie ein reines, vergeistigtes Leuchten in die Gesichter harter Geschäftsleute oder alter Minenarbeiter trat, sobald ein Singvogel zufällig in ihrer Nähe landete. Dennoch ist allzu oft der winzige Mundvoll Fleisch aus der Brust einiger Singvögel der Grund für ihren Tod. Vor allem Lerchen und Wanderdrosseln werden zu hunderten auf den Markt gebracht.

Die Wasseramsel hat glücklicherweise keinen Feind, der so begierig darauf ist, ihren kleinen Leib zu verspeisen, dass er sie bis in die Bergeinsamkeiten verfolgt. Mir ist nicht einmal bekannt, dass sie von Falken gejagt würde.

Einer meiner Bekannten, eine Art Hügelbergsteiger, hatte eine Hauskatze, ein übergroßes, schläfriges Geschöpf mit breiten Schultern fast wie ein Luchs. Wenn im Winter der Schnee tief war, saß der Bergsteiger in seiner einsamen Kate inmitten von Kiefern, rauchte Pfeife und vertrödelte die trübe Zeit. Tom war sein einziger Gefährte, er teilte das Bett mit ihm und saß neben ihm auf dem Stuhl mit demselben dösenden Ausdruck in den Augen wie sein Herr. Der gutmütige Junggeselle war mit seiner schmalen Kost aus Sodabrot und Speck zufrieden, aber die Bedürfnisse von Tom, dem einzigen Wesen, das von ihm abhängig war, mussten mit frischem Fleisch befriedigt werden. Demzufolge raffte er sich auf, Eichhörnchenfallen zu ersinnen, und stapfte mit seinem Gewehr in die verschneiten Wälder, wo er eine traurige Verwüstung unter den wenigen Wintervögeln anrichtete. Er verschonte weder Wanderdrossel und Spatz noch den winzigen Kleiber, und das Vergnügen, Tom fressen und fett werden zu sehen, war seine Belohnung.

Eines kalten Nachmittags, als er am Flussufer jagte, fiel ihm ein kleiner, schlicht gefiederter Vogel auf, der im flachen Wasser herumhüpfte, und sofort legte er das Gewehr an. In diesem Augenblick begann der vertrauensvolle Sänger zu singen, und nachdem der verzauberte Jäger seiner sommerlichen Melodie gelauscht hatte, wandte er sich ab und sagte: »Meine Güte, Kleiner, ich kann dich nicht erschießen, nicht mal für Tom.«

Selbst im hohen Norden, im eisigen Alaska, sah ich meinen fröhlichen Sänger. An einem kalten Novembertag, als ich die Gletscher zwischen Mount Fairweather und dem Stikeen River erkundete, war ich, nachdem ich vergeblich versucht hatte, mir durch die zahllosen Eisberge der Sum Dum Bay einen Weg zu den großen Gletschern an ihrem Ende zu bahnen, müde und ratlos und rastete in meinem Kanu, überzeugt davon, dass ich diesen Teil meiner Arbeit auf ein anderes Jahr verschieben müsste. Dann begann ich, meine Flucht ins offene Wasser vorzubereiten, ehe mich das junge Eis, das sich allmählich bildete, einschließen würde. Während ich auf diese Weise mit den Eisbergen herumtreibend verweilte, inmitten düsterer Vorahnungen und der schrecklichen Ödnis und Herrlichkeit der Gletscher, hörte ich plötzlich das wohlbekannte Flügelschwirren einer Wasseramsel, und als ich aufblickte, sah ich, wie mein kleiner Tröster geradewegs vom Ufer übers Eis herflog. In ein, zwei Sekunden war er bei mir und umkreiste dreimal meinen Kopf mit einem lustigen Gruß, als würde er sagen: »Nur Mut, alter Freund, du siehst, ich bin hier, alles ist gut.« Dann flog er ans Ufer zurück, landete auf dem obersten Zacken eines gestrandeten Eisbergs und begann zu nicken und sich zu verbeugen, als befände er sich auf einem seiner Lieblingsfelsen mitten in einer sonnigen Sierra-Kaskade.

Diese Art ist entlang der Gebirgsketten der Pazifikküste von Alaska bis Mexiko und östlich der Rocky Mountains verbreitet. Dennoch ist sie bisher vergleichweise wenig bekannt. Audubon und Wilson[68] haben sie nicht angetroffen. Ich glaube, Swainson[69] war der erste Naturforscher, der ein Exemplar aus Mexiko beschrieben hat. Kurz danach wurden weitere Exemplare von Drummond[70] in der Nähe der Quellen des Athabasca River zwischen dem 54. und 56. Breitengrad beschafft; und sie wurde von fast sämtlichen der zahlreichen Expeditionen gesammelt, die in letzter Zeit durch unsere Western States and Territories unternommen wurden; denn sie fesselt stets auf einzigartige Weise die Aufmerksamkeit der Naturforscher.

Dies also ist unser kleiner *Cinclus*, von jedem geliebt, der das Glück hat, ihn kennenzulernen. Er folgt auf starkem Flügel jeder Biegung der steilsten Wildbäche von einem Ende der Sierra zum anderen; fürchtet sich nicht, ihnen durch die dunkelsten Schluchten und kältesten Schneestollen nachzuspüren; kennt jeden Wasserfall und wiederholt dessen göttliche Musik; und verdolmetscht sein ganzes wunderbares Leben hindurch alles, was wir in unserer Ungläubigkeit von den Äußerungen der Sturzbäche und Stürme schrecklich nennen, bloß als verschiedene Ausdrücke für die ewige Liebe Gottes.

KAPITEL XIV

Die wilden Schafe

(*Ovis montana*)

Unter den tierischen Kletterern der Sierra gehört das wilde Schaf an vorderste Stelle. Ausgestattet mit kühnem Auge und Geruchssinn, verweilt es sicher in den höchsten Gipfeln, springt unversehrt von Fels zu Fels und die Fronten schwindelnder Klippen hinauf und hinab, überquert schäumende Sturzbäche und vereiste Schneehänge, ist wütenden Stürmen ausgesetzt, führt trotzdem ein tapferes, warmes Leben und entwickelt sich von Generation zu Generation in vollkommener Stärke und Schönheit.

Beinahe alle hohen Bergketten der Erde werden von wilden Schafen bewohnt, die meisten sind wegen der entlegenen und fast unzugänglichen Regionen, in denen sie leben, bislang noch nicht vollends bekannt. Verschiedene Naturwissenschaftler teilen sie in fünf bis zehn unterschiedliche Gattungen oder Arten ein, die bekanntesten sind das Burrhel des Himalaya (*Ovis burrhel*, Blyth); das Argali, das große Wildschaf Zentral- und Nordostasiens (*O. ammon*, Linn., oder *Caprovis argali*); der korsische Mufflon (*O. musimon*, Pal.); das Mähnenschaf aus den Gebirgen Nordafrikas (*Ammotragus tragelaphus*); und das Dickhornschaf der Rocky Mountains (*O. montana*, Cuv.). Dieser zuletzt genannten Art gehört das wilde Schaf der Sierra an. Seine Verbreitung erstreckt sich, dem inzwischen verstorbenen Professor Baird[71] von der Smithsonian Institution zufolge, »vom Gebiet des oberen Mississippi und Yellowstone zu den Rocky Mountains und den angrenzenden Höhenlagen der Osthänge und südwärts bis zum Rio Grande. Nach Westen erstreckt sie sich zu den Küstengebirgen von Washington, Oregon und Kalifornien und folgt dem Hochland bis nach Mexiko hinein«.* Überall in diesem ausgedehnten Gebiet, das im Osten von den Wahsatch Mountains und im Westen von der Sierra begrenzt wird, gibt es mehr als einhundert kleinere, Höhenzug um Höhenzug von Nord nach Süd verlaufende Bergketten und -gruppen mit Gipfeln zwischen acht- und zwölftausend Fuß, die nach meiner eigenen Beobachtung wahrscheinlich alle von dieser Art bewohnt sind oder waren.

Verglichen mit dem Argali, das hinsichtlich seiner Größe und weiten Verbreitung wohl das bedeutendste der wilden Schafe ist, hat unser Schaf in etwa dieselbe Größe, doch sind die Hörner weniger stark gedreht und divergent. Allerdings sind die wesentlicheren Merkmale im Grunde dieselben, einige der besten Naturwissenschaftler behaupten, dass die beiden nur Variationen ein und derselben Art sind. Cuvier[72] stellt in Übereinstimmung mit dieser Ansicht die Hypothese auf, dass sich die Argali von Asien aus über diesen Kontinent ausgebreitet haben könnten, indem sie die vereiste Beringstraße überquerten, denn Zentralasien ist wohl die Region, in welcher die Schafe erstmals auftauchten und aus der sie sich verbreitet haben. Diese Hypothese ist nicht so schlecht begründet, wie es auf den ersten Blick scheint; denn die Beringstraße ist nur rund fünfzig Meilen breit, von drei Inseln unterbrochen und fast jeden Winter blockiert vom Eis. Außerdem kommt das Argali häufig in den beim Ostkap an die Meerenge grenzenden Bergen vor, wo es bei den Tschuktschenjägern bestens bekannt ist und wo ich selbst viele ihrer Hörner gesehen habe.[73]

Im Allgemeinen nimmt man wegen der extremen Unterschiede zwischen den kultivierten Schafen an, dass die zahllosen Hausrassen alle von ein paar wilden Arten abstammen; doch liegt die Frage insgesamt im Unklaren. Nach Darwin wurden Schafe in sehr früher Zeit domestiziert, die Reste einer kleinen Rasse, die sich von allen heute bekannten unterscheidet und bei den berühmten Pfahlbauten in der Schweiz gefunden wurden.

* Pacific Railroad Survey, vol. VIII, S. 678

Yosemite Valley, vom Mariposa Trail gesehen.

Im Vergleich zu den bekanntesten Hausrassen ist unsere wilde Art sehr viel größer und trägt statt eines Wollgewandes einen dichten Mantel aus Haar, vergleichbar jenem des Rotwilds, und eine Unterdecke aus feiner Wolle. Das eher grobe Haar ist dennoch angenehm weich und locker und liegt glatt an, als wäre es sorgfältig mit Kamm und Bürste gepflegt worden. Die vorherrschende Farbe ist beinahe ganzjährig ein Braungrau und spielt im Herbst ins Blaugraue; der Bauch und ein großer, auffälliger Fleck am Steiß sind weiß; und der wie beim Rotwild sehr kurze Schwanz ist schwarz mit einem gelblichen Saum. Die Wolle ist weiß und wächst nicht sichtbar in schönen Kringeln unterm glänzenden Fell heraus, wie herrlich kletternde Ranken zwischen Getreidehalmen.

Die Hörner des Männchens haben eine gewaltige Größe, sie erreichen einen Durchmesser von fünf bis sechseinhalb Zoll und eine Länge von zweieinhalb bis drei Fuß im Bogen. Ihre Farbe ist gelblichweiß, sie haben Querrunzeln wie jene des Hausschafbocks. Ihr Querschnitt an der Basis hat einen leicht dreieckigen Umriss und ist zur Spitze abgeflacht. Sie steigen kühn aus der Stirn und krümmen sich sanft zurück und auswärts, dann wieder vorwärts und nach außen, bis sie etwa drei Viertel eines Kreises beschreiben und die flachen, stumpfen Spitzen ungefähr zwei oder zweieinhalb Fuß voneinander entfernt sind. Die Hörner des Weibchens sind in ihrer gesamten Länge abgeflacht, weniger gebogen als die des Männchens und viel kleiner, sie messen weniger als einen Fuß längs der Krümmung.

Ein Widder und eine Zibbe, die ich nahe den Lavabetten des Modoc, nordöstlich des Mount Shasta eingefangen hatte, maßen wie folgt:

	Widder		Zibbe	
	Fuß	Inch	Fuß	Inch
Schulterhöhe	3	6	3	0
Schulterumfang	3	11	3	3¾
Länge von der Nase zur Schwanzwurzel	5	10¼	4	3½
Länge der Ohren	0	4¾	0	5
Länge des Schwanzes	0	4½	0	4½
Länge der Hörner im Bogen	2	9	0	11½
Abstand zwischen den Spitzen der Hörner	2	5½		
Umfang der Hörner an der Basis	1	4	0	6

Die Maße eines Männchens, das Audubon in den Rocky Mountains einfing, unterschieden sich im Vergleich zu den oben erwähnten nur gering. Das Gewicht seines Exemplars betrug 344 Pfund,* was vielleicht ungefähr dem Durchschnitt eines erwachsenen Männchens entspricht. Die Weibchen sind etwa ein Drittel leichter.

* Audubon und Bachmans *Quadrupeds of North America* [= die kleine Ausgabe 1849–54 von: John James Audubon and Rev. John Bachman, *The Viviparous Quadrupeds of North America*, New York, 3 Vols., 1845–48. Anm. d. Übers.]

Abgesehen von den oben erwähnten Unterschieden in Größe, Farbe, Fell usw. können wir beobachten, dass das Hausschaf im Allgemeinen ausdruckslos ist, wie ein stumpfes Bündel von etwas Halblebendigem, wohingegen das wilde Schaf elegant und anmutig wie ein Hirsch ist und in jeder Bewegung bewundernswerte Stärke und Persönlichkeit beweist. Das zahme ist scheu; das wilde ist kühn. Das zahme ist immer mehr oder weniger zerzaust und schmutzig; das wilde jedoch glatt und sauber wie die Blumen seiner Bergweiden.

Die früheste Erwähnung des wilden Schafs in Amerika konnte ich aus dem Jahr 1797 bei Pater Picolo[74] finden, einem katholischen Missionar in Monterey, der es, kurios genug, als »eine Art Hirsch mit einem schafsähnlichen Kopf und in etwa so groß wie ein zwei- bis dreijähriges Kalb« beschreibt und sich dann zu bemerken beeilt: »Ich habe von diesen Tieren gegessen; ihr Fleisch ist sehr zart und schmackhaft.« Mackenzie[75] hörte auf seinen Reisen im Norden, wie die Indianer diese Art als »weiße Büffel« bezeichneten. Und Lewis und Clark berichten uns, dass sie in einer Zeit großen Mangels die wilden Schafe an den Oberläufen des Missouri im Überfluss vorfanden, doch sie waren »zu scheu, als dass man sie schießen konnte«.

Einige der tatkräftigeren Pah-Ute-Indianer jagen die wilden Schafe jedes Jahr in den zugänglicheren Gebieten der High Sierra, in der Umgebung der Pässe, wo sie aufgrund ihrer Verfolgung äußerst vorsichtig wurden; in der rauhen Wildnis der Gipfel und Cañons jedoch, in der die schäumenden Zuflüsse des San Joaquin und King's River entspringen, fürchten sie außer dem Wolf keinen Jäger und sind noch argloser und zutraulicher als ihre zahmen Verwandten.

Als ich mit der Erforschung der Hochregionen beschäftigt war, in denen sie gern umherstreifen, galt mein besonderes Interesse dem Studium ihres Verhaltens. In den Monaten November und Dezember und wohl auch in einem beträchtlichen Teil des Mittwinters rotten sich alle zusammen, Männchen und Weibchen, Junge und Alte. Einmal entdeckte ich eine geschlossene Gruppe von mehr als Fünfzig, die alarmiert mit erstaunlicher Geschwindigkeit über ein zerklüftetes Lavabett davonsprangen, angeführt von einem majestätischen alten Widder, sicher in der Mitte der Herde die Lämmer.

Im Frühling und Sommer bilden die ausgewachsenen Widder eine eigenständige, aus drei bis zwanzig Mitgliedern bestehende Gruppe; man findet sie meist beim Fressen an den Rändern der Gletscherwiesen oder inmitten der burgähnlichen Steilhänge der Hochgipfel ruhend; und ob sie nun still fressen oder über die wilden Klippen klettern, ihre edle Gestalt und die Kraft und Schönheit ihrer Bewegungen verfehlen niemals, den Betrachter mit lebhafter Bewunderung zu erfüllen.

Ihre Rastplätze scheinen im Hinblick auf Sonnenschein und eine weite Aussicht und vor allem auf Sicherheit gewählt zu werden. Ihre Futterstellen gehören zu den schönsten dieser wilden Gärten, hell von Maßliebchen, Enzian und purpurnen Moosheidematten liegen sie verborgen auf Felsspitzen und Cañonwänden, wo die Sonne reichlich scheint, oder unten in den schattigen Gletschertälern längs der Fluss- und Seeufer, wo der plüschige Rasen am grünsten ist. Hier schmausen die glücklichen Wanderer den ganzen Sommer und genießen die Schönheit vielleicht genauso wie den Geschmack der lieblichen Flora, von der sie sich ernähren.

Sobald die Winterstürme einsetzen, die ihre Hochlandweiden mit Schnee bedecken, sammeln sie sich wie Vögel und wandern in tiefere Klimazonen, wobei sie gewöhnlich die östliche Flanke der Berge zu den rauhen, vulkanischen Plateaus und baumlosen Höhenzügen des an die Sierra grenzenden Great Basin hinabsteigen. Niemals beeilen sie sich, niemals scheinen sie Angst vor den Stürmen zu haben, viele der kräftigsten gehen nur gemächlich zu den kahlen, stürmischen Kämmen, um an Sträuchern und trockenen Horstgräsern zu fressen und danach in den Schnee zurückzukehren. Einmal war ich auf dem Mount Shasta für drei Tage vom Schnee eingeschlossen, etwas unterhalb der Baumgrenze. Es war eine dunkle und sturmreiche Zeit, sehr dazu angetan, das Geschick und die Ausdauer des Bergsteigers auf die Probe zu stellen. Der schneelastige Orkan wehte Tag und Nacht in fauchenden, blendenden Fluten, und als er endlich abzuflauen begann, bemerkte ich, dass eine kleine Gruppe wilder Schafe den Sturm im Schutz eines Trupps Weißstämmiger Kiefern ein paar Meter oberhalb meines Nestes überstanden hatte, wo der Schnee acht oder zehn Fuß tief war. Ich hatte es auf der Rückseite eines Felsens warm, mit Decken, Brot und Feuer. Meine wackeren Gefährten lagen ohne Futter im Schnee, hatten nur das dürftige Obdach der kurzen Bäume, doch sie zeigten keinerlei Anzeichen von Klage oder Kleinmütigkeit.

In den Monaten Mai und Juni gebären die wilden Schafe ihre Jungen in einsamen und fast unzugänglichen Felsklippen, hoch über den Nistfelsen der Adler. Ich stieß in einer Höhe von 12.000 bis 13.000 Fuß über dem Meeresspiegel nicht selten auf die Lager von Zibben und Lämmern. Diese Lager sind schlicht ovale Mulden, ausgescharrt zwischen lockeren, zerbröckelnden Steinen und Sand an einer sonnigen Stelle, die einen guten Ausblick bietet, zum Teil vor dem Wind geschützt, der beinahe ununterbrochen über diese hehren Gipfel fegt. Das ist die Wiege für den kleinen Bergsteiger, hoch im Himmel; in Stürmen geschaukelt, in Wolken gehüllt, in dünner, eiskalter Luft schlafend, doch in seinen härenen Mantel gewickelt, von einer starken, warmen Mutter gesäugt, verteidigt gegen Adlerklauen und die Zähne listiger Kojoten, wächst das prachtvolle Lamm rasch auf. Schon bald lernt es, an den Büscheln der Felsgräser und den Blättern der weißen Spiere zu nagen; seine Hörner beginnen auszutreiben, und ehe der Sommer vorüber ist, ist es kräftig und behende und wandert mit der Herde, bewacht von derselben göttlichen Liebe, die das viel hilflosere menschliche Lamm in der Wiege neben dem Feuer behütet.

Gemeinhin bemerken die lärmenden, verstaubten Wanderwegreisenden in der Sierra nichts stärker als den Mangel an tierischem Leben — sie sagen, keine Singvögel, kein Rotwild, keine Hörnchen, kein wildes Tier von irgendeiner Art. Doch wenn solche Leute nur einmal still in die Wildnis gehen könnten, mit natürlicher Bedachtsamkeit zu Fuß bummelnd und allein, dann erführen sie bald, dass diese Bergvillen nicht ohne Bewohner sind, von denen viele, zutraulich und sanft, ihre Bekanntschaft nicht scheuen würden.

Im Herbst 1873 folgte ich dem wilden Cañon des südlichen Arms des San Joaquin zu den entlegensten Gletscherquellen hinauf. Es war die Zeit des alpinen Indianersommers. Die Sonne schien liebreizend; die Hörnchen suchten Nüsse in den Kiefern, Schmetterlinge schwebten über den letzten Goldruten, die Weiden- und Ahorndickichte waren gelb, die Wiesen braun, und die sonnige, milde Landschaft leuchtete wie ein Antlitz in tiefster, sanftester Ruhe. Auf meinem Weg über die gletscherpolierten Felsen längs des Flusses gelangte ich zu einem ausgedehnten, rund zwei Meilen langen und eine halbe Meile breiten Cañonabschnitt, der einen flachen umschlossenen Park mit malerischen Granitwänden wie jene des Yosemite Valley bildete. In seiner Mitte ergoss sich ein wundervoller, im goldenen Licht schimmernder prangender Fluss, gelbe Haine an seinen Ufern und braune Wiesenstreifen; im gesamten Park regte sich wildes Leben, und einiges hätten selbst die lautesten und unaufmerksamsten Reisenden gesehen, wenn sie bei mir gewesen wären. Rotwild mit seinen gelenkigen, wohlgewachsenen Hirschkälbern sprang von Dickicht zu Dickicht, als ich mich näherte; Rauhfußhühner flatterten mit gewaltigem Flügelrauschen aus dem braunen Gras, landeten auf den unteren Ästen der Kiefern und Pappeln und gestatteten ein Näherkommen, als wären sie neugierig darauf, mich zu sehen. Drüben trat eine breitschultrige Wildkatze aus dem Wald, präsentierte sich, überquerte den Fluss auf angespülten Holzpfosten und hielt einen Moment, um zurückzublicken. Die vogelähnlichen Streifenhörnchen tollten um meine Füße überall zwischen den Kiefernnadeln und samenreichen Grasbüscheln; Kraniche wateten in den seichten Flussbiegungen, Eisvögel rasselten von Zweig zu Zweig, die gesegnete Wasseramsel sang im Sprühnebel

Vom Gipfel des dritten Yosemite-Wasserfalls.

der Kaskaden. Wo könnten einsame Wanderer eine interessantere Familie von Gebirgsbewohnern, irdischen Gefährten und Mitsterblichen finden? Es war Nachmittag, als ich zu ihnen stieß, und die herrliche Landschaft begann im Dämmer zu verblassen, bevor ich aus ihrer Bezauberung erwachte. Ich suchte mir dann einen Lagerplatz am Flussufer, kochte eine Tasse Tee und legte mich auf einer weichen Stelle in den gelben Blättern eines Espenhaines schlafen. Am nächsten Tag entdeckte ich noch großartigere Landschaften und Lebewesen. Den Fluss entlang über riesige Felsbuckel durch einen majestätischen Cañon und an zahllosen Kaskaden vorbei, wurde die Kulisse allmählich immer wilder und alpiner. Die Zuckerkiefern und Grautannen wichen der robusteren Zeder und Hemlocktanne, die Wände des Cañons wurden zerklüfteter und nackter, die Enziane und Polarmargeriten erschienen reichlicher in den Gärten und Wiesenstreifen an den Flüssen. Gegen den späteren Nachmittag erreichte ich ein weiteres Tal, das verblüffend wild und von urtümlicher Gestalt war, vielleicht sogar nie zuvor von einem menschlichen Fuß betreten worden. Hinsichtlich des Niveaus eine Niederung, ist es eines der kleinsten vom Yosemite-Typ, seine Wände jedoch sind ehrfurchtgebietend und erheben sich zwischen 2000 und 4000 Fuß hoch über den Fluss. Am Ende des Tales gabelt sich der Hauptcañon, wie es bei allen Yosemites der Fall ist. Dieses verdankt seine Bildung in der Hauptsache der Einwirkung zweier großer Gletscher, deren Quellen im Osten liegen, an den Flanken der Mounts Humphrey und Emerson und einer Gruppe namenloser Bergspitzen weiter südlich.

Der graue, vom Geröll geschmirgelte Fluss sang laut durch das Tal, doch über seinem massigen Brüllen vernahm ich das Donnern eines Wasserfalls, der mich begierig anzog; und gerade als ich aus dem Gewirr der Wälder und Dornengestrüppe am Ende des Tales auftauchte, kam der Hauptarm des Flusses in Sicht, zwischen 2000 Fuß hohen Granitwänden stürzte er frisch aus den Gletscherquellen in einer schneeweißen Kaskade herab. Der steile Hang, den die munteren Wasser hinunterdonnerten, schien jedes weitere Vorankommen zu versperren. Nicht lange, und ich entdeckte einen krummen Riss im Fels, der es mir ermöglichte, zum Rand einer Terrasse über dem Cañon zu klettern, die den Katarakt fast in der Mitte durchtrennte. Dort setzte ich mich, um Atem zu holen und einige Eintragungen in mein Notizbuch vorzunehmen, gleichzeitig nutzte ich meine erhöhte Position über den Bäumen, um ins Tal hinüber ins Herz der Landschaft zu schauen, ohne währenddessen zu ahnen, in welcher Nachbarschaft ich mich befand.

Nachdem ich einige Minuten auf diese Weise zugebracht hatte, blickte ich zufällig auf die andere Seite des Wasserfalls, dort standen drei Schafe, die mich still beobachteten. Niemals hat das plötzliche Erscheinen eines Berges oder Wasserfalls oder menschlichen Freundes meine Aufmerksamkeit stärker gepackt und gefesselt. Das Bemühen um genaue Beobachtung ließ mich vollkommen ruhig sitzen. Neugierig bemerkte ich das Wallen ihrer festen Muskelstränge, ihre kräftigen Beine, Ohren, Augen, Köpfe, ihre anmutig gebogenen Hälse, die Farbe ihres Haares, die kühnen, aufwärts geschwungenen Hörner. Als sie sich bewegten, achtete ich auf jede Gebärde, sie hingegen, von meiner Aufmerksamkeit oder dem tumultuösen Gebrüll des Wassers in keiner Weise befremdet, kamen an den Stromschnellen zwischen beiden Teilen des Katarakts bedächtig näher, wobei sie sich dann und wann zu mir wandten. Jetzt erreichten sie einen eisglatten Steilhang, den sie mit einer Folge schneller, kurzer, steifbeiniger Sprünge erklommen, dann standen sie ohne Anstrengung auf dem Gipfel. Das war die erstaunlichste Feier des Bergsteigens, der ich jemals beigewohnt hatte, und allein angesichts der Mechanik dieser Sache hätte meine Verblüffung kaum größer sein können, wenn sie Flügel ausgebreitet hätten und geflogen wären. ›Trittsichere‹ Maultiere wären auf solchem Untergrund gestürzt und wie lose Felsbrocken heruntergerollt. Viele Male war ich, wo die Hänge längst nicht so steil sind, gezwungen meine Schuhe und Socken auszuziehen, sie mir an den Gürtel zu binden und barfuß mit äußerster Vorsicht weiterzukriechen. Kein Wunder also, dass ich dem Vorankommen dieser tierischen Bergsteiger mit wacher Anteilnahme zusah und über den grenzenlosen Reichtum der wilden Natur frohlockte, der sich in ihrer Erfindung, Errichtung und Bewahrung zeigt. Einige Minuten später gewahrte ich noch ein Dutzend mehr in einer Gruppe am Fuße des oberen Wasserfalls. Sie standen auf meiner Seite des Flusses, nur fünfundzwanzig oder dreißig Meter entfernt, und sahen unverschlissen und vollkommen aus, als wären sie an Ort und Stelle erschaffen worden. Aus ihren Spuren, die ich im Little Yosemite bemerkt hatte, und ihrer momentanen Position war mir ersichtlich, dass sie alle gemeinsam unten im Tal gefressen hatten, als ich den Cañon hinaufstieg, und dass sie in ihrer Eile, höheren Boden zu erreichen, wo sie sich umblicken konnten, um den Charakter der seltsamen Störung zu ermitteln, getrennt wurden, so dass drei auf der einen Seite des Flusses hinaufgestiegen waren, die übrigen auf der anderen.

Angeführt von einem erfahrenen Häuptling, begann die größere Gruppe nun, die wilden Stromschnellen zwischen den beiden Teilen der Kaskade zu überqueren. Das war ein weiteres aufregendes Fest; denn von all den mannigfachen Erfahrungen des Bergsteigers stellt das Überqueren tobender, felsiger Wildbäche die Nerven am stärksten auf die Probe. Doch diese feinen Burschen traten furchtlos an den Rand und sprangen von Brocken zu Brocken, dabei wahrten sie ihre sichere Haltung über der wirbelnden, verwirrenden Strömung, als würden sie nichts Ungewöhnliches tun.

Im unmittelbaren Vordergrund dieses seltenen Bildes befand sich eine Bodenfalte aus eispoliertem Granit, durchzogen von einigen kühnen Strichen, in denen Felsfarne und Moosheidebüschel wuchsen, zu beiden Seiten die grauen Wände des Cañons, nobel gemeißelt und mit braunen Zedern und Kiefern geschmückt; in der Ferne hehre Gipfel, im Mittelgrund der schneeweiße Wasserfall, die Stimme und Seele der Landschaft; zu seinen Donnertönen klopften säumende Sträucher den Takt, davor standen die tapferen Schafe, ihre grauen Gestalten leicht vom Spühnebel verschleiert, doch in klarem, kräftigem Umriss vorm nahen weißen Wasser, mit riesigen Hörnern, die wie die umgedrehten Wurzeln toter Kiefern emporragten, während Abendsonnenlicht den Cañon hinaufflutete und das gesamte Bild herrlich in rosiges Lila tauchte. Nachdem sie den Fluss überquert hatten, begannen die unerschrockenen Wanderer, angeführt von ihrem Häuptling, sofort die Wand des Cañons zu erklimmen, sie wandten sich bald nach rechts, bald nach links in einer einzigen, langen Linie, ohne einander in den Weg zu geraten, und sprangen in schöner Folge von Klippe zu Klippe, mal schlüpfrige Kuppelbögen ersteigend, mal gemächlich am Rande des Abgrunds wandernd, wobei sie zuweilen anhielten, um von einer abgeflachten Felsspitze mit schief gelegtem Kopf auf mich hinabzublicken, als wären sie neugierig zu erfahren, was ich über sie dachte oder ob ich ihnen wohl folgte. Nachdem sie das obere Ende der Wand erreicht hatten, die an dieser Stelle irgendwo zwischen 1500 und 2000 Fuß hoch ist, waren sie noch gegen den Himmel sichtbar, als sie zögerten und zu zweit oder zu dritt hinabsahen.

Während des gesamten Anstiegs unterlief ihnen nicht ein täppischer Schritt, nicht ein erfolgloses Bemühen. Ich habe oft gesehen, wie zahme Schafe in den Bergen auf eine abschüssige Felsoberfläche sprangen, sich zitternd einige Sekunden hielten und unentschlossen verdutzt wieder zurückfielen. Doch diese schienen sich in den schwierigsten Situationen, in denen die kleinste Unzulänglichkeit oder der geringste Fehler fatal gewesen wäre, stets mit bequemem Vertrauen auf ihre Stärke und Geschicklichkeit zu bewegen, deren Grenzen ihnen offenbar unbekannt waren. Überdies kletterte jedes aus der Herde, obwohl der Führung des Erfahrensten unterstellt, mit kluger Unabhängigkeit als vollkommen eigenständiges Wesen, zu einer separaten Existenz fähig, wann immer es wünscht oder gezwungen ist, sich von der kleinen Sippe zu trennen. Das Hausschaf dagegen ist nur der Teil eines Tieres, einer Herde, die genötigt ist, ein Individuum zu bilden, so wie zahlreiche Einzelblüten erforderlich sind, um eine Sonnenblume zu vervollständigen.

Jene Schäfer, die ihre Herden im Sommer auf die Bergweiden treiben und gesehen haben, wie sie sich, obwohl Tag und Nacht gehütet, vor Bären und vor Stürmen fürchten und im Wind zerstreuen wie Spreu, werden bis zu einem gewissen Grad das Selbstvertrauen und die noble Individualität der Naturschafe würdigen können.

Es heißt, unser Bergsteiger stürzt sich wie der alpenbezwingende Steinbock kopfüber die steilsten Hänge hinab und landet auf seinen großen Hörnern. Mir sind nur zwei Jäger bekannt, die behaupten, tatsächlich Zeuge dieses Festes gewesen zu sein; ich selbst hatte dieses Glück nicht. Sie beschreiben diesen Akt als einen Kopfsprung. Die Hörner sind am Ansatz so groß, dass sie den oberen Teil des Kopfes bis fast zu den Augen bedecken, und der Schädel ist über die Maßen kräftig. Ich schlug auf dem Mount Ritter mit meiner Eisaxt ein Dutzend Mal auf ein altes, verblichenes Exemplar ein, ohne es zu zertrümmern. Solche Schädel würden beim wildesten Felssprung nicht sonderlich schnell zerbrechen, von anderen Knochen kann man jedoch kaum erwarten, dass sie bei einer solchen Aufführung zusammenhalten; und allein die mechanischen Schwierigkeiten bei kontrollierten Bewegungen nach dem Aufprall auf eine unregelmäßige Oberfläche genügen bereits, um zu zeigen, dass diese geröllartige Fortbewegungsweise unmöglich ist, selbst ohne weitere Bekundungen zu dieser Sache; außerdem folgen die Zibben den Böcken überall hin, obwohl ihre Hörner kaum mehr als Dornen sind. Ich habe viele Hornpaare von alten Böcken gefunden, die ziemlich ramponiert waren, zweifellos das Ergebnis von Kämpfen. Nachdem ich Zeuge der Aufführungen der San Joaquin-Gruppe auf den vergletscherten Felsen am Fuße der Wasserfälle war, interessierte mich vor allem diese Frage; und sobald ich mir Exemplare verschaffte und ihre Füße untersuchte, lösten sich alle Rätsel auf. Das Geheimnis in Verbindung mit außergewöhnlich starken Muskeln betrachtet, ist schlicht und einfach dies: Der breite

Hinterteil der Fußsohle ist nicht wie bei den Füßen zahmer Schafe und Pferde abgenutzt und flach und hart geworden, er wölbt sich vielmehr nach außen zu einem weichen, gummiartigen Polster oder Kissen, das nicht nur Halt bietet auf glattem Fels, sondern auch in kleine Hohlräume und beim Abstieg auf oder an leichte Vorsprünge passt. Selbst der härteste Teil der Hufkante ist vergleichsweise weich und elastisch; überdies gestatten die Zehen eine ungewöhnliche laterale und vertikale Beweglichkeit, sie ermöglichen dem Fuß, sich noch vollkommener an die Unebenheiten der Felsoberflächen zu schmiegen, gleichzeitig verstärken sie die Trittsicherheit[76].

Am Fuße des Sheep Rock, einer der Winterfestungen der Shasta-Herden, lebt ein Viehzüchter, der in jedem Winter die Gelegenheit gehabt hat, den Zug der wilden Schafe zu beobachten. Im Laufe eines Gesprächs über ihre Gewohnheiten beim Springen zeigte er auf die ungefähr 150 Fuß hohe Stirnseite einer Lavazunge, die nur acht oder zehn Grad von der Senkrechten abweicht. »Ich hatte«, sagte er, »eine Gruppe dieser Burschen bis zur Rückseite des Felsens dort drüben verfolgt und erwartet, sie alle einzufangen, denn ich dachte, ich hätte sie in die Enge getrieben. Ich war hinter ihnen auf der schmalen Steinbank, die unterhalb der Kante verläuft und da endet. Sie konnten nicht wegkommen ohne abzustürzen oder getötet zu werden; doch sie sprangen davon und landeten hübsch, als wär das für sie ganz normal.«

»Was!« rief ich, »150 Fuß senkrecht hinabgesprungen! Haben Sie das gesehen?«

»Nein«, antwortete er. »Ich hab nicht gesehen, wie sie runterfielen, denn ich war hinter ihnen, doch ich sah, wie sie über den Rand sprangen, und dann ging ich nach unten und fand ihre Spuren, wo sie am Boden im dem lockeren Gerümpel aufkamen. Sie sind richtig *losgesegelt* und aufrecht auf ihren Füßen gelandet. So eine Art Tier ist das — übertrifft alles, was auf vier Beinen läuft.«

Bei einer anderen Gelegenheit wich eine Herde, die von Jägern verfolgt wurde, in einen noch höheren Abschnitt dieser Steilwand zurück; und zufällig sahen zwei Männern, die Holz hackten, wo sie einen guten Blick auf die Schafe hatten und ihren Lauf vom oberen Ende bis zum Grund des Abhangs beobachten konnten, wie sie in vollkommener Ordnung eines nach dem anderen hinabsprangen. Zibben und Böcke machten den fürchterlichen Abstieg ohne besondere Sorge zu bekunden, sie schmiegten sich dicht an den Fels und kontrollierten das Tempo ihrer halb fallenden, halb springenden Bewegungen, indem sie sich in kurzen Intervallen abstießen und mit ihren gepolsterten Gummifüßen auf den schmalen Simsen und rauhen Hängen abbremsten, bis sie fast den Boden erreicht hatten, als sie durch die Luft ›lossegelten‹ und auf ihren Füßen landeten, wobei ihre Körper eine beinahe senkrechte Position einnahmen, so dass sie zu tauchen schienen.

Sobald wir uns also mit den Felsen und der Art der eingesetzten Füße und Muskeln vertraut machen, werden die Methoden solchen wilden Bergsteigens klar verständlich.

Die Indianer vom Stamm der Modoc und Pah-Ute sind oder vielmehr waren die erfolgreichsten Jäger wilder Schafe in den Gebieten, die unter meiner Beobachtung standen. Ich habe eine große Anzahl Schädel und Hörner in den Höhlen des Mount Shasta und den Lavabetten des Modoc gesehen, wo die Indianer bei stürmischem Wetter geschmaust haben, und auch in den Sierra-Cañons auf der anderen Seite von Owen's Valley. Indes beweisen die schweren Pfeilspitzen aus Obsidian, die man auf einigen der höchsten Gipfel fand, dass dieser Kriegszug von langer Dauer war. In den leichter zugänglichen Bergketten, die sich durch die Wüstenregionen des westlichen Utah und Nevada erstrecken, jagte eine beträchtliche Anzahl Indianer meist gemeinschaftlich wie die Wolfsrudel, und da mit der Topographie ihrer Jagdgründe und den Gewohnheiten und Instinkten des Wildes vollkommen vertraut, waren sie ziemlich erfolgreich. Auf dem Gipfel beinahe jedes Berges in Nevada, den ich besucht habe, fand ich kleine, nestartige, aus Stein errichtete Einfriedungen, in denen, wie ich später erfuhr, einer oder mehrere Indianer auf der Lauer lagen, während ihre Gefährten die Berge unterhalb durchkämmten, denn sie wussten, die alarmierten Schafe würden zweifellos zum Gipfel rennen, und wenn man sie dazu bringen konnte, sich mit dem Wind zu nähern, ließen sie sich auf kurze Entfernung erschießen.

Größere Indianertrupps unternahmen meist ausgiebige Jagden auf einem dominierenden Berg, den die Schafe oft besuchten, beispielsweise Mount Grant in der Wassuck Range westlich des Walker Lake. An einer bestimmten, im Hinblick auf die wohlbekannten Schafspfade günstig gelegenen Stelle, errichteten sie ein Gehege mit hohen Mauern und langen Schleusenflügeln, die vom Eingang abzweigten; und in diesen Pferch trieben sie manchmal das Jagdwild erfolgreich hinein. Dazu wurde natürlich eine größere Zahl Indianer benötigt, meist mehr als sie aufbringen konnten, darunter Squaws und Kinder. Aus diesem Grunde waren sie gezwungen, an den Bergkämmen, die die wilden Schafe nicht überqueren sollten, reihenweise steinerne Jägerattrappen zu postieren. Diese Attrappen waren wirkungsvoll, ohne dass sie den Scharfsinn der Tiere in Zweifel stellten; denn wenn man nicht eingeweiht war, konnte man sie auf kurze Entfernung wegen der paar echten Indianer, die aufgeregt zwischenher liefen, kaum von Menschen unterscheiden. Der gesamte Bergkamm schien vor Jägern nur so zu wimmeln.

Das einzige Tier, das man als Gefährten oder Rivalen des Schafes betrachten könnte, ist die sogenannte Bergziege der Rocky Mountains[77] (*Aplocerus montana*, Rich.), die, wie ihr Name besagt, mehr Gabelantilope als Ziege ist. Auch sie ist ein tapferer und ausdauernder Bergsteiger, der die wildesten Gipfel furchtlos überquert und den schwersten Stürmen trotzt, aber sie ist zottelig, kurzbeinig und viel weniger würdevoll in ihrem Auftreten als das Schaf. Die Länge ihrer pechschwarzen Hörner beträgt nur fünf oder sechs Zoll, und das lange weiße Haar, mit dem sie bedeckt ist, verschleiert den Ausdruck der Glieder. Ich habe bisher kein einziges Exemplar in der Sierra gesehen, doch haben wahrscheinlich einige Herden vor kürzerer Zeit auf dem Mount Shasta gelebt.

Die Gebirge dieser beiden Kletterer sind weit getrennt, so dass sie so gut wie nichts voneinander sehen. Das Schaf ist meist auf die trockenen Berge im Landesinneren beschränkt; die Ziege oder Gämse auf die feuchten, schneebedeckten vergletscherten Berge an der Nordwestküste des Kontinents in Oregon, Washington, British Columbia und Alaska. Es leben wahrscheinlich mehr als zweihundert auf dem vereisten Vulkankegel des Mount Rainier; und als ich die Gletscher Alaskas erkundete, begegneten mir fast täglich Herden dieser bewundernswerten Kletterer, und ich folgte ihren Spuren durch das Labyrinth verwirrender Gletscherspalten, in denen sie exzellente Führer sind.

Man findet drei Arten von Hochwild in Kalifornien — den Schwarzwedel-, den Weißwedel- und den Maultierhirsch. Der erste (*Cervus Columbianus*) ist der bei weitem häufigste, im Sommer begegnet er dem Schaf zuweilen auf den Gletscherwiesen und an der Baumgrenze; doch weil er ein Waldtier ist, das Schutz sucht und seine Jungen in dichtem Unterholz aufzieht, besucht er die wilden Schafe selten in ihrer höher gelegenen Heimat. Im Winter trifft man den Gabelbock, obwohl er kein Bergsteiger ist, manchmal bei den Schafen, während sie an den Rändern der Salbeiebenen und nackten Vulkanhügel im Osten der Sierra fressen. Ebenso den Maultierhirsch, dessen Gebiet auf die östliche Region beschränkt ist. Die Art mit dem weißen Wedel gehört zu Gebirgen der Küste.

Wahrscheinlich ist kein wildes Tier ohne Feinde, doch Hochlandbewohner haben weniger als Flachlandbewohner. Der listige Puma schlüpft durchs hohe Gras und lauert in Gebüschen, er stürzt sich auf Gabelböcke und Hirsche, überschreitet jedoch selten die kahle, schroffe Schwelle der Schafe. Auch Bären können nicht als Feinde betrachtet werden; denn obwohl sie ihren täglichen Speiseplan aus Nüssen und Beeren durch eine gelegentliche Hammelmahlzeit zu variieren versuchen, jagen sie bevorzugt zahme und wehrlose Herden. Natürlich erbeuten Adler und Kojoten bisweilen ein ungeschütztes Lamm oder ein unglückliches, das von tiefem, weichem Schnee umzingelt ist, doch diese Fälle sind wenig mehr als Zufälle. Auch verenden einige in anhaltenden Schneestürmen, obwohl ich bei all meinen Bergtouren nicht mehr als fünf oder sechs gefunden habe, die auf diese Weise ihrem Schicksal ins Auge sahen. Eine Dreiergruppe war vor ein paar Jahren im Bloody Cañon eingeschneit, sie wurde von Bergsteigern, die zufällig das Gebirge im Winter überquerten, mit einer Axt getötet.

Der Mensch ist von allen der gefährlichste Feind, doch selbst von ihm hat unser kühner Bergbewohner in den abgelegenen Einsamkeiten der High Sierra wenig zu befürchten. In den goldenen Ebenen des Sacramento und San Joaquin wimmelten kürzlich noch Gruppen von Elchen und Gabelböcken, aber weil sie fruchtbar und zugänglich sind, wurden sie als Weiden für den Menschen benötigt. Desgleichen viele Futterstellen des Rotwilds — Hügel und Tal, Wald und Wiese; es wird allerdings lange dauern, ehe der Mensch die Hochlandburgen der Schafe einnimmt. Wenn wir bedenken, wie rasch man ganze Arten nobler Tiere wie Elch, Wapiti und Büffel an den äußersten Rand des Aussterbens gedrängt hat, werden sich alle Liebhaber der Wildnis mit mir über die felsige Sicherheit des *Ovis montana* freuen, des kühnsten aller Bergsteiger in der Sierra.

KAPITEL XV

In den Gebirgsausläufern der Sierra

Murphy's Camp ist eine kuriose alte Goldgräberstadt im Calaveras County, 2400 Fuß überm Meer gelegen, wie ein Nest im Zentrum einer rauhen, kieshaltigen Gegend mit reichem Goldvorkommen. Granit, Schiefer, Lava, Kalkstein, Eisenerze, Quarzadern, goldhaltiger Kies, Relikte toter Feuerströme und toter Wasserflüsse sind hier Seite an Seite in einem Radius von nur wenigen Meilen entstanden und liegen verlockend wie ein Buch geöffnet vor dem Forscher, indes Leute und Landstrich hinter dem Camp tiefe Stollen eines unendlich interessanten und mannigfaltigen Studiums bereithalten.

Als ich auf diesen seltsamen Ort stieß, spürte ich gerade den Betten der einstigen präglazialen Flüsse nach, deren instruktive Abschnitte hier und in den angrenzenden Bergbaugebieten offenlagen. Flüsse »strömen ewig«, den Dichtern zufolge; jene in der Sierra sind allerdings noch jung und haben kaum ihren Weg zum Meer gefunden; und zumindest eine Generation ist ausgestorben und zusammen mit den meisten von ihnen entwässerten Becken verschwunden. Alles, was blieb, um ihre Geschichte zu erzählen, ist eine Folge getrennter Bruchstücke der Flussbetten, die mit Kies gefüllt und unter breiten, dicken Lavaschichten begraben sind. Sie sind als »die toten Flüsse Kaliforniens« bekannt, und ihr abgelagertes Geröll nennt man »Blaues Blei«[78]. An einigen Orten verlaufen die heutigen Flussbetten in dieselbe oder annähernd dieselbe Richtung wie die früheren; im Allgemeinen jedoch besteht zwischen ihnen nur ein geringer Zusammenhang, das gesamte Einzugsgebiet hat sich verändert oder ist vielmehr neu entstanden. Viele Hügel der früheren Landschaften sind jetzt

Senken, und die einstigen Senken wurden zu Hügeln. Deshalb tauchen die bruchstückhaften Rinnen mit goldhaltigen Kiesladungen an allen möglichen unvorstellbaren Orten auf, sie stehen schräg oder sogar senkrecht zu den heutigen Abflüssen, überqueren die Gipfel hoher Kämme oder verlaufen tief unter ihnen und illustrieren eindrucksvoll den Umfang der vollbrachten Veränderungen seit der Auslöschung jener vorzeitlichen Ströme. Die letzte vulkanische Periode, die der Regeneration der Sierralandschaften vorausging, scheint wie die Eiszeit beinahe gleichzeitig über die gesamte Bergkette gekommen zu sein, auch wenn Lava unterschiedlichen Alters an etlichen Stellen zu finden ist und auf mehrere aktive Perioden der Feuerfontänen in der Sierra schliessen lässt.

Der wichtigste Abschnitt ehemaliger Flussbetten in dieser Region erstreckt sich von der Südseite der Stadt unterhalb des Coyote Creek und des Bergkamms dahinter zum Cañon des Stanislaus, doch wegen seiner Tiefe unter der Oberfläche des heutigen Tales können die Goldkiesvorkommen, die er bekanntlich enthält, nicht ohne weiteres in großem Maßstab abgebaut werden. Ihr außerordentlicher Reichtum rührt wohl von der Tatsache her, dass viele Claims profitabel erschlossen wurden, indem man Schächte in eine Tiefe von 200 Fuß und mehr getrieben und den Dreck mit einer Seilwinde heraufgeholt hat. Sollte das Gefälle dieses alten Flussbetts so beschaffen sein, dass der Stanislaus Cañon als Schutthalde nutzbar ist, dann könnte das große Vorkommen im hydraulischen Verfahren[79] abgebaut werden, und obwohl dazu ein langer, teurer Tunnel notwendig wäre, könnte sich der Plan noch immer als profitabel erweisen, denn »es stecken Millionen drin«.

Die Bergmänner wissen sehr genau, wie wichtig dieser vorzeitliche Kies als Goldquelle ist. Selbst die oberflächlichen Seifengoldstellen heutiger Flüsse haben etliches von dort bezogen. Allen Berichten zufolge waren die Seifengoldstellen in Murphy besonders reichhaltig — »sagenhaft reich«, wie man hier sagt. Die Hügel wurden zerschnitten und skalpiert, und jede Schlucht, jede Klamm, jedes Tal mit einer grimmigen, erbitterten und nur schwer zu begreifenden Energie zerstückt und ausgeweidet. Jede Art von Anstrengung ist immerhin besser als Untätigkeit, und es liegt etwas Erhabenes darin, Männer in tödlichem Ernst arbeiten und einer Sache mit der Kraft und Ausdauer eines Gletschers nachjagen zu sehen. Viele mutige Burschen haben ein ereignisreiches Kapitel ihres Lebens auf diesen Felsen von Calaveras zu verzeichnen. Nun schlafen die meisten Bergbaupioniere, ihre wilden Tage sind vorüber, bloß ein paar Überlebende lungern lustlos in den ausgewaschenen Schluchten und der dösenden Stadt, wie geplünderte Bienen rings um die Trümmer ihre Stocks. »Uns ist jetzt kein Eifer mehr geblieben«, sagten sie mir, »und keine Leute. Hier ist jeder und alles ringsum verfallen. Wir sind nichts als Faulenzer — abgemeldet, ein paar verstreute armselige, schäbige Käuze, verglichen mit dem, was wir in den großen alten Tagen des Goldes waren. Wir waren Giganten, Sie können sich umsehen und unsere Spuren finden.« Auch wenn diese herumlungernden Pioniere vielleicht erschöpfter sind als die Minen und fast so tot wie die toten Flüsse, sind sie doch ein seltener, interessanter Haufen Männer, deren Gold mit dem derben Felsgestein ihres Charakters vermischt ist; außerdem beweisen sie eine Intelligenz und Bildung, die man in ihrer Umgebung kaum erwartet hätte. Wie das schwere, kontinuierliche Schleifen der Gletscher das Gesicht der Sierra hervorgebracht hat, so haben die intensiven Erfahrungen des Goldzeitalters die Gesichtszüge dieser alten Minenarbeiter hervorgebracht und einen Reichtum und eine Vielfalt des Charakters geformt, die bisher nur wenig bekannt sind. Die Skizzen von Bret Harte, Hayes und Miller[80] haben dieses Feld keinesfalls erschöpfend dargestellt. Es ist interessant, die Gegensätze festzustellen, die in ein und demselben Charakter möglich sind: Härte und Sanftmut, Männlichkeit und Kindlichkeit, Apathie und wildes Bestreben. Männer, die vor zwanzig Jahren nicht mit dem Schaufeln aufgehört hätten, um ihr Leben in Sicherheit zu bringen, spielen jetzt mit den Kindern auf der Straße. Ihr langes, Micawber-gleiches Warten[81] nach dem Erschöpfen der Goldstellen hat eine überzeichnete Form von Altersschwäche verursacht. Ich hörte, wie eine Gruppe dieser stämmigen Pioniere erregt über die für Kinderdrachen benötigte Länge des Schweifs diskutierte; und ein Graubart machte sich den Spaß und ließ ihn fliegen, wobei er die Auskunft zum besten gab, dass er ein Junge sei, »bin immer ein Junge gewesen, und verd—t der Kerl, der nicht drinnen ein Junge ist, egal wie alt von außen!« Minen, Moral, Politik, die Unsterblichkeit der Seele usw. werden im Schatten der Bäume und in Saloons besprochen, wie lange jeweils, das hängt offensichtlich von der Temperatur ab. Der Umgang mit der Natur und die beim Goldschürfen erforderliche Beobachtungsgabe haben sie gewissermaßen zu Sammlern gemacht; wie die Waldratten hatten sie alle möglichen absonderlichen Dinge in ihren Hütten angehäuft und nötigten mich, sie zu inspizieren. Dabei waren sie selbst die merkwürdigsten und interessantesten Exemplare. Einer von ihnen bot mir an, mich in den alten Grabungen herumzuführen, warnte mich allerdings vor unserem Aufbruch, dass ich nicht wie er sein könnte, »denn«, sagte er, »die Leute meinen, ich bin exzentrisch. Ich bemerke alles und sammle Käfer und Schlangen und alles, was seltsam aussieht, und deshalb mögen mich einige nicht und nennen mich exzentrisch. Ich versuche immer, Sachen herauszufinden. Das Gras hier, die Indianer essen das als Gemüse. Wie nennt man diese langen Fliegen mit großem Kopf?« »Libellen«, schlug ich vor. »Nun, ihre Kiefer bewegen sich seitwärts, nicht hoch und runter, und die Kiefer von Grashüpfern funktionieren genauso, und deshalb denke ich, sie gehören zur selben Art. Sowas bemerke ich immer, und nur weil ich das tue, sagen sie, ich bin exzentrisch«, und so weiter.

Ängstlich darauf bedacht, dass ich keines der Wunder ihres alten Goldfeldes verpasse, hatten diese guten Leute viel über die erstaunliche Schönheit der Cave City Cave zu erzählen und rieten mir, sie zu erkunden. Das tat ich sehr gern, und nachdem ich einen Führer gefunden hatte, der den Weg zu ihrem Eingang kannte, brach ich am nächsten Morgen von Murphy auf.

Die schönste und weitläufigste Höhle Kaliforniens liegt in einem Gürtel aus metamorphem Kalkstein, der an der Westflanke der Sierra vom McCloud River im Norden bis zum Kaweah im Süden auf einer Strecke von über 400 Meilen bei einer Höhe zwischen 2000 und 7000 Fuß ziemlich ausgeprägt ist. Neben diesem konstanten Höhlengürtel sind die Landschaften Kaliforniens mannigfach gestaltet durch eindrucksvolle Reihen von Meereshöhlen, zerklüftet und architektonisch verschieden, eingemeißelt in die Landzungen und Küstensteilhänge von Jahrhunderten des Wellenaufpralls; und durch unzählige große und kleine Lavahöhlen, die ihren Ursprung im unregelmäßigen Fließen und Aushärten der Lavadecken haben, in denen sie vorkommen, schöne Beispiele dafür sind in den berühmten Modoc Lava Beds und am Sockel des eisigen Shasta zu sehen. In diesem Gesamtblick könnten wir auch die flachen windgemuldeten Höhlen in den Sandsteinschichten längs den Rändern der Ebenen bemerken; und die höhlenartigen Einschnitte im Schiefer und Granit der Sierra, in denen Bären und andere Kletterer bei plötzlich hereinbrechenden Stürmen Zuflucht finden. Im Allgemeinen jedoch ist die gewaltige massive Anhebung der Sierra, soweit sie dem Auge des Beobachters preisgeben ist, in etwa so solide und höhlenlos wie ein Felsbrocken.

Frische Schönheit öffnet einem die Augen, wann immer sie wirklich erblickt wird, doch die Fülle und Vollkommenheit alltäglicher Schönheit, die unsere Schritte umgibt, verhindert, dass man sie aufsaugt und würdigt. Deshalb ist es eine gute Sache, dann und wann kurze Ausflüge zum Meeresgrund zwischen Algen und Korallen zu machen, oder hinauf in die Wolken über den Gipfeln der Berge, oder in Heißluftballons, oder sogar wie Würmer in dunkle unterirdische Löcher und Höhlen zu kriechen, nicht bloß, um zu erfahren, was an jenen entlegenen Orten vor sich geht, sondern um bei der Rückkehr zur gewöhnlichen, alltäglichen Schönheit besser zu sehen, was die Sonne sieht.

Unser Weg von Murphy's zur Höhle führte über eine Reihe malerischer, heidekrautiger Bergrücken in der Chaparralregion zwischen braunen Gebirgsausläufern und Wäldern, ein blühender Landstrich wogender Hügel, die an den Gipfelhöhen in ein Art felsiger Gischt zerschmetterten und sich in entzückende bewaldete, von Kletterpflanzen umrankte Dellen absenkten. Der Tag war ein schönes Beispiel für den kalifornischen Sommer, ungetrübter Sonnenschein, die meiste Zeit von keiner einzigen Wolke überschattet. Als die Sonne höher stieg, begann die erhitzte Luft in zitternden Wellen von allen Südhängen zu strömen. Die Seebrise, die zu dieser Jahreszeit gewöhnlich mit Abkühlung auf ihren Schwingen in die Gebirgsausläufer zieht, war fast nicht zu spüren. Die Vögel hatten sich unter dem Schatten der Blätter versammelt oder unternahmen kurze, träge Flüge zur Futtersuche; alle außer dem majestätischen Bussard, der mit weit ausgebreiteten Schwingen unermüdlich von Kamm zu Kamm durch die warme Luft segelte und die glühende Sonne wie ein Schmetterling zu genießen schien. Auch die Hörnchen, deren geschickten Eifer weder Hitze noch Kälte mindern können, suchten Nüsse zwischen den Kiefern; und die ungezählten Schwärme des Insektenreiches pulsierten und flatterten unablässig wie Sonnenstrahlen.

Diese buschige, beerentragende Region ist ein Weidegrund für Rotwild und Bären gewesen, doch seit dem Tumult der Gold-Ära sind diese schönen Tiere fast gänzlich verschwunden. Einst streiften hier auch Mastodon und Elefant umher, deren Knochen man unter Flussgeröll und dicken Lavafalten begraben findet. Gegen Mittag, als wir gemächlich über Ufer und Böschung ritten, uns in der alles andere als drückenden Wärme sonnend, bemerkten wir die Erhebung einer neuen Gebirgskette, eine Sierra aus Wolken, die — wenn wir nur den Geist haben, dies zu denken, und Augen, dies zu sehen — an wahrhaft erhabenen und wunderbaren Landschaften so reich war wie die viel ältere Felsensierra unter ihnen mit ihren Wäldern und Wasserfällen. Dies erinnerte uns daran, dass es eine obere Welt der Wolken gibt, so wie eine untere Welt der Höhlen existiert. Riesige, bauchige Kumuli entwickelten sich in rasender Geschwindigkeit aus bloßen Knospen, schwollen zusehends zu kolossalen Gebirgen, türmten sich höher und höher, in langen massiven Bergzügen, Gipfel auf Gipfel, Kuppe auf Kuppe, mit allerhand malerischen Tälern und schattigen Höhlen dazwischen; indes zeichneten sich die dunklen Tannen und Kiefern in den oberen Rängen der Sierra wunderbar klar gegen ihre permuttfarbenen Wölbungen ab. Diese Wolkenberge lösten sich so schnell im Azur auf wie sie entstanden waren, wobei sie keinen Schutt hinterließen; deshalb waren sie jedoch kein bisschen weniger real oder interessant. Die beständigeren Hügel, über die wir ritten, schwanden mit Sicherheit genau wie sie, nur nicht so rasch, ein Unterschied, der je nach dem Standpunkt des Betrachters ein großer oder kleiner ist.

Am Grunde eines jeden Tales fanden wir überall dort, wo die zurückweichenden Hügel ein paar Flecken urbaren Bodens hinterließen, von Gestrüpp und Ranken umschlossene kleine Ansiedlungen. In diesen abgeschiedenen Ebenen wohnen meist Italiener und Deutsche, die manchmal etwas Gemüse und Wein anbauen, während ihr Hauptgeschäft der Bergbau und das Goldschürfen sind. Trotz aller natürlichen Schönheit können diese Talhütten kaum Häuser genannt werden. Sie sind nichts als ein besserer Lagerplatz, der mit Freuden verlassen wird, sobald die erhoffte Goldernte eingebracht ist. Selbst um die besten schwebt ein Hauch von tiefer Unrast und Melancholie. Ihre Schönheit wird ihnen von der üppigen Natur übergestreift, ohne diese wären sie nur ein paar roh verbundene Balken und Bretter ohne Dach und Boden, ein grobe Feuerstelle mit entsprechendem Kochgerät, Wandbett und Stuhl. Der Boden ringsum ist mit verbeulten Goldwaschpfannen, Pickeln, Waschrinnen und Quarzproben aus allerlei Felsplatten übersät, die auf den harten Lebenslauf ihrer Besitzer hindeuten.

Der Ritt von Murphy's zur Höhle dauert kaum zwei Stunden, doch wir verweilten zwischen Quarzplatten und Geröllbänken toter Flüsse bis weit nach Mittag. Schließlich kam am schmalen Ausgang einer Schlucht ein Häuschen in Sicht, das am Fuße eines Kalksteinhügels inmitten eines Dickichts aus Feigenbäumen gelegen war. »Das«, sagte mein Führer und zeigte auf das Haus, »ist Cave City, und die Höhle befindet sich in dem grauen Hügel.« Als wir das eine Haus dieser Einhausstadt erreichten, hießen uns drei betrunkene Männer lärmend willkommen, die wegen einer Sauftour in die Stadt gekommen waren. Die Herrin des Hauses versuchte Ordnung zu bewahren und teilte uns auf unsere Fragen hin mit, dass der Höhlenführer soeben mit einer Gruppe Damen in der Höhle war. »Und wir müssen warten, bis er zurückkommt?« fragten wir. Nein, das sei nicht nötig. Wir sollten Kerzen nehmen und allein in die Höhle gehen, vorausgesetzt, wir würden von Zeit zu Zeit rufen, damit uns der Führer fände, und aufpassen, dass wir nicht von den Felsen oder in die finsteren Tümpel stürzen. Also schlugen wir vom Haus einen Pfad ein, der uns um den Fuß des Hügels zum Eingang der Höhle brachte, ein enger unscheinbarer Durchgang, voll Moos an den Kanten und geformt wie die Tür im Nest der Grauwasseramsel, ohne erkennbare Andeutung oder Ankündigung der Pracht der vielen Kristallkammern im Inneren. Wir zündeten unsere Kerzen an, die in der dichten Finsternis keine Leuchtkraft zu haben schienen, tasten uns so gut wie möglich die Gassen und Gässchen voran, von Kammer zu Kammer, um grobschlächtige Säulen und Haufen gelockerter Steine herum, und hielten zuweilen an besonders schönen Stellen — hübsche Alkoven, die mit einer erstaunlichen Vielfalt an Regalen und Tischen und runden, gewölbten, von glitzernden Kristallen bedeckten Schemeln ausgestattet waren. Einige Korridore waren schlammig, und als wir sie entlangstapften, schienen wir uns in den Straßen irgendeines Präriedorfs zur Frühlingszeit zu befinden. Dann gelangten wir zu stattlichen Marmortreppen, die rechts und links in höher gelegene Kammern führten, drei oder vier Stockwerke übereinander, die Flure, Decken und Wände verschwenderisch mit unzähligen kristallinen Formen geschmückt. Nachdem wir auf diese Weise ungefähr eine Meile ziemlich verzückt und einsam auf Erkundung umhergewandert waren, verrieten Stimmgemurmel und ein Lichtschein das Herannahen des Führers mit seiner Gruppe, die uns, als sie auftauchten, höchst lebhaft und unbefangen anstarrten, da wir halb verborgen in einer seitlichen Nische zwischen Stalagmiten standen. Ich wagte die triefende, sich duckende Gesellschaft zu fragen, wie der Bummel ihnen gefallen habe, begierig zu erfahren, welchen Eindruck die seltsame sonnenlose Unterweltlandschaft auf sie gemacht hatte. »Ach, ist das herrlich! Ist das schön!« wiederholten sie alle zur Antwort. »Das Brautgemach dort hinten ist einfach nur grandios! Heute morgen kamen wir vom Calaveras Big Tree Grove herunter, und die Bäume sind nichts dagegen.« Nach diesem seltsamen Vergleich eilten sie sonnenwärts, und der Führer versprach, binnen kurzem am Rand eines Teiches zu uns zu stoßen, wo wir auf ihn warten sollten. Es handelt sich um einen entzückenden kleinen Weiher von unbekannter Tiefe, den noch keine Brise aufgerührt hat, und seine ewige Ruhe regt die Vorstellungskraft stärker an als die silbernen Gletscherseen, die mit Wiesen und Schnee gesäumt sind und erhabene Berge spiegeln.

Unser Führer, ein lustiger übermütiger Italiener, brachte uns ins Innerste des Hügels, aufwärts und abwärts, nach rechts und nach links, prachtvoller von Kammer zu Kammer, überall glitzernd wie eine Gletscherhöhle mit eiszapfenähnlichen Stalaktiten und Stalagmiten, zu Formen von unbeschreiblicher Schönheit verbunden. Ein großer Raum wurde uns gezeigt, der manchmal als Tanzsaal diente; ein anderer wurde als Kapelle benutzt, mit natürlicher Kanzel und Kreuzen und Kirchenbänken, Predigten in jedem Stein, wo ein Priester die Messe las. Im Zusammenhang mit den Wundern der Natur ist das Lesen der Messe üblicherweise nicht so ausgeprägt wie das Tanzen. Eine der ersten Launen, die von den Mammutbäumen geweckt wurden, bestand darin, einen zu fällen und auf seinem Stumpf zu tanzen.[82] Wir haben den Tanz im Sprühnebel des Niagara und in der berühmten Bower Cave oberhalb von Coulterville gesehen; und nirgends habe ich soviel Tanz gesehen wie in Yosemite. Ein Tanz auf dem unzugänglichen South Dome würde wohl der Einrichtung eines leichten Gipfelpfades folgen.

Es war eine Freude, hier der unermesslichen Bedachtsamkeit der Natur beizuwohnen und der Schlichtheit ihrer Methoden bei der Fertigung solch gewaltiger Ergebnisse, solch vollkommener Ruhe im Verbund mit rastloser enthusiastischer Energie. Obwohl kalt und blutleer wie eine Polareislandschaft, schritt der Bau im Dunklen mit unablässiger Geschäftigkeit weiter voran. Die Bogengänge und Deckengewölbe waren überall mit herunterwachsenden Kristallen behangen, wie umgedrehte Wälder aus blattlosen Schösslingen, einige groß, andere zierlich ausgedünnt, jeder mit einem Wassertropfen an der Spitze, wie die Gipfelknospe einer Kiefer. Das einzig merkliche Geräusch war das Tröpfeln und Klingeln des in Pfützen fallenden oder leise auf die kristallnen Flure platschenden Wassers.

An manchen Stellen waren die Kristalldekorationen zu anmutig fließenden Falten geordnet, tief pliiert wie steife Seidenvorhänge. An anderen verbanden sich die geraden Linien der gewöhnlichen Stalaktitenform in Größe und Klang zu einem regelmäßig abgestuften System, vergleichbar mit den Saiten einer Harfe und den entsprechenden Tönen; auf diesen Steinharfen spielten wir, indem wir die kristallnen Saiten mit einem Stock anschlugen. Die wunderbar flüssigen Töne, die sie von sich gaben, schienen geradezu göttlich, als sie sanft durch die majestätischen Säle flüsterten und waberten und in zartester Kadenz erstarben — die Musik des Feenlandes. Wir verweilten hier und schwelgten, erfreut darüber, soviel Musik in der steinernen Stille zu finden, soviel Glanz in der Finsternis, soviele herrschaftliche Häuser in den Tiefen des Gebirges, Gebäude, die sich immer im Aufbau befinden, aber niemals fertig sind, sich von Vollendung zu Vollendung entwickeln, Luxus ohne Überfluss; jedes sichtbare oder unsichtbare Teilchen in grandioser Bewegung, zur Sphärenmusik in einer Region marschierend, die man als Sitz ewiger Stille und ewigen Todes betrachtet.

Die äußeren Kammern der Gebirgshöhlen werden häufig von wilden Tieren als Heimstatt gewählt. In der Sierra jedoch scheinen sie Häuser und Verstecke im Gestrüpp oder unter schützenden Felsvorsprüngen zu bevorzugen, denn nie habe ich Spuren von ihnen in einer der Höhlen gesehen. Dies ist umso bemerkenswerter, da sie ungeachtet der Dunkelheit und des triefenden Wassers nichts unbequem Keller- oder Gruftartiges an sich haben.

Als wir in die hellen Landschaften der Sonne traten, sah alles heller aus, wir fühlten unser Vertrauen in die Schönheit der Natur bestärkt und erkannten viel deutlicher, dass Schönheit universell und unsterblich ist, oben, unten, an Land und auf See, Berg oder Ebene, bei Hitze und Kälte, Licht und Dunkelheit.

KAPITEL XVI

Die Bienenweiden

Als Kalifornien noch wild war, erstreckte sich ein Bienengarten über seine gesamte Fläche, von Norden nach Süden, von der schneebedeckten Sierra bis zum Ozean.

Wohin auch immer eine Biene innerhalb der Grenzen dieser unberührten Wildnis flog — durch die Rotholzwälder, entlang den Flussufern, an den Klippen und Kaps, über Tal und Ebene, Park und Hain und tiefe, belaubte Schlucht oder weit die mit Kiefern bewachsenen Berghänge hinauf — in jeder Klimazone bis zur Baumgrenze blühten in verschwenderischer Fülle Blumen für die Bienen. Hier wuchsen sie mehr oder weniger abgesondert an speziellen, nicht sehr weitläufigen Fleckchen und Stellen, dort in breiten, wogenden Falten von hunderten Meilen Länge — Gebiete pollenreicher Wälder, Gebiete blühender Sträucher, Flussgewirre von Beeren und wilden Rosen, Flächen goldener Korbblütler, Veilchenbeete, Minzebeete, Rabatten von Moosheide und Klee und anderen, irgendwo blühten immer bestimmte Arten im Laufe des Jahres.

Doch die Pflüge und Schafe der letzten Jahre haben auf diesen herrlichen Weiden verheerende Schäden angerichtet, sie zerstörten wie eine Feuersbrunst zehntausende blühende Morgen Land und verbannten zahlreiche Arten bester Honigpflanzen in die Felsklippen und Zaunecken, während andererseits der Ackerbau bisher keinen angemessenen Ausgleich geschaffen hat, zumindest nicht *in natura* — nur Alfalfa statt Meilen der üppigsten Wildwiesen; Zierrosen und Geißblatt rings um die Haustüren statt Kaskaden wilder Rosen in den Tälern; winzige quadratische Obstgärten und Orangenhaine statt breiter Chaparral-Gürtel in den Bergen.

Das Great Central Plain von Kalifornien war in den Monaten März, April, Mai ein einziges sanftes, geschlossenes Honigblütenbeet, so wunderbar reich, dass dein Fuß auf einer Wanderung von einem Ende zum anderen, eine Strecke von mehr als 400 Meilen, bei jedem Schritt ungefähr einhundert Blumen presste. Minze, Gilie, Hainblume, Roter Indianerpinsel und unzählige Korbblütler standen so dicht gedrängt, dass die Ebene, hätte man neunundneunzig Prozent von ihnen entfernt, noch immer zu nichts anderem als zu Kaliforniens Blütenpracht zählen würde. Die strahlenförmigen, honigträchtigen Blumenkronen, die einander berühren und überlappen und überragen, leuchteten in dem lebhaften Licht wie ein Sonnenuntergangshimmel — eine einzige Fläche aus Purpur und Gold, der helle Sacramento floss von Norden mitten hindurch, der San Joaquin von Süden, ihre vielen Zuflüsse strömten im rechten Winkel von den Bergen herein und unterteilten die Ebene in baumgesäumte Abschnitte.

Ein Niederungsstreifen zieht sich an den Flüssen dahin, der unter das Umgebungsniveau gesunken und zum Vorgebirge breiter ist; dort werfen prachtvolle Eichen von drei bis acht Fuß Durchmesser wohltuenden Schatten auf die offenen, präriegleichen Ebenen. Und dicht am Rande des Wassers wuchs ein schöner Dschungel von tropischer Üppigkeit, bestehend aus wilden Rosen, Brombeersträuchern und einer Vielzahl verschiedener Kletterpflanzen, die die Äste und Stämme der Weiden und Erlen umwanden, miteinander verflochten und, von Gipfel zu Gipfel, in schweren Girlanden dahinpendelten. Hier schwelgten die wilden Bienen in frischen Blüten noch lange nachdem die Blumen der trockneren Ebene verwelkt und verdorrt waren. Und wenn im Mittsommer die ›schwarzen Beeren‹ reif waren, kamen die Indianer aus den Bergen zu ihrem Festmahl — Männer, Frauen und Säuglinge in langen lärmenden Zügen, denen sich oft die Farmer der Umgebung anschlossen, die diese wilde Frucht mit löblicher Wertschätzung ihres überragenden Geschmacks sammelten, obwohl die heimatlichen Obstgärten voll reifer Pfirsiche, Aprikosen, Nektarinen und Feigen

Yosemite Falls.

und die Weinberge mit Trauben beladen waren. Auch wenn sich die luxuriösen, struppigen Flussbetten auf diese Weise von der flachen, baumlosen Ebene unterschieden, stellten sie im Allgemeinen keine starken Trennlinien dar. Alles erschien wie ein durchgängiger Blütenteppich, den nur die Berge begrenzten.

Als ich diesen zentralen Garten, die ausgedehnteste und ebenmäßigste aller Bienenweiden in diesem Staat, zum ersten Mal sah, schien mir alles eine einzige riesige Fläche gepflanzten Goldes, dunstig und verschwommen in der Ferne, klar wie eine neue Landkarte entlang der Gebirgsausläufer vor mir. Nachdem ich die Osthänge der Coast Range durch Gilien- und Lupinenbeete hinabgesteigen war und allerhand luftige Hügelchen und buschbestandene Vorsprünge umrundet hatte, watete ich schließlich mitten in ihn hinein. Der gesamte Boden war bedeckt, nicht mit Gräsern und grünen Blättern, sondern mit strahlenförmigen Blumenkronen, an den Hügeln des Vorgebirges etwa knöchelhoch, fünf, sechs Meilen weiter draußen kniehoch oder mehr. Es gab hier Bahia, Madia, Madaria, Burrielia, Chrysopsis, Corethrogyne, Grindelia usw., die in dichten Verbänden unterschiedlicher Gelbtöne wuchsen und sich aufs Schönste mit dem Purpur von Clarkien, Bergklee und Nachtkerzen vermischten, deren grazile Blütenblätter die belebenden Sonnenstrahlen schlürften ohne zurückzufunkeln.

Da auf die Regenzeit eine lange Periode extremer Dürre folgt, besteht der überwiegende Teil der Vegetation aus einjährigen Pflanzen, die alle zur gleichen Zeit aufsprießen und gemeinsam in ungefähr derselben Höhe über dem Boden blühen, so dass die Oberfläche insgesamt nur leicht gekräuselt ist durch die größeren Büschelschön, Bartfaden und Gruppen von *Salvia carduacea*, dem König der Minzen.

Bei jedem Schritt, den ich in irgendeine Richtung schlenderte, strichen hunderte dieser fröhlichen Sonnenpflanzen gegen meine Füße und schlossen sich über ihnen, als würde ich durch flüssiges Gold waten. Die Luft duftete süß, die Lerchen sangen ihre gesegneten Lieder, schwangen sich auf, als ich mich näherte, und sanken außer Sichtweite wieder ins pollenreiche Gras, während Milliarden wilder Bienen die Luft mit ihrem monotonen Gesumm aufrührten — monoton, jedoch stets frisch und sanft wie das tägliche Sonnenlicht. Hasen und Ziesel zeigten sich in beträchtlicher Zahl an flachen Stellen, und kleine Gabelbock-Trupps waren fast immer zu sehen, sie starrten neugierig von irgendeiner leichten Erhebung und sprangen dann mit unübertroffener Anmut rasch davon. Ich konnte jedoch keine plattgedrückten Blumen entdecken, die ihre Spur markiert hätten, oder überhaupt eine zerstörerische Handlung durch wilde Pfoten und Zähne.

Die prächtigen gelben Tage verstrichen ungezählt, während ich nordwärts trieb und die unzähligen Formen des Lebens beobachtete, die mich umdrängten, wobei ich mich bei Einbruch der Nacht einfach irgendwo hinlegte. Was hatte ich für wunderbare botanische Betten!

Oft fand ich sofort beim Erwachen verschiedene neue Arten, die sich über mich beugten und mir direkt ins Gesicht blickten, so dass meine Studien noch vor dem Aufstehen begannen.

Um den 1. Mai herum wandte ich mich nach Osten und überquerte den San Joaquin River zwischen den Mündungen des Tuolumne und Merced, doch als ich die Ausläufer der Sierra erreicht hatte, war der größte Teil der Pflanzenwelt bereits verdorrt und trocken wie Heu geworden.

Alle Jahreszeiten in der großen Ebene sind warm oder gemäßigt, und es mangelt nie völlig an Bienenblumen; der grandiose Lenz — die jährliche Auferstehung — wird hingegen vom Regen bestimmt, der gewöhnlich etwa Mitte November oder Anfang Dezember einsetzt. Dann entfalten die Samen, die sechs Monate lang trocken und frisch auf dem Boden gelegen haben, als wären sie in Scheunen eingebracht, alle auf einmal ihr wohlgehütetes Leben. Das allgemeine Braun und Purpur des Bodens und die tote Vorjahresvegetation weichen dem Grün der Moose und Leberblümchen und Milliarden junger Blätter. Dann beginnt eine Art nach der nächsten aufzublühen, wobei das Grün allmählich von Gelb und Purpur überdeckt wird. Dies dauert bis zum Mai.

Die ›Regenzeit‹ ist keineswegs eine düstere, feuchte Periode dauernder Bewölkung und ständigen Regens. Vielleicht sind die Monate Dezember, Januar, Februar und März nirgendwo sonst in Amerika, oder auf der Welt, so voll mildem, pflanzentreibendem Sonnenschein. Meinen Notizen aus dem Winter und Frühling 1868–69 zufolge, die ich täglich draußen in jenen Teilen der Ebene verbrachte, die zwischen dem Tuolumne und dem Merced River liegen, fiel der erste Regen der Saison am 18. Dezember. Der Januar hatte nur sechs Regentage — das heißt, Tage, an denen Regen fiel; der Februar drei, der März fünf, der April und der Mai jeweils drei. Das war die gesamte sogenannte Regenzeit, und zwar eine mehr oder weniger durchschnittliche. In dieser Gegend ist der übliche Regensturm selten sehr kalt oder heftig; der

Wind, der bei beständigem Wetter aus dem Nordwesten kommt, dreht in die entgegengesetzte Richtung, der Himmel überzieht sich allmählich und gleichmäßig mit einer einzigen großen Wolke, aus der oft für einige Tage in Folge ein steter Regen bei einer Temperatur von 7° bis 10 °C fällt.

Mehr als fünfundsiebzig Prozent des gesamten saisonalen Regens kam aus dem Nordwesten die Küste herunter, über die südöstliche Ecke Alaskas, British Columbia, Washington und Oregon, obwohl lokale Winde dieser zirkulären Stürme aus dem Südosten wehten. Einer dieser großartigen lokalen Nordweststürme fiel auf den 21. März. In beeindruckender Erhabenheit schwoll eine riesige, gewölbte Wolke an und donnerte über die blühende Ebene, weiß und purpurn leuchtete ihre runde Stirn in der lodernden Sonne, und aus ihren reichen Quellen ergoss sich ein warmer Regen wie ein Katarakt, der Blumen und Bienen niederschlug und die ausgetrockneten Wasserläufe so plötzlich überflutete wie die Bachbetten in Nevada durch sogenannte ›Wolkenbrüche‹ überschwemmt werden. Doch nach weniger als einer halben Stunde war nicht eine Spur von der schweren, gebirgsähnlichen Wolkenstruktur am Himmel geblieben und die Bienen hatten ihren Flug wieder aufgenommen, als hätte man ihnen keine willkommenere Erfrischung reichen können.

Ende Januar stehen vier Pflanzenarten in Blüte, und fünf oder sechs Moose haben ihre Hauben[83] längst ausgerichtet und befinden sich ›in der Blüte des Lebens‹; aber noch sind die Blumen nicht zahlreich genug, um das Grün der jungen Blätter insgesamt zur Schau zu tragen. Veilchen erscheinen in der ersten Februarwoche, und gegen Ende dieses Monats sind die wärmeren Bereiche der Ebene bereits mit Milliarden sternförmiger Korbblütler übergoldet.

Das war der pralle Frühling. Die Sonne schien wärmer und voller, jeden Tag blühten neue Pflanzen, die Luft wurde melodischer durch summende Flügel und süßer durch den Duft der sich öffnenden Blumen. Ameisen und Erdhörnchen bereiteten sich auf ihr Sommerwerk vor, rieben ihre steifen Glieder und sonnten sich auf den Schalenhaufen vor ihren Türen; und die Spinnen flickten eifrig an ihren alten Netzen oder webten neue.

Im März hatte sich die Vegetation in Höhe und Farbe verdoppelt; Tellerkraut, Kalandrine, eine große weiße Gilie und zwei Hainblumen standen in Blüte, zusammen mit einem Heer gelber Korbblütler, inzwischen groß genug, um sich im Wind zu wiegen und Schattenwellen zu werfen.

Im April erreichte die Pflanzenwelt ihre größte Höhe, und die gesamte mannigfaltige Oberfläche der Ebene war mit einem dichten, pelzigen Plüsch aus violetten und goldenen Korollen bedeckt. Am Ende des Monats hatten die meisten Arten ihre Samen zur Reife gebracht, waren jedoch nicht vertrocknet, und die Korbblütler schienen wegen der zahlreichen korolla-ähnlichen Hüllblätter und Brakteen-Wirtel noch in Blüte zu stehen. Im Mai fanden die Bienen nur einige tiefwurzelnde Liliengewächse und Wollknöteriche.

Juni, Juli, August und September ist die Saison der Ruhe und des Schlafes — ein Winter trockener Hitze —, und im Oktober folgt zur dürrsten Zeit des Jahres eine zweite Blütenexplosion. Nachdem die geschrumpelten Blätter und Stengel der abgestorbenen Vegetation unterm Schuh knistern und zu Staub zerfallen, als wären sie in einem Ofen gebacken worden, hat *Hemizonia virgata*, eine schlanke, unauffällige, sechs Zoll bis zu drei Fuß hohe Pflanze, ihren unerwarteten Auftritt in meilenweiten Landstrichen, einer Auferstehung des Aprilblühens vergleichbar. Ich habe mehr als 3000 Blüten, jede 5/8 Zoll im Durchmesser, an einer einzigen Pflanze gezählt. Sowohl die Blätter als auch die Stiele sind so schlank, dass sie inmitten einer derart prunkvollen Blütenmenge auf eine Entfernung von ein paar Metern fast unsichtbar sind. Die Strahlenblüten und die Scheibenblüten sind beide gelb, die Staubblätter violett, die Beschaffenheit der Strahlen ist satt und samtig wie bei den Blättern der Garten-Stiefmütterchen. Der vorherrschende Wind dreht ihre Köpfchen alle nach Südosten, so dass uns die Blüten, wenn wir in nordwestliche Richtung schauen, direkt anblicken. Meiner Einschätzung nach ist diese kleine Pflanze, die Letztgeborene in der leuchtenden Schar der Korbblütler, die die Ebene schmücken, die interessanteste von allen. Sie steht bis November in Blüte und vereint sich mit zwei, drei Arten der drahtigen Wollknöteriche, die die Blütenkette von ungefähr Dezember bis zu den Frühlingsblumen des Januar fortsetzen. Auf diese Weise wird der florale Kreislauf, auch wenn die Hauptzeit von Blüte und Honig nur drei Monate dauert, niemals vollständig unterbrochen, selbst wenn er in manchen heißen, regenlosen Monaten gering ist.

Wie lange die verschiedenen Wildbienenarten in diesem Honiggarten gelebt haben, weiß niemand; wahrscheinlich seit der Großteil der heutigen Flora das Land am Ende der Eiszeit in Besitz genommen hat. Es heißt, die ersten braunen Honigbienen, die nach Kalifornien gebracht wurden, haben San Francisco im März 1853 erreicht. Ein Bienenzüchter namens Christopher A. Shelton erwarb zwölf Schwärme von jemandem in Aspinwall, der sie aus New York mitgebracht hatte. Als sie in San Francisco ankamen, enthielten alle Stöcke lebende Bienen, die zuletzt jedoch zu einem Stock schrumpften, den man nach San José transportierte. Die kleinen Einwanderer gediehen und vermehrten sich auf den fetten Wiesen des Santa Clara Valley und entsandten drei Schwärme im ersten Jahr. Ihr Besitzer wurde kurz darauf getötet, und bei der Regelung seines Nachlasses verkaufte man zwei Schwärme für 105 bzw. 110 $ auf einer Auktion. Von Zeit zu Zeit wurden weitere Einfuhren über den Isthmus abgewickelt, doch trotz großer Anstregungen, die man unternahm, um den Erfolg zu sichern, starb rund die Hälfte auf dem Wege. 1859 wurden vier Schwärme heil über die Ebenen gebracht, die Stöcke standen am hinteren Ende eines Wagens, der nachmittags anhielt, damit die Bienen bis zum Einbruch der Dunkelheit, wenn die Stöcke geschlossen wurden, zu den blütenreichsten Plätzen in Reichweite fliegen und dort Nahrung suchen konnten.

1855, zwei Jahre nach der ersten Ankunft aus New York, wurde ein einzelner Schwarm aus San José in das Great Central Plain gebracht und freigelassen. Der Bienenzucht wurde hier dennoch niemals viel Aufmerksamkeit geschenkt, trotz der außergewöhnlichen Fülle an Honigblüten und der hohen Honigpreise in den ersten Jahren. Ein paar Stöcke findet man hier und dort bei den Siedlern, die zufällig ein wenig von diesem Geschäft gelernt hatten, bevor sie in den Staat kamen. Die Hauptbemühungen indes gelten der Schaf- und Viehzucht, dem Getreide- und Obstanbau, denn sie benötigen weniger Geschick und Sorgfalt, und gleichzeitig sind die Gewinne höher. 1856 verkaufte man den Honig hier für anderthalb bis zwei Dollar pro Pfund, zwölf Jahre später war der Preis auf zwölfeinhalb Cent gefallen. Ich aß im Jahre 1868 mit einem Trupp heißhungriger Schafscherer auf einer Ranch am San Joaquin zu Mittag, wo man fünfzehn bis zwanzig Stöcke hielt, und unser Gastgeber wies uns an, den großen Honigtopf, den er auf den Tisch gestellt hatte, nicht zu schonen, denn es war das Billigste, das er anzubieten hatte. Wie dem auch sei, auf all meinen Wanderungen bin ich im Central Valley nie auf eine jener regelrechten Bienenfarmen gestoßen, wie sie in den südlichen Bezirken des Staates so weitverbreitet sind und sachkundig bewirtschaftet werden. Die wenigen Pfund Honig und Wachs werden zu Hause verbraucht und kaum zu den gröberen Erzeugnissen der Farm gerechnet. Die Schwärme, die ihren sorglosen Besitzern entfliehen, haben eine beschwerliche, verwirrende Zeit bei der Suche nach einer passenden Heimat. Die meisten begeben sich zu den Gebirgsausläufern oder den Bäumen am Ufer der Flüsse, wo sie vielleicht einen hohlen Ast oder Stamm finden. Einer meiner Freunde stieß bei der Jagd am San Joaquin auf eine alte Waschbärenfalle, die an der Böschung des Flusses, auf die er sich zur Rast hinsetzte, unter hohem Gras versteckt war. Kurze Zeit später wurde seine Aufmerksamkeit auf eine Schar wütender Bienen gelenkt, die gereizt um seinen Kopf flogen, als er entdeckte, dass er auf ihrem Stock saß, der, wie sich herausstellte, mehr als 200 Pfund

Honig enthielt. Draußen im breiten, sumpfigen Delta der Flüsse Sacramento und San Joaquin waren die kleinen Wanderer dafür bekannt, dass sie ihre Waben in einem Schilfbüschel oder im steifen, drahtigen Gras bauen, nur dürftig vor dem Wetter geschützt und jedes Frühjahr in Gefahr, von den Fluten fortgespült zu werden. Allerdings haben sie den Vorteil einer ausgedehnten frischen Wiese, die ihnen allein zugänglich ist.

Der heutige Zustand des Grand Central Garden unterscheidet sich sehr von jenem, den wir soeben skizziert haben. Vor rund zwanzig Jahren, als die Goldschürfstellen erschöpft waren, wurde die Aufmerksamkeit der Glückssucher — nicht Heimatsucher — zum großen Teil von den Minen auf die fruchtbaren Ebenen gelenkt, und viele begannen, mit einer Art unruhiger, wilder Landwirtschaft zu experimentieren. Man schleppte eine Ladung Bauholz irgendwo in die freie Wildbahn, wo sich leicht Wasser finden und eine grobe Hütte aufstellen ließ. Dann wurde ein mehrschariger Pflug beschafft und ein Dutzend Mustangponys im Wert von zehn oder fünfzehn Dollar das Stück, und mit ihnen konnte man hunderte Morgen so einfach auflockern, als wäre das Land seit Jahren beackert worden, weil zähe, ganzjährige Wurzeln fast nicht vorhanden waren. Auf diese Weise war die Ranch eingerichtet, und von den kahlen Holzhütten aus, Zentren der Verwüstung, schwand die wilde Flora in immer weiteren Kreisen. Die Erzzerstörer sind allerdings die Schäfer mit ihren Herden behufter Heuschrecken, die über den Boden dahinfegen wie eine Feuersbrunst und jeden Stock niedertrampeln, der dem Pflug entkommen ist, als wäre die gesamte Ebene ein Hausgärtchen ohne Zaun. Doch trotz dieser Zerstörer könnten hier für jeden Schwarm, der jetzt Honig sammelt, tausende Schwärme weiden. Der größere Teil ist noch immer jedes Jahr mit gehemmtem Bewuchs an Bienenblüten bedeckt, denn die meisten Arten sind einjährig und viele davon werden nicht von Schafen oder dem Vieh genossen, überdies ermöglicht ihnen das rasche Wachstum, Samen zu entwickeln und auszubilden, bevor irgendein Fuß die Zeit findet, sie zu zerquetschen. Deshalb blieb der Boden süß, hat die Gattung überdauert, wenn auch nur als angedeuteter Schatten ihrer wilden Pracht.

Unzweifelhaft wird die Zeit kommen, in der man das gesamte Gebiet dieses edlen Tals wie einen Garten bewirtschaftet und die fruchtbringenden Wasser aus den Bergen, die nun ins Meer fließen, auf alle Flächen verteilt werden, um prosperierende Städte, Reichtum, Künste usw. entstehen zu lassen. Ich vermute, dann wird es nur wenige geben, selbst unter Botanikern, die die verschwundene urtümliche Flora beklagen. Inzwischen ist die reine Verwüstung — die schamlose Vernichtung der Unschuldigen — ein trauriger Anblick, und die Sonne ist wahrhaft zu bedauern, dass sie gezwungen ist, dies mitanzuschauen.

Die Bienenweiden der Küstengebirge sind wegen anderer Böden, Klimate, Feuchtigkeiten, Schatten usw. beständiger und mannigfaltiger als jene der großen Ebene. Manche Berge erreichen bis zu 4000 Fuß Höhe, und Flüsschen, Quellen, feuchte Sümpfe erscheinen in großer Fülle und Vielfalt in den bewaldeten Regionen, während offene, sonnendurchflutete Parks und hügelumgürtete Täler, die auf verschiedenen Anhöhen liegen, jedes mit eigentümlichem Klima und Aussehen, die notwendigen Voraussetzungen für die Entwicklung varietätenreicher Arten und Pflanzenfamilien mit sich bringen.

Nach der Ebene kommt zunächst eine Reihe sanfter Hügel mit einer üppigen, prunkvollen Vegetation, die sich nur wenig von jener der Ebene unterscheidet — als wäre der Rand der Ebene mit allen vorhandenen Blumen angehoben und wellenförmig zusammengefaltet worden, nur etwas abgetönt in ihrer Fülle und mit ein paar neu eingeführten Arten wie Lupinen, Minzen und Gilien. Die Farben zeigen sich vortrefflich, wenn sie auf den Hängen in Sicht kommen; rote, purpurne, blaue, gelbe und weiße Flecken, die an den Seiten verschmelzen, das Ganze erscheint auf kurze Entfernung wie eine abschnittsweise kolorierte Landkarte.

Darüber liegt die Park- und Chaparral-Region mit Eichen, meist immergrün, weit auseinander wachsend, und blühenden, drei bis zehn Fuß hohen Sträuchern; Bärentraube und mehrere Arten Ceanothus, vermischt mit Kreuzdorn, Judasbaum, Pickeringia, Kirsche, Felsenbirne, Scheinheide in struppigen, verflochtenen Dickichten, außerdem viele Arten von Hosackia, Klee, Monardella, Indianerpinsel usw. auf den Lichtungen.

Aus den Hauptketten ragen halbwegs parallel zu ihren Achsen Bergsporne hervor, sie umschließen flache Täler, von denen sich viele weit erstrecken und eine verschwenderische Fülle an sonnenliebenden Bienenblüten in wildem Zustand enthalten; doch für die Bienen sind sie zum großen Teil bereits durch die Landwirtschaft verloren.

Näher zur Küste stehen die gigantischen Rotholzwälder, sie erstrecken sich annähernd von der Grenze Oregons bis nach Santa Cruz. Unter dem kühlen, tiefen Schatten dieser erhabenen Bäume nehmen Farne, hauptsächlich Woodwardia und Aspidium[84], und nur ein paar blühende Pflanzen — Sauerklee, Siebenstern, Hundszahn, Schachbrettblume, Stechwinde und andere Schattenliebende — den Boden ein. Doch überall gibt es auf den Hügellehnen entlang des Rotholzgürtels sonnige Lichtungen, die nach Süden blicken, an denen die Riesenbäume zurückweichen und das Erdreich den Sonnenblumen und Bienen überlassen. Die hohen Rotholzwände dieser winzigen Bienenflächen umsäumen gewöhnlich Kastanieneichen, Lorbeer und Madroño, der letzte ein unübertrefflich schöner Baum und Liebling der Bienen. Sieben oder acht Fuß dick und fast fünfzig Fuß hoch sind die Stämme der größten Exemplare; ihre Borke rot und schokoladenfarben, die Blätter flach, groß und glänzend, wie die von *Magnolia grandiflora*, die Blüten hingegen gelblich-weiß und urnenförmig, in wohlproportionierten, fünf bis zehn Zoll langen Rispen. In voller Blüte scheint ein einziger Baum zuweilen von einem ganzen Bienenstock besucht zu werden, und das tiefe Gesumm einer solchen Menge lässt den Zuhörer glauben, dass sich mehr als das übliche Werk der Honiggewinnung abspielen muss.

Vollkommen bezaubernd und sorgetilgend sind diese abgelegenen Gärten der Wälder — weite Blicke öffnen sich meerwärts — die Sonne sickert und strömt auf den blühenden Boden in einem wabernden, veränderlichen Mosaik, wenn die Lichtbahnen sich in der schaukelnden Brise in der Laubwand öffnen und schließen — leuchtende Blätter und Blumen, Vögel und Bienen vermischen sich zur Frühlingsharmonie und abertausenden Quellen entströmen besänftigende Düfte. In diesen milden, miteinander verschmelzenden Tagen, wenn die starken Herzschläge der Natur Felsen und Bäume und alles gleichermaßen durchpulsen, sind die Alltagsgeschäfte und die Freunde vergessen, und selbst das natürliche Honigwerk der Bienen und die Sorge der Vögel um ihre Jungen und der Mütter um ihre Kinder scheinen ein wenig fehl am Platze zu sein.

Nach Norden, im Humboldt County und den angrenzenden Bezirken, sind die Hügelflanken mit Rhododendron bedeckt und zeigen im Frühling eine herrlich melodiöse Bienenblüte. Die Westliche Azalee, die nicht weniger blütenreich ist, wächst in dichten, drei bis acht Fuß hohen Gesträuchen an den Rändern der Haine und Wälder bis nach San Luis Obispo im Süden, meist in Begleitung der Bärentraube. Die Täler mit ihren unterschiedlichen Feuchtegraden und Schatten bringen eine große Vielfalt kleinerer Honigblumen wie Minze, Wolfstrapp, Indianerminze, Audibertia, Trichostema und andere Minzearten hervor; außerdem Vaccinium, wilde Erdbeere, Geranie, Calais und Goldrute; und in den kühlen Schluchten entlang der Flussufer, in denen der Schatten der Bäume nicht allzu tief ist, bilden Spiere, Hartriegel, Glanzmispel, Gewürzstrauch und viele Arten von Rubus miteinander verflochtene Gestrüppe, die teilweise über Monate in ständiger Blüte stehen.

Obwohl die Küstenregion als erste vom weißen Mann überfallen und besiedelt wurde, hat sie aus dem Blickwinkel der Bienen weniger als andere Landstriche gelitten, zweifellos vor allem wegen der Unebenheit des Geländes und weil sie im Besitz und geschützt ist, anstatt den Herden der wandernden ›Schafhüter‹ preisgegeben zu sein. Diese Bemerkungen treffen insbesondere auf den nördlichen Bereich der Küste zu; weiter südlich gibt es weniger Feuchtigkeit, weniger Waldschatten, die Honigflora ist darum weniger artenreich.

Die Sierra stellt den weiträumigsten der drei Hauptbereiche des Bienenlandes in diesem Staat dar, und den aufgrund seines allmählichen Anstiegs von der Central Plain bis zu den alpinen Gipfeln am deutlichsten in Unterbereiche gegliederten. Die Vorgebirgsregion ist von Ende Mai bis zum Beginn des Winterregens fast so trocken und sonnig wie die Ebene. Es gibt keine schattigen Wälder, keine feuchten Schluchten wie auf derselben Höhe in den Coast Mountains. Die geselligen Korbblütler der Ebene bilden, zusammen mit einigen weiteren Arten, das Gros des krautartigen Teiles der Pflanzenwelt bis zu einer Höhe von 1500 Fuß und mehr, hier und dort von Eichen und Weißkiefern sanft beschattet, durchbrochen von Flieder und Rosskastanien. Darüber und direkt unterhalb der Waldregion befindet sich ein dunkler, heideähnlicher Streifen Buschland, der fast ausschließlich aus *Adenostoma fasciculata*[85] besteht, einem Strauch, der zur Rosenfamilie gehört, fünf bis acht Fuß hoch, mit kleinen runden Blättern in Faszikeln und einer Fülle kleiner weißer Blüten in Rispen an den Enden der oberen Zweige. Wo er vorkommt, bedeckt er den gesamten Boden dicht und undurchdringlich, meilenweit kaum je unterbrochen.

Bis in die Waldregion auf 9000 Fuß und höher wachsen struppige Flecken von Bärentraube und fünf oder sechs Ceanothusarten, die Säckelblume oder Kalifornischer Flieder genannt werden. Sie sind die wichtigsten honigtragenden Büsche in der Sierra. *Chamæbatia foliolosa*[86], ein kleiner, etwa einen Fuß hoher Strauch mit Blüten, die jenen der Erdbeere ähneln, webt schöne Teppiche unter den Kiefern und scheint bei den Bienen beliebt zu sein; die Kiefern selbst liefern eine unbegrenzte Fülle an Pollen und Honigtau. Das Erzeugnis eines einzigen Baumes, dessen Pollen zur richtigen Jahreszeit reifen, könnte den Bedarf eines gesamten Bienenstocks decken. An den Flüssen wachsen Lilien, Rittersporne, Läusekräuter, Indianerpinsel und Klee in Mengen. Die alpine Region umfasst die blühenden Gletscherwiesen und die zahllosen kleinen Gärten an allen möglichen Stellen, voll verschiedener Arten Fingerkräuter, Spraguea, Ivesia, Weidenröschen und Goldrute, mit Beeten von Moosheide und der mit süßen Glocken bedeckten bezaubernden Schuppenheide. Sogar die Gipfel der Berge sind mit Blumen gesegnet — dem niedrigen Phlox, Jakobsleiter, Johannisbeere, Hulsea usw. Ich habe wilde Bienen und Schmetterlinge beobachtet, die auf einer Höhe von 13.000 Fuß über dem Meeresspiegel Futter sammeln. Dennoch kommen viele, die in diese gefährlichen Höhen hinaufsteigen, niemals wieder zurück, einige gehen zweifellos in Stürmen zugrunde, und ich habe tausende gefunden, die tot oder betäubt auf Gletschern lagen, von deren weißem Glanz sie wahrscheinlich angezogen wurden, weil sie ihn für Blumenbeete hielten.

Aus Schwärmen, die ihren Eigentümern im Flachland entflohen sind, haben sich die Honigbienen mittlerweile über die gesamte Sierra bis in 8000 Fuß überm Meer ausgebreitet. Dort oben gedeihen sie ohne Sorge, obwohl der Schnee in jedem Winter tief ist. Auf noch größerer Höhe sind verschiedene Bienenbäume gefällt worden, die mehr als 200 Pfund Honig enthielten.

Die Zerstörung durch Schafe war auf den Bergweiden nicht so umfassend wie auf dem Weideland der großen Ebene, jedoch an vielen Stellen infolge ihrer bröckeligen Bodenqualität und Hanglage noch tiefgreifender. Mit ihren Hufen, die sich schräg eingraben und abwärts scharren, haben sie an den steileren Moränenhängen jahrein, jahraus zarte Pflanzen entwurzelt und verschüttet, ohne ihnen die Zeit zu lassen, ihre Samen zur Reife zu bringen. Auch die Sträucher haben einen starken Verbiss, vor allem die verschiedenen Ceanothus-Arten. Glücklicherweise mögen weder Schafe noch Vieh die Bärentraube, Spiere oder Chamise fressen; diese feinen Honigsträucher sind zu hart und groß oder wachsen an zu schroffen und unzugänglichen Stellen, um unter die Hufe zu geraten. Auch die Cañonwände und Schluchten, die einen beträchtlichen Teil des Gebietes ausmachen, den die Hausschafe nicht erreichen können, sind mit Honigsträuchern bestens gesäumt und umschließen tausende von reizenden Bienengärten, sie liegen versteckt in engen Seitencañons und von Geröllhalden versperrten Einschnitten und auf flachen, kragenden Felsnasen, wo allein die Bienen nach ihnen suchen.

Andererseits wird ein Großteil der Holzgewächse, die den Hufen und Zähnen der Schafe entkommen konnten, von Schafhirten mittels Lauffeuern zerstört, die im trockenen Herbst überall entzündet werden, um die alten umgestürzten Strünke und das Unterholz zu verbrennen mit dem Ziel, die Weiden zu verbessern und mehr freie Wege für die Herden zu schaffen. Diese zerstörerischen Schafs-Feuer fegen durch beinahe den gesamten Waldgürtel der Berge, von einem Ende zum anderen, und vernichten nicht bloß das Unterholz, sondern auch die jungen Bäume und Sämlinge, von denen die Beständigkeit des Waldes abhängt. Damit wird eine lange Reihe von Übeln in Gang gesetzt, die weit über die Bienen und Bienenzüchter hinausreicht.

Der Pflug ist bislang noch nicht in spürbarem Ausmaß in die Waldregion vorgedrungen, auch in den Vorgebirgen hat er nicht viel ausgerichtet. Tausende Bienenfarmen könnten am Rande der Ebene bis auf 4000 Fuß Höhe überall dort gegründet werden, wo es Wasser gibt. Das Klima in dieser Höhenlage erlaubt die Errichtung dauerhafter Häuser; und wenn man die Bienenstöcke zu den höher gelegenen Wiesen bringt, sobald die unteren abgeblüht sind, ließe sich die jährliche Honigernte fast verdoppeln. Wie wir sahen, versiegen die Wiesen der Vorgebirge ungefähr Ende Mai, aber jene des Chaparral-Gürtels und der unteren Wälder stehen im Juni voll in Blüte, jene der höheren und alpinen Region im Juli, August und September. In Schottland werden die Bienen, nachdem die beste Blüte in den Lowlands vorüber ist, mit Karren in die Highlands gefahren und auf den Heidehügeln freigelassen. Auch in Frankreich und Polen fährt man sie auf diese Weise zwischen Obstgärten und Feldern von einer Wiese zur nächsten und in Kähnen die Flüsse entlang, damit sie den Honig der köstlichen Ufervegetation sammeln. In Ägypten schifft man sie weit den Nil hinauf und langsam wieder zurück, so bringen sie die Honigernte von den Feldern unterwegs ein und ihre Flüge sind mit den Jahreszeiten im Einklang. Wenn man ähnlichen Methoden in Kalifornien nachginge, könnte die produktive Phase fast das ganze Jahr über andauern.

Im Durchschnitt ist die nördliche Sierra bedeutend niedriger als die südliche Hälfte, und die kleinen Gewässer mit ihren Ufer- und Wiesengärten sind nicht so üppig. An den Oberläufen von Yuba, Feather und Pitt sind die ausgedehnten Lava-Plateaus nur spärlich mit Kiefern besetzt, durch welche das Sonnenlicht beinahe ungestört zum Boden dringt. Hier blüht eine verstreute, büschelige Vegetation aus Haplopappus, Goldhaaraster, Bahia, Eselsohr, Arnika, Beifuß und ähnlichen Pflanzen, außerdem Bärentraube, Kirsche, Pflaume und Stechdorn in struppigen Flecken auf den kühleren Hügelflanken. An den Ausläufern des Great Central Plain beschreiben Sierra Range und Coast Range jeweils einen Bogen und verschränken sich zu einem Labyrinth aus Bergen und Tälern, deren Floren sich vermischen und im Norden mit seinem gemäßigten Klima und ergiebigen Regen ein vollkommenes Paradies für die Bienen erschaffen, trotzdem hat sich seltsamerweise dort bis jetzt fast keine reguläre Bienenfarm angesiedelt.

Von allen hochgelegenen Blumenfeldern der Sierra ist der Mount Shasta das honigtriefendste und übertrifft an Ruhm noch die berühmten Hügel von Hybla und den glühenden Hymettos.[87] Betrachten wir diesen noblen Berg aus dem Blickwinkel einer Biene, umgeben von dessen vielen Klimazonen, aus der heißen Ebene empor ins frostige Azur fliegend, bemerken wir, dass vom Gipfel aus die ersten 5000 Fuß mit Schnee bedeckt und deshalb ebenso honigleer wie das Meer sind. Den Sockel dieser arktischen Region umschließt ein annähernd 1000 Fuß breiter Gürtel aus bröckelnder Lava; im Sommer ist er meist schneefrei. Schöne Flechten beleben die Wände der Klippen mit ihren hellen

Farben, und in einigen wärmeren Winkeln gibt es ein paar Horste von Bergsternkraut, Mauerblümchen und Bartfaden. Doch trotz großzügiger Blüte im Spätsommer ist diese Zone insgesamt beinahe so honiglos wie der eisige Gipfel, und seine untere Kante könnte man als Honiggrenze bezeichnen. Unmittelbar darunter folgt die Waldzone, reich mit Nadelhölzern bewachsen, überwiegend Grautannen, voller Pollen und Honigtau und abwechslungsreich durch zahllose Gartenlichtungen, viele davon nicht einmal hundert Meter im Durchmesser. Als nächstes kommt die große Bienenzone, ihr Bereich übertrifft den eisbedeckten Gipfel und die beiden andern Zonen zusammengenommen bei weitem, denn mit sechs oder sieben Meilen Breite und nahezu einhundert Meilen Umfang erstreckt er sich majestätisch rings um den gesamten Berg.

Shasta ist, wie wir bereits sahen, ein Feuerberg, entstanden durch eine Folge von Eruptionen geschmolzener Lava und Asche, die sich über die Ränder der zahlreichen Krater ergossen und wie ein knorriger exogener Baum nach auswärts und oben wuchsen. Darauf folgte ein eigentümlicher Gegensatz. Der glaziale Winter schritt voran und überzog den abkühlenden Berg mit Eis, das langsam in alle Richtungen floss und sich vom Gipfel in Form eines einziges gewaltigen Gletschers ausbreitete — ein abwärts kriechender Eisschild auf einer Fontäne schwelenden Feuers, der jahrhundertelang unermüdlich die braune, feuersteinhaltige Lava zerstieß und zermalmte und auf diese Weise den gesamten Berg erodierte und umgestaltete. Als sich die Eiszeit schließlich ihrem Ende zuneigte, war der Eisschild an der Sohle teilweise geschmolzen, und während er zurückwich und in seine heutige fragmentarische Gestalt zerfiel, lagerten sich unregelmäßige Kreise und Haufen von Moränenmaterial an seinen Flanken ab. Die Gletschererosion der meisten Lava des Shasta erzeugte Geröll, bestehend aus groben, kantengerundeten Felsblöcken mittlerer Größe und porösen Kieseln und Sand, die ohne weiteres der transportierenden Kraft des fließenden Wassers nachgaben. Herrliche Fluten, gespeist aus den überreichen Eis- und Schneequellen, schufen mit sublimer Energie am bereitgestellten Geröll, sortierten es, trugen immense Mengen von den höheren Steilhängen hinab, modellierten es in flachen, deltaförmigen Betten rings um den Sockel neu. Es sind diese verknüpften Flutbetten, die jetzt die Haupt-Honigzone des alten Vulkans darstellen.

Auf diese Weise hat Mutter Natur durch scheinbar gegensätzliche und zerstörerische Kräfte ihre segensreichen Entwürfe durchgeführt — hier eine Feuerflut, da eine Eisflut, dort eine Wasserflut; und zuletzt eine Explosion organischen Lebens, eine Galaxie von Blütenblättern und Flügeln aus Schnee, die den rauhen Berg wie eine Wolke umhüllten, als wären die belebenden Sonnenstrahlen, die an seine Flanken stießen, in eine Gischt aus Pflanzenblüte und Bienen zersprüht, so wie Meereswellen am Felsufer zerschellen und aufblühen.

In dieser blumigen Wildnis schweifen und schwelgen die Bienen, sie jubeln in der Güte der Sonne, kraxeln eifrig in den Brombeer- und Heidelbeerblüten herum, läuten die Millionen Glöckchen der Bärentrauben, summen mal hoch oben in den pollenreichen Weiden und Tannen, mal unten auf dem fahlen Boden zwischen Gilien und Butterblumen, und tauchen alsbald in die schneeweißen Ufer von Kirsche und Kreuzdorn. Sie prüfen die Lilien und wälzen sich in ihnen, und wie die Lilien arbeiten sie nicht,[88] denn sie werden von Sonnenkraft angetrieben wie Mühlräder von Wasserkraft. Wenn jene reichlich Hochdruckwasser, die anderen reichlich Sonnenlicht haben, summen und brummen sie beide auf die gleiche Weise. Streift man im Sommer an Sonnentagen durchs Bienenland des Shasta, kann man allein aus der Frequenz der Bienenflüge leicht die Tageszeit ableiten — in der Morgenkühle schlaftrunken und mäßig, mit der steigenden Sonne mit zunehmender Stärke, mittags in wilder Ekstase schwirrend und flatternd, zur Nachtruhe dann allmählich abklingend.

Auf meinen Exkursionen in den Gletschern begegnen mir zuweilen Bienen, hungrig wie Bergsteiger, die sich allzu weit hinaufgewagt haben und allzu lange oberhalb der Brotgrenze geblieben sind; schließlich erschlaffen sie und welken dahin wie Blätter im Herbst. Die Shasta-Bienen stehen wahrscheinlich besser im Futter als alle anderen in der Sierra. Ihre Feldarbeit ist ein unaufhörliches Fest; doch wie heiter der Sonnenschein und wie großzügig das Angebot an Blumen auch sein mag, stets sind sie wählerisch beim Futter. Kolibris und Kolibrischwärmer setzen selten einen Fuß auf die Blume, sie stehen im Schwirrflug davor und strecken sich, als würden sie durch einen Strohhalm saugen. Die Bienen jedoch, obwohl ebenso wählerisch, umarmen ihre Lieblingsblumen mit tiefer Herzlichkeit und drücken ihre offenen, pollenbestäubten Gesichter gegen sie wie Säuglinge an der Mutterbrust. Und ebenso zärtlich umfängt Mutter Natur ihre winzigen Bienenbabys mit ewiger Liebe und stillt sie, Unmengen auf einmal, an ihrem warmen Shastabusen.

Neben der gewöhnlichen Honigbiene finden sich auch viele andere Arten hier — samtige, feiste Burschen, die tausende sonniger Jahreszeiten vor der Ankunft der domestizierten Arten in den Bergen genährt wurden, darunter die Hummeln, Mauerbienen, Holzbienen und Blattschneiderbienen. Auch Schmetterlinge und Nachtfalter jeder Größe und Musterung, einige mit breiten Flügeln wie Fledermäuse, gemächlich flappend und in sanften Kurven segelnd, andere wie kleine fliegende Veilchen, die in kurzen, krummen Flügen dicht an die Blumen heranschwanken und Tag und Nacht üppig schlemmen.

Eine beträchtliche Zahl des Rotwilds liebt es, in den Gebüschen der Bienenweiden zu verweilen. Auch Bären durchstreifen die süße Wildnis, ihre stumpfen, zotteligen Formen harmonieren wunderbar mit den Bäumen und dem Sträuchergewirr, trotz des Größenunterschieds zu den Bienen. Sie mögen alle guten Dinge und erfreuen sich aufs Höchste an ihnen, wobei sie sich kaum die Mühe machen, etwas zu bevorzugen — Blumen und Blätter wie Beeren, und die Bienen ebenso wie ihren Honig. Obwohl die kalifornischen Bären bisher wenig Erfahrung mit Honigbienen hatten, gelangen sie oft erfolgreich in ihre strotzenden Lagerhäuser, und es scheint zweifelhaft, dass sich die Bienen selbst mit derart großer Begeisterung am Honig erfreuen. Mit Hilfe ihrer kräftigen Zähne und Klauen können sie beinahe jeden bequem zu erreichenden Bienenstock zernagen und aufreißen. Die meisten Honigbienen sind bei der Suche nach einer Heimat jedoch schlau genug, in einem lebenden Baum ein Loch zu wählen, das sich ein beträchtliches Stück oberhalb des Bodens befindet, falls ein solches Plätzchen zu bekommen ist. Dort sind sie recht sicher, denn obwohl die kleineren Schwarz- oder Braunbären gut klettern können, sind sie nicht in der Lage, in starke Stöcke einzubrechen, während sie sich mühen nicht herunterzufallen und gleichzeitig die Stiche der kämpfenden Bienen erdulden müssen, weil sie keine freie Pfote haben, um sie abzustreifen. Doch wehe den schwarzen Hummeln, die in ihren moosigen Nestern am Boden entdeckt werden! Mit ein paar Schlägen ihrer großen Pfoten legen sie die gesamte Anlage bloß, und bevor noch Zeit ist für ein allgemeines Aufschwirren, sind alte und junge Hummeln, Larven, Honig, Stacheln, Nest mit einem einzigen räuberischen Bissen verschwunden.

Nicht geringen Einfluss auf die außergewöhnliche Lieblichkeit der Shasta-Flora haben die Stürme — damit meine ich Stürme, die örtlich begrenzt sind, in den Bergen gezeugt und geboren. Die magische Geschwindigkeit, mit der sie auf dem Gipfel anwachsen und ihre Almosen in Regen und Schnee verteilen, verfehlt niemals, den unerfahrenen Flachländer in Erstaunen zu versetzen. An ruhigen, strahlend hellen Tagen kann man oft, während die Bienen noch fliegen, hoch oben im Äther eine Sturmwolke sehen, die mit schwellenden perlgrauen Buckeln leise heranwächst wie eine Pflanze. Bald hört man ein klares, schallendes Entladen des Donners, gefolgt von einem Windstoß, der über die sich biegenden Wälder wie das Tosen des Meeres heranbrüllt und Regentropfen, Schneeflocken, Honigblüten und Bienen in einer wilden Sturmharmonie vermischt.

Viel eindrucksvoller sind die warmen, alles erneuernden Frühlingstage auf den Bergweiden. Das Blut der Pflanzen pocht hör- und fühlbar unter den lebensspendenden Sonnenstrahlen. Die Pflanzen wachsen vor unseren Augen, jeder Baum in den Wäldern, jeder Busch und jede Blume scheint ein Bienenstock von rastlosem Fleiß. Die Himmelstiefen sind mit singenden Flügeln in allen Tönungen und Farben gefleckt; Wolken leuchtender Goldwespen tanzen und wirbeln in köstlichem Rhythmus, golden gestreifte Faltenwespen, Libellen, Schmetterlinge, raspelnde Zikaden und vergnügt rasselnde Grashüpfer emaillieren das Licht.

An hellen, klaren Morgen kann man nicht selten einen verblüffenden optischen Effekt aus dem Schatten der höheren Berge beobachten, während die Sonnenstrahlen über einem dahinströmen. Dann ist jedes Insekt, unabhängig von seiner eigentlichen Farbe, weißglühend im Licht. Transparent schimmernde Hautflügler, Falter, pechschwarze Käfer, sie alle sind verwandelt in reines, vergeistigtes Schneeflockenweiß.

In Südkalifornien, wo die Bienenzucht in den letzten Jahren so starke fachkundige Aufmerksamkeit erfahren hat, ist das Weideland nicht üppiger oder vorteilhafter artenreich hinsichtlich seiner Honigpflanzen oder seiner Verteilung über Berg und Ebene, als jenes in vielen Teilen des Staates, wo die industriellen Ströme in anderen Bahnen verlaufen. Hier wächst der Weiße Salbei[89] (*Audibertia*), der zur Familie der Minzen gehört, in seiner ganzen Pracht und blüht im Mai mit großen Erträgen an klarem, hellem Honig, der auf jedem bisher erreichten Markt sehr teuer gehandelt wird. Diese Art kommt hauptsächlich in den Tälern und flachen Hügeln vor. Der Schwarze Salbei der Berge ist Teil eines dichten, dornenreichen Chaparral, der sich vor allem aus Chamise, Flieder, Bärentraube und Kirsche zusammensetzt und sich damit nicht besonders von jenem der südlichen Sierra unterscheidet, jedoch dichter, durchgehender, höher ist und länger in Blüte steht. Die Ufergärten, ein charmantes Merkmal von Sierra und Coast Mountains, sind in Südkalifornien weniger verbreitet, jedoch überaus reich an Honigblüten — Steinklee, Akelei, Collinsie, Verbene, Kolibritrompete, wilde Rose, Geißblatt, Sommerjasmin und Lilien schießen aus den warmen, feuchten Talsenken in stürmischem Überschwang. Eine Fülle wilden Buchweizens[90] hat sich gegen Ende des Sommers in vielen Arten über die trockenen, sandigen Täler und tiefer gelegenen Berghänge erstreckt, und besonders von ihm ist die Biene nun abhängig, hier und dort unterstützt durch Orangenhaine, Alfalfa-Felder und kleine Hausgärten.

Die Honigmonate in durchschnittlichen Jahren sind April, Mai, Juni, Juli und August; die anderen Monate hingegen sind meist nur so blütenreich, dass sie genug für die Bienen selbst abwerfen.

Dem Präsident der Los Angeles County Beekeepers' Association zufolge, Mr. J. T. Gordon[91], waren die ersten Bienen, die in den Bezirk eingeführt wurden, ein einzelner Stock, der in San Francisco 150 $ gekostet hat und im September 1854 eintraf.* Im April des folgenden Jahres brachte der Stock zwei Schwärme hervor, die für 100 $ pro Stück verkauft wurden. Aus diesen kleinen Anfängen vermehrten sich die Bienen allmählich auf rund 3000 Schwärme im Jahre 1873. Eine Schätzung von 1876 ergab, dass zwischen 15.000 und 20.000 Bienenstöcke im County stehen, die jeweils einen jährlichen Ertrag von einhundert Pfund abwerfen — in einigen außergewöhnlichen Fällen sogar weitaus mehr.

Im San Diego County gab es zu Beginn der Saison 1878 etwa 24.000 Bienenstöcke, und vom einen Hafen in San Diego wurden im selben Jahr, vom 17. Juli bis zum 10. September, 1071 Fässer, 15.544 Kisten und fast 90 Tonnen verschifft. Die größten Bienenfarmen haben ungefähr tausend Stöcke, sie werden behutsam und fachgerecht behandelt, und jedes wissenschaftlich verdienstvolle Mittel kommt zum Einsatz. Nur wenige Bienenzüchter besitzen allerdings halb soviel oder widmen ihre ungeteilte Aufmerksamkeit diesem Geschäft. Momentan stellt der Orangenanbau alle anderen Unterfangen in den Schatten.

* 1855 wurden fünfzehn Stöcke italienischer Bienen ins Los Angeles County eingeführt, sie hatten sich im Jahre 1876 auf 500 vermehrt. Ihr deutlicher Vorzug gegenüber den üblichen Arten zieht nun beträchtliche Aufmerksamkeit auf sich.

Ein Gutteil der Bienenfarmen in den Bezirken Los Angeles und San Diego gehört noch immer zu einer unvorstellbar groben Pionierart. Ein Mann, der in allem anderen erfolglos ist, hört die interessante Geschichte von den Profiten und Annehmlichkeiten der Bienenzucht und beschließt es zu versuchen; er kauft ein paar Kolonien oder bekommt sie anteilig von einer überfüllten Farm, bringt sie an den Fuß irgendeines Cañons zurück, wo das Weideland unverbraucht ist, nimmt das Land mit oder ohne Erlaubnis des Eigentümers in Besitz, stellt die Bienenstöcke auf, zimmert sich eine Hütte, kaum größer als der Stock, und erwartet sein Glück.

Bienen leiden in trockenen Jahren, wie sie zuweilen im südlichen und mittleren Teil des Staates vorkommen, sehr an Hunger. Wenn der Niederschlag nur drei, vier Zoll beträgt, statt wie gewöhnlich zwölf bis zwanzig, dann sterben Schafe und Rinder zu tausenden, und nicht anders dieses kleine geflügelte Vieh, es sei denn, sie werden sorgsam gefüttert oder auf andere Wiesen gebracht. Das Jahr 1877 wird lange Zeit als ungewöhnlich regenlos und peinigend in Erinnerung bleiben. Kaum eine Blume blühte in den trockenen Tälern abseits der Flussufer, und nicht ein einziges, auf Regen angewiesenes Getreidefeld wurde abgeerntet. Der Samen keimte bloß, kam ein Stückchen aus der Erde heraus und verdorrte. Pferde, Rinder und Schafe wurden mit jedem Tag dünner und knabberten an den Sträuchern und Gräsern längs der seichter werdenden Ufersäume; einige Flüsse trockneten zum ersten Mal seit der Besiedelung dieses Landes vollständig aus.

Während einer Reise, die ich im Sommer jenes Jahres durch die Bezirke von Monterey, San Luis Obispo, Santa Barbara, Ventura und Los Angeles unternahm, waren die beklagenswerten Auswirkungen der Dürre überall zu sehen — kahle Felder, totes und verendendes Vieh, tote Bienen und halbtote Menschen mit staubigen, trübseligen Gesichtern. Selbst die Vögel und Hörnchen waren in Not, auch wenn ihr Leiden anscheinend weniger qualvoll als jenes der armen Rinder war. Diese fielen eins nach dem anderen in langem sicheren Hungertod an den Ufern heißer träger Flüsse, während tausende entsprechend fetter Bussarde über ihnen segelten oder vollgefressen am Boden unter den Bäumen standen und zuversichtlich auf die frischen Kadaver warteten. Die klugen Wachteln gaben in Anbetracht der schweren Zeiten jeden Gedanken an Paarung auf. Sie waren zum Heiraten zu arm und blieben das ganze Jahr hindurch im Schwarm, ohne einen Versuch, Nachwuchs aufzuziehen. Die Erdhörnchen, ansonsten jedem Farmer als ungewöhnlich fleißig und unternehmungslustig bekannt, mussten schwer für ihren Lebensunterhalt kämpfen — kein frisches Blatt oder Samenkorn war zu finden, außer in den Bäumen, deren bauchige Massen dunkelgrünen Laubwerks einen verblüffenden Gegensatz zur aschenen Kahlheit des Bodens darunter darstellte. Die Hörnchen verließen ihre angestammten Futterplätze und begaben sich zu den blattreichen Eichen, um die Eichelvorräte der vorausschauenden Spechte wegzunagen. Doch diese hatten ein wachsames Auge auf jede ihrer Regungen, ich beobachtete vier Spechte, die gemeinsam ein Hörnchen aus einer Eiche vertrieben, die sie für sich beanspruchten. Der arme Bursche hüpfte so flink er das in seinem hungrigen Zustand vermochte über den knorrigen Stamm von einer Seite zur andern, nur um überall auf einen spitzen Schnabel zu treffen. Am traurigsten war in jenem Jahr allerdings das Schicksal der Bienen. Die Hälfte bis zu drei Vierteln starben in verschiedenen Teilen der Los Angeles und San Diego Countys an schierem Hunger. Allein in diesen beiden Bezirken gingen nicht weniger als 18.000 Kolonien ein und in den angrenzenden Bezirken war die Todesrate kaum geringer.

In dem Jahr litten sogar jene Kolonien, die sich den Bergen am nächsten befanden, denn die dürftigere Vegetation der Vorgebirge war von der Dürre fast ebenso stark betroffen wie jene in den Tälern und Ebenen, selbst die robusten, tief wurzelnden Sträucher des Chaparral, die verlässlichste Stütze der Bienen, blühten nur spärlich, doch sie wuchsen meist außerhalb ihrer Reichweite. Dennoch wäre jeder Schwarm zu retten gewesen, wenn man sie sofort mit Nahrung versorgt hätte, sobald ihre eigenen Speicher versiegt und bevor sie entkräftet und mutlos geworden waren, oder wenn man Wege in die Berge geschlagen und sie ins Herz des blühenden Chaparral gebracht hätte. Die Höhenzüge von Santa Lucia, San Rafael, San Gabriel, San Jacinto und San Bernadino sind, abgesehen von den wilden Bienen, bis heute beinahe unberührt. Eine Vorstellung ihrer Ressourcen und ihrer Vorteile und Nachteile für den Bienenzüchter konnte ich mir auf einem Ausflug in die San Gabriel Range ungefähr Anfang August in diesem ›Dürrejahr‹ machen. Diese Bergkette, die die meisten charakteristischen Merkmale der genannten anderen aufweist, überblickt von Norden die Weinberge und Orangenhaine von Los Angeles und ist im gewöhnlichen Wortsinn noch unzugänglicher als sämtliche, die ich zu durchdringen versucht habe. Die Hänge sind äußerst steil und für den Tritt nicht sicher und mit fünf bis zehn Fuß hohen Dornenbüschen überzogen. Mit Ausnahme kleiner, von weitem nicht sichtbarer Stellen ist die gesamte Oberfläche mit ihnen bedeckt, zu dichtem Heckenwuchs gedrängt — sie stürzen sich anmutig in jede Schlucht und Mulde, wogen über jeden Kamm und Gipfel in struppigem, unbändigem Überschwang und liefern im halben Jahr mehr Honig pro Morgen als das vollste Kleefeld. Doch vom offenen San Gabriel Valley aus, im prallen trockenen Sonnenlicht, bot alles, was man von den Bergen sah, einen abschreckenden Anblick, alles schien vom Fuß bis zum Gipfel grau, karg, still, das herrliche Gesträuch wie trockenes Moos, das über ihre tristen, runzligen Grate und Mulden kroch.

Ich brach von Pasadena auf, erreichte den Fuß der Berge gegen Sonnenuntergang und beschloss, ein Lager für die Nacht aufzuschlagen, weil ich müde und erhitzt war von meinem Gang durchs schattenlose Tal. Nachdem ich mich ein Weilchen ausgeruht hatte, fing ich an, mich zwischen den Geröllbrocken des Eaton Creek nach einem Lagerplatz umzusehen, wobei ich auf einen seltsamen, finsteren Burschen stieß, der Klafterholz geschlagen hatte. Er schien überrascht mich zu sehen, deshalb setzte ich mich zu ihm auf eine Lebenseiche, die er gefällt hatte, und beeilte mich, einen Grund für mein Auftauchen in seiner Einsamkeit zu nennen, indem ich erklärte, ich wäre erpicht, etwas über die Berge herauszufinden, und hätte vor, am nächsten Morgen den Eaton Creek hinaufzuwandern. Darauf lud er mich freundlich ein, bei ihm zu kampieren, und brachte mich zu seiner winzigen Hütte, die am Fuße der Berge gelegen war, wo ein kleiner Quell aus einer von Wildrosen überwucherten Böschung sickerte. Nach dem Abendessen, als das Tageslicht fort war, erklärte er, ihm wären die Kerzen ausgegangen; also saßen wir im Dunkeln, und er gab mir in einer Mischung aus Englisch und Spanisch einen Abriss seines Lebens. Er wurde in Mexiko geboren, sein Vater war Ire, seine Mutter Spanierin. Er ist Minenarbeiter, Rancher, Goldschürfer, Jäger usw. gewesen, stets auf Wanderschaft, sein Leben eine bloße Verschwendung; doch jetzt wollte er sesshaft werden. Er sagte, sein früheres Leben wäre »nutzlos«, doch die Zukunft sei vielversprechend. Er habe vor, »Geld zu machen und eine Spanierin zu heiraten«. Die Leute graben hier nach Wasser wie nach Gold. Er hatte einen Stollen in einen Sporn des Berges hinter seiner Hütte getrieben. »Meine Chancen stehen gut«, sagte er. »Wenn ich auf einen guten, starken Fluss treffe, dann werde ich bald 5000 oder 10.000 Dollar wert sein. Denn diese Ebene dort draußen« — er wies auf eine schmale, unregelmäßige, zwei oder drei Acre große Fläche voller Steine, die vom Eaton Creek während irgendeiner Flutperiode dort abgelagert wurden —, »diese Ebene reicht für einen hübschen Orangenhain, und die Böschung hinter der Hütte eignet sich als Weinberg, und wenn ich meine eigenen Bäume und Reben bewässert habe, wird noch etwas Wasser übrig sein, um es meinen Nachbarn im Tal unten zu verkaufen. Und dann«, fuhr er fort, »kann ich Bienen züchten und auch damit Geld machen, denn die Berge droben sind im Sommer voller Honig, und einer meiner Nachbarn unten sagt, dass er mir anteilig einen Haufen Stöcke für den Anfang gibt. Sie sehen, ich hab Erfolg, bei mir steht's jetzt gut.« All dieser künftige Wohlstand im versunkenen, mit Geröll vollgestopften Flutbett eines Bergflusses!

Die Pompoms. Yosemite Valley.

Ließe man die Bienen außer Betracht, würden die meisten Glücksritter wohl bald daran denken, sich auf dem Mount Shasta niederzulassen. Am nächsten Morgen wünschte ich meinem hoffnungsfrohen Gastgeber viel Glück und begab mich wieder auf meine verwilderte Exkursion.

Nachdem ich eine halbe Stunde oberhalb der Hütte gelaufen war, kam ich zu »The Fall«, in allen Ansiedlungen des Tales berühmt als der bisher schönste, den man in den San Gabriel Mountains entdeckt hat. Er ist ein bezauberndes kleines Ding mit einer tiefen, sanften Stimme und singt wie ein Vogel, wenn er sich aus einer Kerbe im schmalen Felssims fünfunddreißig oder vierzig Fuß tief in einen runden Spiegelteich ergießt. Die Wand der Klippe ist dahinter und zu beiden Seiten sanft mit Moos bedeckt und gaufriert, gegen das das weiße Wasser in prächtigem Relief vorleuchtet, wie ein silbernes Instrument in einem samtenen Koffer. Hierher kommen die Jungs und Mädchen aus San Gabriel, um Farne zu sammeln und ihre Ferien im kühlen Wasser zu verplanschen, froh darüber, den alltäglichen Palmengärten und Orangenhainen zu entfliehen. Das grazile Frauenhaar wächst auf den rissigen Felsen in Reichweite des Sprühnebels und breitblättrige Ahornbäume und Kalifornische Platanen werfen sanften, milden Schatten über die Bienenblumenfülle, die vor dem Teich zwischen den Felsbrocken gedeiht — der Wasserfall, die Blumen, die Bienen, die farnüberzogenen Steine und der Blätterschatten ergeben ein entzückendes kleines Gedicht der Wildnis, das letzte in einer Reihe, die sich die blühenden Hänge des Mount San Antonio hinab durch die schroffen, gischtverwitterten Bossen des Eaton Cañon erstreckt.

Vom Fuß des Wasserfalls folgte ich dem Felskamm, der den westlichen Rand des Eaton-Beckens zum Gipfel einer der mit rund 5000 Fuß bedeutenden Erhebungen bildet. Dann wandte ich mich nach Osten und querte das Becken, indem ich mich über seine vielen untergeordneten Grate und über den Ostrand zwängte, denn ich musste beinahe überall mit den blühendsten undurchdringlichsten Honigsträuchern kämpfen, denen ich seit meinen ersten Bergwanderungen begegnet bin. Am Shasta ist der Chaparral in Bodennähe meist laubreich; hier jedoch sind die Hauptstämme bis zu einer Höhe von drei oder vier Fuß nackt und mit toten Ästen gespickt, die ein starres *chevaux de frise*[92] bilden, das selbst die Bären nur mit Mühe durchschreiten können. Ich war gezwungen, über Meilen auf allen Vieren zu kriechen, und weil ich den Bärenpfaden folgte, fand ich nicht selten Haarbüschel an den Sträuchern, durch die sie gebrochen waren.

Einhundert Fuß oberhalb des Wasserfalls war der Aufstieg nur auf festen Bärlappkissen möglich, die sich an den Fels klammerten. Darüber ist der Grat auf einer Länge von etlichen hundert Yard zu einer dünnen Messerklinge verwittert, und von dort bis zum Gipfel der Bergkette trägt er eine borstige Sträuchermähne. Kleine Lichtungen öffnen sich hier und dort an steinigen Flecken und bieten schöne Blicke über das kultivierte Tal bis zum Ozean. Diese waren, wie ich anhand der Spuren feststellte, beliebte Aussichts- und Ruheplätze für die wilden Tiere — Bären, Wölfe, Füchse, Rotluchse usw. —, von denen es hier nur so wimmelt und die bei der Gründung der Bienenfarmen berücksichtigt werden sollten. In den tiefsten Dickichten entdeckte ich Waldrattendörfer, Gruppen von fünf bis sechs Fuß hohen Hütten, gebaut aus Stöcken und Blättern in groben, kegelförmigen Stapeln, wie die Burgen der Bisamratten. Ich fand auch eine ordentliche Anzahl Bienen, die meisten von ihnen wild. Die zahmen Honigbienen schienen träge und flügelmatt, als wären sie die ganze Strecke aus dem blütenlosen Tal heraufgekommen.

Nachdem ich den Gipfel erreicht hatte, konnte ich mir nur einen raschen Überblick verschaffen über das Becken, das jetzt im goldenen Sonnenuntergang leuchtete, bevor ich auf der Suche nach Wasser zu einem der Seitencañons hinabeilte. Als ich aus einem besonders mühsamen Abschnitt des Gestrüpps auftauchte, befand ich mich frei und wieder aufrecht stehend in einem schönen, parkähnlichen Wäldchen Goldschuppiger Eichen[93], dessen Boden mit Schildfarn und Hundsrosen bedeckt war, wohingegen die glänzenden Blätter ein geschlossenes Kronendach schufen und die grauen, sich teilenden Stämme nackt ließen, damit sie die Schönheit ihrer verschränkten Bögen zeigten. Die Sohle des Cañons war trocken an der Stelle, an die ich zunächst kam, doch ein Strauß scharlachroter Gauklerblumen deutete auf Wasser in nicht allzu großer Entfernung hin, und bald entdeckte ich einen Eimervoll in einer Felsmulde. Es war allerdings voll toter Bienen, Wespen, Käfer und Blätter, bestens eingeweicht und gesiedet, und es würde deshalb abgekocht und durch frische Holzkohle gefiltert werden müssen, bevor es trinkbar wäre. Ich folgte dem trockenen Bett über eine Meile hinab bis zu seiner Kreuzung mit einem größeren Nebencañon und fand schließlich etliche Felstümpel, die kristallklar, bis zum Rande gefüllt und durch funkelnde Rinnsale, gerade kräftig genug, um hörbar zu singen, miteinander verbunden waren. Blumen in voller Blüte schmückten ihre Seiten, zehn Fuß hohe Lilien, Rittersporne, Akeleien und üppige Farne lehnten und bogen sich in verschwenderischer Fülle herüber, während eine noble alte Lebenseiche alles mit ihren schroffen Armen überspannte. Hier schlug ich mein Lager auf und machte mir das Bett auf glatten Kopfsteinen.

Am nächsten Tag lief ich in der Rinne eines Nebenarms, der am Mount San Antonio entsprang, an fünfzehn bis zwanzig solcher Gärten wie jenem vorbei, in dem ich geschlafen hatte — in jedem standen Lilien in voller Blütenpracht. Mein drittes Lager schlug ich fast in der Mitte des Beckens auf, am Anfang eines langen Systems von Kaskaden zwischen zehn und zweihundert Fuß Höhe, die einander in dichtem Abstand einen steinigen, unzugänglichen Cañon hinab folgten, insgesamt ein Sturz von beinahe 1700 Fuß. Oberhalb der Kaskaden fließt der Hauptstrom durch eine Reihe offener, sonniger Ebenen, deren größte ungefähr ein Acre umfasst, wo die wilden Bienen und ihre Gefährten in einer prächtigen Vegetation von Kolibritrompeten, Indianerpinseln und Monardella schwelgten. Grauhörnchen waren geschäftig dabei, die Zapfen der Douglasie aufzuklauben, der einzigen Nadelholzart, die ich in dem Becken angetroffen habe.

Die Hänge im Osten des Beckens gleichen den beschriebenen in jeder Weise, und dasselbe kann man von den anderen Teilen des Gebirges sagen. Vom höchsten Gipfel aus war die Landschaft soweit das Auge reicht eine einzige große Bienenweide, eine wogende Wildnis aus Honigblüten, die selten einmal von Waldstücken oder den Felsnasen der Kuppen und Kämme durchbrochen wurde.

Jenseits der San Bernardino Range liegt das wilde ›Salbeiland‹, durch den Colorado River im Osten begrenzt, erstreckt es sich in nördlicher Richtung bis nach Nevada und dem östlichen Sockel der Sierra jenseits des Mono Lake.

Der größte Teil dieser gewaltigen Region einschließlich Owen's Valley, Death Valley und der Mohavesenke, deren Gebiet fast ein Fünftel des gesamten Staates einnimmt, wird üblicherweise als Wüste bezeichnet, nicht wegen irgendeines Mangels im Boden, sondern wegen fehlender Regenschauer und bewässernder Flüsse. In den Augen einer Biene ist davon sehr wenig eine Wüste.

Betrachtet man nun alle vorhandenen Weiden in Kalifornien, hat es den Anschein, dass die Bienenzucht noch in den Kinderschuhen steckt. Selbst in den geschäftstüchtigen südlichen Counties, in denen ein dynamischer Anfang gemacht wurde, ist bis jetzt weniger als ein Zehntel der Honigvorräte erschlossen; während man kaum davon sprechen kann, dass dieses Geschäft in der Great Plain, den Coast Ranges, der Sierra Nevada und der nördlichen Region rings um den Mount Shasta überhaupt existiert. Welche Grenzen ihrer Entwicklung in Zukunft auch immer gesetzt sein werden, bei den Vorzügen billigeren Transports und der Erfindung besserer Methoden im Allgemeinen, lässt sich nur schwer abschätzen. Andererseits können wir auch nicht die Auswirkungen auf die Belange der Bienen ermessen, die auf die Zerstörung der Wälder folgen, die jetzt rasch durch Feuer und Axt fallen. Was das Schafübel betrifft, es könnte kaum größer werden als es heute schon ist. Mit einem Wort, trotz aller ausgedehnten Verderbnis und Vernichtung, die bereits geschehen sind, ist Kalifornien mit seinem unvergleichlichen Klima und seiner Flora noch immer, soweit mir bekannt, das beste Bienenland der Welt.

ANHANG

»Bäume zerstören kann jeder Narr« — John Muir und das American Nature Writing

Im Jahre 1867 wanderte ein knapp dreißigjähriger Mann rund tausend Meilen durch den Südosten der USA von Indianapolis zu den Cedar Keys im Golf von Mexiko. Unterwegs schlief er auf Friedhöfen, bei weißen und bei schwarzen Farmern, am Rande der Savanne oder auf einem bewaldeten Hügel, nur einen Baumstamm als Kissen. Seine gepflegte Erscheinung, seine strahlend blauen Augen, der akkurat gekämmte Bart und das freundliche Auftreten machten ihn bei allen sofort beliebt. Seine Wanderung jedoch war eine Rebellion gegen die Konventionen einer bürgerlichen Existenz in der Nachsezessionskriegszeit. Ein Notizbuch aus jenen Tagen enthält folgende denkwürdige Passage:

> Die Welt, so hat man uns gesagt, wurde speziell für den Menschen erschaffen — eine Vermutung, die sich auf keinerlei Fakten stützt. Zahlreiche Leute sind bestürzt, wenn sie in Gottes großem Universum etwas Lebendes oder Totes finden, dass sie nicht essen oder sich in irgendeiner Weise zunutze machen können. Sie besitzen präzise dogmatische Einsicht in die Pläne des Schöpfers, und man kann sich der Pietätlosigkeit kaum schuldiger machen, wenn man über ihren Gott spricht, als wenn man über heidnische Götzenbilder spricht. Er wird als kultivierter, gesetzestreuer Gentleman einer republikanischen Regierungsform oder einer eingeschränkten Monarchie angesehen; er glaubt an die Literatur und Sprache Englands; ist ein begeisterter Anhänger der englischen

Verfassung, der Sonntagsschulen und Missionsgesellschaften — und ist so vollends ein handgefertigter Artikel wie irgendeine Puppe im Kasperletheater.

Bei derartigen Ansichten über den Schöpfer überrascht es selbstverständlich nicht, dass auch irrige Ansichten über die Schöpfung gehegt werden. Für solche adretten Leute ist zum Beispiel das Schaf ein geringes Problem — Essen und Kleidung ›für uns‹, es frisst Gras und weiße Gänseblümchen aufgrund göttlicher Anordnung zu diesem vorbestimmten Zweck, weil es die Forderung nach Wolle versteht, die durch den Verzehr des Apfels im Garten Eden verursacht wurde.

Nach demselben bequemen Plan sind Wale für uns Öldepots, um den Sternen zu helfen, bis zur Entdeckung der Ölquellen in Pennsylvania unsere dunklen Straßen zu erhellen. Von den Pflanzen, ganz zu schweigen vom Getreide, erfüllt der Hanf einen offensichtlichen Zweck bei der Takelage der Schiffe, dem Verschnüren von Bündeln und dem Hängen der Frevler. Baumwolle ist ein anderer klarer Fall von Bekleidung. Eisen wurde für Hämmer und Pflüge erschaffen und Blei für Pistolenkugeln; alles nur uns zugedacht. Genau wie andere kleinere unbedeutende Dinge.

Doch sollten wir diese gelehrten Kommentatoren der Absichten Gottes fragen: Wie steht's mit den menschenfressenden Tieren — Löwen, Tiger, Alligatoren —, die sich die Lippen schlecken überm rohen Menschen? Oder mit diesen Milliarden schädlicher Insekten, die sein Werk zerstören und sein Blut schlürfen? Der Mensch war zweifellos als deren Nahrung und Getränk vorgesehen? Oh nein! Ganz und gar nicht! Dies sind unlösbare Schwierigkeiten, die mit Edens Apfel und dem Teufel in Zusammenhang stehen. Warum ertränkt Wasser seinen Gebieter? Warum vergiften ihn so viele Mineralien? Warum sind so viele Pflanzen und Tiere Todfeinde?

Warum ist die Krone der Schöpfung denselben Gesetzen unterworfen wie seine Untergebenen? Oh, all das ist satanisch oder auf irgendeine Weise mit dem ersten Garten verknüpft.

Es scheint diesen Lehrern mit Weitblick niemals in den Sinn zu kommen, dass das Ziel der Natur bei der Erschaffung von Tieren und Pflanzen zuallererst das Glück jedes einzelnen sein könnte und nicht die gesamte Schöpfung für das Glück des einen. Warum sollte sich der Mensch für mehr erachten als ein Teilchen in der großen Schöpfungseinheit? Und welches Wesen, das Gott zu erschaffen bemüht war, ist nicht wichtig für die Vollständigkeit jener Einheit — des Kosmos? Das Universum wäre ohne den Menschen unvollständig; doch es wäre auch unvollständig ohne die winzigste transmikroskopische Kreatur, die jenseits unserer dünkelvollen Augen und Erkenntnisse lebt.

Aus dem Staub der Erde, aus dem gewöhnlichen Vorrat der Elemente hat Gott den Homo sapiens erschaffen. Aus demselben Material hat er jede andere Kreatur gemacht, wie schädlich und unbedeutend sie für uns auch sein mag. Sie sind aus Erde geborene Gefährten und unsere Mitsterblichen. Der ängstliche Gutmensch dieses mühsamen Stückwerks moderner Zivilisation, der Orthodoxe, schreit jedem »Häresie!« entgegen, dessen Sympathien eine Haaresbreite über die Hautgrenzen unserer eigenen Art hinausreichen. Nicht zufrieden damit, die ganze Erde zu nehmen, beanspruchen sie auch das himmlische Land, als die einzigen, die eine Seele besitzen, für die jenes unwägbare Reich entworfen wurde.

Dieser Stern, unsere gute Erde, hat viele erfolgreiche Reisen im Himmelsraum unternommen, bevor der Mensch erschaffen wurde, und ganze Königreiche von Lebewesen haben sich ihres Daseins erfreut und sind zum Staub zurückgekehrt, bevor der Mensch erschien und diese beanspruchte. Nachdem die Menschen ihre Rolle im Plan der Schöpfung gespielt haben, werden sie vielleicht auch ohne allgemeines Verbrennen oder außerordentlichen Tumult verschwinden.

Pflanzen wurde nur trübe und unklare Wahrnehmung zuerkannt, Mineralien absolut keine. Doch warum sollte nicht sogar eine Anordnung mineralischer Materie mit einer Wahrnehmung ausgestattet sein, mit deren Art wir in unserer blinden alleinigen Vollkommenheit nicht kommunizieren können?

Doch ich bin abgeschweift. Vor ein, zwei Seiten habe ich dargelegt, dass der Mensch behauptet hat, die Erde wäre für ihn erschaffen, und ich wollte sagen, dass giftige Tiere, stachelige Pflanzen und tödliche Krankheiten in gewissen Erdteilen beweisen, dass die Welt insgesamt nicht für ihn erschaffen worden ist. Wenn ein Tier aus den Tropen in höhere Breitengrade gebracht wird, kann es an Kälte sterben, dann sagen wir, ein solches Tier war nie für dieses harte Klima bestimmt. Aber wenn der Mensch sich in ungesunde Teile der Tropen begibt und stirbt, kann er nicht einsehen, dass er niemals für diese tödlichen Klimazonen bestimmt war. Nein, er wird eher die erste Mutter der Ursache des Problems beschuldigen, obwohl sie vielleicht nie ein Fiebergebiet gesehen hat; oder es als eine Strafe der Vorsehung für irgendeine selbsterfundene Sünde betrachten.

Darüber hinaus sind alle ungenießbaren und unbezähmbaren Tiere und alle Pflanzen mit Dornen bedauernswerte Übel, die geheimen Untersuchungen des Klerus zufolge der reinigenden Chemie universeller Planetenverbrennung bedürfen. Doch mehr als irgendetwas sonst bedarf die Menschheit der Verbrennung, da sie zum großen Teil verderbt ist, und wenn dieser überweltliche Ofen so verwendet und eingestellt werden kann, dass er uns zur Konformität mit der übrigen irdischen Schöpfung einschmilzt und reinigt, dann wäre die Tofetisation[94] der launischen Gattung Homo ein Ziel, für das man inständig beten sollte. Ich hingegen bin froh, diese ekklesiastischen Feuer und Fehler zu verlassen und voller Freude zur unsterblichen Wahrheit und unsterblichen Schönheit der Natur zurückzukehren.

Auf die Innenseite des Deckels jenes ersten Notizbuchs schrieb der junge Mann eine Adresse, die mehr einem philosophischen Standpunkt als einer Anschrift gleicht: »John Muir, Earth-Planet, Universe«. Denn er war zeitlebens ein Enthusiast, einer, der mit ähnlich superlativischen Empfindungen wie ein gutes halbes Jahrhundert nach ihm der Außenseiter und Polyhistor Jürgen von der Wense auf der anderen Hälfte der Erdkugel durch die Natur streifte. Nur wenige Menschen dürften damals so viele Weltteile gesehen haben wie Muir: Er wanderte im Südosten der Vereinigten Staaten, sah den Großen Salzsee in Utah und den Grand Cañon, verbrachte einen Monat auf Kuba, reiste viermal nach Alaska, zweimal nach Europa, fuhr durch Asien und Ägypten, besuchte Australien, Südamerika und Südafrika — aber zuletzt fühlte er sich nur im Yosemite Valley und in der Sierra Nevada heimisch, dort befand sich seine »Universität der Wildnis«.

John Muir wurde im April 1838 im schottischen Dunbar geboren, einer Viertausend-Seelen-Stadt am Firth of Forth, mit einer Burgruine am Hafen, Muirs erstem Kletterberg, und einem ausgedehnten Acker- und Schafzuchtland ringsum. Der erste Band seiner nie vollendeten Autobiographie *The Story of My Boyhood and Youth* beginnt mit dem Satz: »Als ich Junge in Schottland war, liebte ich alles, was wild war, und mein Leben lang liebte ich wilde Orte und wilde Geschöpfe immer mehr.« Auf diese Weise stilisierte Muir sieben Jahrzehnte später seine Bestimmung als Naturforscher, doch der Weg dahin war nicht so gradlinig, wie der Autor glauben machen möchte. Muirs Vater Daniel war ein aufstrebender Kaufmann im Getreide- und Nahrungsmittelhandel, strenggläubiges Mitglied der Secession Church und prügelstrenger Erzieher: »Vater lehrte uns gewissenhaft, dass wir arme Würmer im Staub sind, in Sünde empfangen usw., und glaubte fromm, jeden Funken Stolz und Selbstvertrauen auszulöschen sei eine heilige Pflicht, ohne zu bemerken, dass er dadurch auch alles andere auslöschte.« Was sich Daniel Muirs Kontrolle entzog, schien ihm potenziell gefährlich, die Klippen, der Ozean, die Vögel, und so wurde jeder Ausflug des Knaben in die Umgebung mit körperlichen Sanktionen unterbunden. Nur in der domestizierten Natur des Gartens bestand die Gefahr des omnipräsenten Sittenverfalls nicht. Man kann wohl annehmen, dass der junge Ausreißer John schon früh in der Natur das ihm ansonsten verbotene Vergnügen und eine Zuflucht vor der religiösen Kontrolle des Vaters und der schulischen Disziplin mit dem Rohrstock fand.

Im April 1849 ging John Muir in Amerika an Land. Wie viele andere Schotten hatte nämlich auch den Vater Daniel die wirtschaftliche Depression jener Jahre erreicht, zudem isolierte er sich immer stärker von den organisierten Religionsrichtungen und fand im Erweckungsprediger Alexander Campbell einen geistigen Führer zur ersehnten Bibelwahrheit. Alles zwingende Gründe, in die Vereinigten Staaten zu emigrieren. In Wisconsin erwarb Daniel Muir ein Grundstück von beträchtlicher Größe und versuchte sich als Farmer. Für John war es eine »Taufe im warmen Herzen der Natur«, zunächst keine Schule, keine Zäune, keine dichte Besiedlung, er musste vor allem auf der Farm arbeiten, zumal der Vater das Interesse an der Landwirtschaft verlor, je stärker er sich in seinen religiösen Wahn verstieg (letztlich verließ Daniel Muir die Familie und das Anwesen, um als Wanderprediger umherzustreifen). Mit fünfzehn träumte John von einer Karriere als Arzt, Forscher oder Erfinder — das zu entdeckende Land hatte seine Naturliebe bestärkt —, er wollte mit seinem Talent der Menschheit dienen, war sich über die Gestaltung dieses Traumes jedoch weitgehend im Unklaren.

Den Versuch eines Ausbruchs aus der begrenzten Welt des Vaters hat Muir im letzten Kapitel der *Story of My Boyhood and Youth* geschildert, die dort heraufbeschworene Faszination für Maschinen und präzise Mechanik blieb ihm jedoch länger, als es die Selbstdarstellung berichtet; — und ihr Nachhall sind das Interesse an geologischen und ökologischen Abläufen und die exakten Beschreibungen und Maßangaben in *Die Berge Kaliforniens*. Erst ein Unfall in einem Sägewerk am 6. März 1867, bei dem das Kammerwasser seines rechten Auges auslief, woraufhin auch das andere erblindete, setzte ihm neue Maßstäbe. Einen Monat lang fürchtete Muir, er werde dauerhaft das Augenlicht verlieren und die Schönheiten der Welt nie wieder erblicken können, doch dann regenerierten sich allmählich beide Augen. Es scheint, als habe dieses Ereignis buchstäblich einen Sinneswandel ausgelöst. Muir begab sich auf den eingangs erwähnten *thousand mile walk* durch den Südosten der Staaten — und füllte das erste von insgesamt mehr als siebzig erhaltenen Notizbüchern mit botanischen Beobachtungen und philosophischen Reflektionen.

Und danach? Die Destination hieß bald: Südamerika. Muir schiffte sich nach Kuba ein, um von dort weiterzureisen. Das Klima war einer nicht ausgeheilten Malariaerkrankung abträglich, die er sich in Florida zugezogen hatte, es fand sich aber von der Insel nur eine billige Passage nach Kalifornien, über New York und Panama nach San Francisco. Muir erinnerte sich nun daran, dass die Freundin und langjährige Mentorin Jeanne Carr, die Frau seines Professors an der Universität in Madison, dem Augen-Rekonvaleszenten vorgeschlagen hatte, einmal das Yosemite Valley zu besuchen, über das sie in einem Magazin gelesen hatte. So bestimmte letztlich der Zufall das Ziel. Am 29. März 1868 durchfuhr Muir das Goldene Tor und war bereits jener Landschaft nahe, die er später als das irdische Paradies beschreiben sollte, allen anderen Landschaften auf Erden überlegen (worin kein peinlicher Nationalismus zum Ausdruck kommt, denn Muir empfand sich lange als Schotte, nicht als Amerikaner, die Begeisterung über die amerikanische Landschaft ist somit der Natur selbst, nicht der Nationalität geschuldet). In Hill's Ferry am San Joaquin River steckte Muir eine Fläche von rund 84 m^2 ab und machte eine Bestandsaufnahme: 7260 Blüten von 16 Arten, tausende Gräserrispen, eine Million Moose. Es war die Landschaft von Wunder und Unschuld, die er hier zu finden hoffte, den üppigen »Garten«, der aus vielen kleinen Gärten besteht, *paradise regained*.

Nach einer Tour durch Yosemite mit einem jungen Engländer namens Chilwell wurde der Lebensunterhalt wichtiger als die Naturschönheit. Muir arbeitete in den kalifornischen Gebirgsausläufern als Erntehelfer, Pferdezähmer, Fährlotse und Schafscherer. Schließlich hütete er mehrere Monate lang eine Schafherde, stets ein wenig Lesestoff und das unverzichtbare Notizbuch im Gepäck: das Handwerkszeug des Autodidakten. Er fand in der kalifornischen Bergwelt die Freiheit vor der »Tyrannei des Menschen«, der »jedes Tier verletzt hat, mit dem er in Berührung gekommen ist«. Zugleich erkannte Muir den zerstörerischen Einfluss der Schafherden auf die Pflanzenwelt und gewann dadurch Einsichten in die ökologische Balance der Sierra. Um in Yosemite bleiben und seine Beobachtungen fortsetzen zu können, nahm Muir eine Stellung als Zimmermann und Touristenführer für das Hotel eines gewissen James Hutchings an. In die Nähe einer Stadt zog es Muir erst 1873 wieder, nach fünfeinhalb Jahren in der Wildnis, die prägend waren und Grundlagen für viele Publikationen schufen.

1868, in dem Jahr, in dem Muir nach Kalifornien kam, schrieb Josiah Whitney in *The Yosemite Book*, dass jeder Naturliebhaber, der die Natur »in ihrer Vielfalt an Bergdüsternis und Bergherrlichkeit« sehen wolle, die High Sierra genau studieren müsse, deren Merkmale eher die »Erhabenheit und Größe« als die »Schönheit und Vielgestalt« seien. Whitney berief sich mit den Begriffen *mountain gloom* und *mountain glory* auf eine Definition, die John Ruskin im vierten Band seiner *Modern Painters* (Works, Vol. VI) aufgestellt hatte, wobei er die eine zur notwendigen Bedingung der anderen erklärte: »Und in dieser Gebirgsdüsternis, die so schwer auf dem menschlichen Herzen lastet, dass bis anhin [...] die Bergklausen entweder ängstlich vermieden oder in Sühne bewohnt worden sind, gibt es allein die Erfüllung des universellen Gesetzes, dass dort, wo sich die Schönheit und Weisheit göttlichen Wirkens am stärksten zeigt, sich auch der Schrecken des Zornes Gottes und die Unentrinnbarkeit Seiner Macht am deutlichsten zeigen.« Bergdüsternis und Bergherrlichkeit sind für Ruskin gleichermaßen wundervoll, weil sie ethische Prinzipien abbilden und lehren. Muir war vollkommen anderer Auffassung; in einem Brief vom 3. April 1871 an Jeanne Carr schrieb er: »Ruskin sagt, dass die Idee der Verdorbenheit [foulness] wesenhaft mit dem verbunden ist, was er als tote unorganisierte Materie bezeichnet. Wie sehr zweifle ich ihn heute Nacht von Herzen an! Wenn er sich ein Weilchen bei den Mächten dieser Berge aufhielte, dann würde er alle Wörterbuchunterschiede zwischen rein und unrein vergessen, er würde jede Erinnerung und Bedeutung des teuflischen sündigen Begriffs Verdorbenheit verlieren.« Für Muir waren Erdbeben, Lawinen, Überschwemmungen und Stürme nicht gefährlich, sondern kreative Formen der Natur, mit denen sie ohne moralischen Impetus die Liebe und Schönheit Gottes ausdrückt. Dieser radikale Ansatz hat Muir (und manchmal auch seine Begleiter) in der Sierra und in Alaska mehrmals in lebensbedrohliche Situationen gebracht, doch die beinahe als selbstverständlich hingenommene Rettung verstärkte anscheinend nur seine Unbekümmertheit und seinen Glauben an eine wohlwollende, heilende Natur.

In dem Essay *Wild Wool*, veröffentlicht im April 1875 in *The Overland Monthly*, griff Muir den im Notizbuch entwickelten Gedanken von der Eigenständigkeit und Würde aller Lebewesen auf:

> Bislang bin ich auf keinen Beweis gestoßen, der mir zu zeigen schien, dass irgendein Tier jemals im gleichen Maß um eines anderen Tieres willen erschaffen wurde wie um seiner selbst.

> Nicht dass die Natur damit soetwas wie eigennützige Isolation bekundet. Mit der Erschaffung eines jeden Tieres wurde die Gegenwart jeden anderen Tieres anerkannt. Tatsächlich könnte man von jedem Atom der Schöpfung sagen, dass es mit jedem anderen bekannt und vermählt ist, aber in universeller Einheit existiert eine graduelle Abstufung, die für die stärkste Individualität ausreicht; und ganz gleich, welchen Ton ein Wesen im Lied des Daseins darstellt, er besteht zunächst für sich selbst, dann erst in weiter Ferne für die Welt und Welten.

Ohne sie zu anthropomorphisieren, betrachtete Muir die Pflanzen und Tiere als Mitsterbliche, als »Leute«, als Mitreisende durchs All auf einem ebenso schönen wie geheimnisvollen Planeten namens Erde. Die Überlegenheit des Menschen als ›Krone der Schöpfung‹ ist abgeschafft, die Lebewesen erhalten ihre Würde durch ihr bloßes Dasein: das ist die Demokratie der Natur, wie sie dem ansonsten Unpolitischen vorschwebte.

Je weiter sich Muir im wörtlichen Sinn von der engen und einengenden Welt des Vaters entfernt hatte, desto mehr legte er auch dessen erzkonservatives christliches Weltbild und die biblische Gottesvorstellung zugunsten einer pantheistischen ab. Ein vielzitierter Satz aus *My First Summer in the Sierra* lautet »When we try to pick out anything by itself, we find it hitched to everything else in the universe«. Alle Dinge sind mit allen anderen Dingen verbunden — Muirs Vorstellung kommt hier der Vorstellung der Romantiker sehr nahe. Im Owen's River Cañon notiert er am 26. Juni 1875: »Kein Synonym für Gott ist so vollkommen wie Schönheit. Ob sie die Berglinien mit Gletschern meißelt oder Materie zu Sternen ballt oder die Bewegung des Wassers entwirft oder im Garten arbeitet — alles ist Schönheit.« Alles ist Schönheit, deshalb *ist* alles Gott. In späteren Lebensjahren tendierte Muir allerdings mehr zu einer theistischen oder transzendalistischen Position, Gott *ist* nicht nur Schönheit, Gott ist *in* der Schönheit als deren Schöpfer. Dies bedeutete weder eine Rückkehr zu christlichen Wurzeln noch eine rigorose Ablehnung der Naturwissenschaft. Dennoch stand Muir damit in krassem Gegensatz zu dem anderen bedeutenden Naturschriftsteller seiner Zeit, John Burroughs, der in *The Light of Day: Religious Discussions and Criticisms from the Naturalist's Point of View* (1900) gegen jeden Theismus polemisierte: »Im Licht der modernen Astronomie sucht man vergeblich nach dem Gott der Vorväter, dem verherrlichten Mann, der die alte Welt regiert hat.« Die Wissenschaft habe einen solchen Glauben obsolet gemacht: »Wir dürfen nur die Natur anerkennen, das All; nennen wir es meinethalben Gott, aber aller anthropologischen Vorstellungen beraubt.«

Muir dagegen scheute die religiöse Metapher nicht und betrachtete die Wälder als »Gottes erste Tempel«. Bei aller tief empfundenen Verehrung für Berge, Gletscher, Flora und Fauna standen nämlich die Bäume an vorderster Front seiner Bemühungen, selbst noch auf der letzten Weltreise, deren erste Station der südamerikanische Kontinent war — Erfüllung des alten Traums, in die Fußstapfen Humboldts zu treten. Indes kam die Reise zu spät; dies Tagebuch ist dürftig und Muir nicht mehr offen für neue Eindrücke, allzu schnell zieht er Vergleiche zur geliebten kalifornischen Landschaft, anstatt die Dinge im eigenen Licht wahrzunehmen, und von den Städten Europas und der schwierigen politischen Situation in Afrika scheint ihm so gut wie nichts einer Eintragung wert gewesen zu sein. Die Notizen werden nur dann interessant, belebt, begeistert, wenn sich Muir den Bäumen zuwendet, in Südamerika den beiden Araukarienarten, *Araucaria braziliensis* und *Araucaria imbricata*, in Afrika dem *Adansonia digitata*, dem Baobab: »einer der größten der großen Baum-Tage meines glücklichen Lebens«, lautet ein Eintrag vom 20. Januar 1912, als ihn ein »bright Negro boy guide« zu einigen Exemplaren in der Nähe der Viktoriafälle führte.

Den ersten Aufruf zum Schutz der Natur und eine Warnung vor ihrer Nicht-Unerschöpflichkeit publizierte Muir 1874, nachdem er eine Lachszucht im Norden Kaliforniens besucht hatte. Zwei Jahre danach folgte mit »God's First Temples: How Shall We Preserve Our Forests?« eine strikte Forderung nach vernünftigeren Gesetzen — Muir hatte den Sequoiengürtel durchwandert, zahlreiche Haine entdeckt und mit eigenen Augen die Vernichtung der Riesenbäume durch die Holzgesellschaften gesehen, deren Handeln eine unzureichende Gesetzgebung mehr oder weniger legalisierte. Er war indes nicht der Einzige, der sich für den Erhalt der Umwelt einsetzte. Bereits George Perkins March hatte im zentralen und längsten Kapitel seines Buches *Man and Nature* (1864), ›*The Woods*‹, auf die ökologische Notwendigkeit der Wälder hingewiesen und für ihren Schutz, d.h. für ihre sinnvolle Verwaltung und ihre umsichtige Nutzung, plädiert: »Wir haben nun überall ausreichend Wald gefällt, in vielen Bezirken sogar viel zu viel. Wir sollten dieses eine Element des materiellen Lebens wieder zu seinen normalen Proportionen führen und Mittel ersinnen, um die Dauer seiner Beziehungen zu den Feldern, den Wiesen und Weiden, zum Regen und zum Tau des Himmels, zu den Quellen und Bächen, mit denen es die Erde bewässert, zu bewahren.« Außerdem gab es beispielsweise die 1886 gegründete Audubon Society zum Schutz der Vögel und die Zeitschriften *The Century* von Robert Underwood Johnson und *Garden and Forest*, von Charles Sprague Sargent im Jahre 1888 ins Leben gerufen, der auch den Vorsitz einer sechsköpfigen Forestry Commission of the National Academy of Sciences übernahm, die Muir als Berater unterstützt hat. Muirs großer Essay *The American Forests* erschien erstmals im August 1897, in Zusammenhang mit seinem Beraterposten, und dort plädierte Muir für einen »Wechsel von Räubertum und Ruin zu einer dauerhaft vernünftigen Politik«.

Bäume zerstören kann jeder Narr. Sie können nicht weglaufen; und auch wenn sie es könnten, würden sie vernichtet werden — gejagt und zu Tode gehetzt, solange man Spaß oder einen Dollar aus ihrem Borkenfell, ihren verzweigten Hörnern oder ihrem herrlichen Stamm-Rückgrat herausholen kann. Nur wenige, die Bäume fällen, pflanzen sie auch; das Anpflanzen würde wenig nützen, um diese edlen Urwälder zurückzuerlangen. Während eines Menschenlebens wachsen nur Sämlinge heran anstelle der alten Bäume — tausende von Jahren alt —, die zerstört worden sind. Es dauerte mehr als dreitausend Jahre, um einige Bäume dieser Wälder im Westen entstehen zu lassen — Bäume, die noch immer in vollkommener Kraft und Schönheit wogend und singend in den gewaltigen Wäldern der Sierra stehen. In den wundersamen, ereignisreichen Jahrhunderten seit Christi Geburt — und lange davor — hat sich Gott um diese Bäume gekümmert, sie vor Dürre, Krankheit, Lawinen und tausend reißenden, plättenden Stürmen und Fluten bewahrt; aber vor Narren kann er sie nicht schützen — das kann nur Onkel Sam.

Der Botaniker Sargent, Verfasser des Monumentalwerks *The Silva of North America*, von 1882–88 in zwölf Bänden in Boston erschienen, schrieb in einem Nachruf: »Nur wenige Menschen, die ich kannte, liebten Bäume so tief und verständnisvoll wie John Muir.« Durch literarische Werke und persönliches Engagement, insbesondere seit Gründung seines Sierra Club 1892, gewann Muir zunehmend an Einfluss, meist indirekt, manchmal jedoch unmittelbar. Legendär ist das Gipfeltreffen zwischen Theodore Roosevelt und John Muir, berühmt das auf dem Glacier Point in Yosemite geschossene Foto: der stämmige Präsident mit Jodhpurhose und Stetson neben dem hageren Naturschützer mit abgetragenem Hut und schlotterndem Anzug. Drei Tage im Mai 1903 war Muir mit dem Präsidenten allein in Yosemite unterwegs, ohne Leibwächter und Parteigänger, nur in Begleitung des Rangers Charlie Leidig, der darüber einen knappen Bericht verfasst hat. Roosevelt schrieb sich den Naturschutz durchaus auf die Fahne, er brachte diverse Gesetze auf den Weg und etablierte manches Reservat, wobei politische Interessen und diplomatisches Kalkül stets den Vorrang hatten. Deshalb stieß selbst Muirs Einfluss auf harte Grenzen, die er nicht durchbrechen konnte. Die Überflutung und Zerstörung von Hetch Hetchy, eines Nebentals des Yosemite Valley, hat Muir, der es das »Tuolumne Yosemite« nannte, nicht mehr erleben müssen, die offizielle Genehmigung für den O'Shaugnessy-Staudamm indes schon. Dass Muirs Anliegen bis heute aktuell geblieben ist, zeigt eine Abstimmung, die landesweit aufmerksam verfolgt wurde: Am 6. November 2012 hatte San Francisco darüber zu entscheiden, ob das künstliche Wasserreservoir Hetch Hetchy Valley renaturiert werden solle oder nicht. Siebenundsiebzig Prozent der Wähler sprachen sich gegen die sogenannte *Proposition F* aus, die von der Stadt verlangt hätte, eine acht Millionen Dollar teure Studie über die Entwässerung durchzuführen. Umweltschutzgruppen wie Restore Hetch Hetchy und die California League of Conservation Voters sehen ihre Bemühungen trotzdem nicht am Ende; sie setzen einen Kampf fort, den John Muir, großenteils auf eigene Kosten, gemeinsam mit seinem Sierra Club vor über hundert Jahren begonnen hatte.

In öffentlichen Äußerungen war Muir zumeist um eine ausgleichende Position bemüht, ein Idealist, der nicht den Sinn für die Realität mit ihren praktischen Anforderungen verloren hat. Er wusste, dass der Schutz der Natur nur zum Preis auch schmerzhafter Konzessionen zu bekommen war. So erklärte Muir sich beispielsweise mit dem Bau von Straßen durch Yosemite einverstanden, weil er erkannte, dass die Notwendigkeit des Naturschutzes sich am besten durch den Tourismus rechtfertigen ließ, oder stimmte — als Pazifist — Charles Sprague Sargents Plan, dass das U.S.-Militär die Wälder gegen Holzdiebe und Vandalen sichern sollte, vorbehaltlos als »vollständige Lösung all unserer Probleme« zu. Muirs Gegner warfen ihm vor, ihm schwebe das Ideal einer unberührten Natur vor, die nur von ihm allein betreten werden dürfe. Das ist überzeichnet, denn Muir erklärte die Natur immer wieder zum Remedium für den modernen, urbanisierten Menschen, doch bisweilen entbehrt der Vorwurf nicht eines wahren Kerns: Muir war zwar ein eloquenter Gesprächspartner, dennoch liebte er die Einsamkeit oder besser: die Gesellschaft der »mitsterblichen« Pflanzen und Tiere offenbar mehr als die Anwesenheit von Menschen, deren Charakterisierung ihm stets ein wenig ins Groteske geriet. Einmal, in einem Brief aus dem Jahre 1868, hatte Muir der Misanthropie vollends nachgegeben: »Nicht die Welt, sondern die Menschen, die in ihr leben, müssen verbrannt und neu geformt werden.« Doch derart düstere Gedanken sind die Ausnahme geblieben.

Vor allem im Alter verstand es Muir, idealistische Positionen mit einem gewissen Pragmatismus zu verbinden. Es mussten für die Industrie unantastbare Orte existieren, doch sie mussten nicht überall sein. In seinem Haus in Martinez gab es neben einer Schreibmaschine selbstverständlich ein Telefon und elektrisches Licht. Und nachdem Muir das Wegerecht gegen die symbolische Summe von zehn Dollar und Freifahrten erteilt hatte, verlief hinterm Haus, nur Minuten Fußwegs entfernt, die Eisenbahnstrecke der Santa Fe Railroad, ein imposanter Viadukt samt *›Muir Station‹*, an der mehrmals täglich unter Rauch und Maschinendonner die Züge hielten, die eine rasche, bequeme Verbindung nach San Francisco und einen leichten Transport der Erzeugnisse der Plantage ermöglichten. Muir besaß eine nicht unerhebliche Geschäftstüchtigkeit, jenes Anwesen des Schwiegervaters John Strentzel in Martinez, auf das er nach seiner Hochzeit mit Louisa 1880 zog, hat er mit einiger Hilfe und autodidaktisch erworbener Kenntnis in den Methoden des Obst- und Weinanbaus derart erfolgreich bewirtschaftet, dass man es bei Muirs Tod am 24. Dezember 1914 (inklusive mehrerer Bankkonten) auf mehr als vier Millionen Dollar nach heutigem Wert bezifferte.

Die Berge Kaliforniens war nicht das erste Werk über die Sierra Nevada, so veröffentlichte neben Josiah Whitney beispielsweise auch

Muirs Kontrahent in der Gletscherfrage, Clarence King, 1872 ein Buch über *Mountaineering in the Sierra Nevada*, das Berichte über die Besteigungen verschiedener Gipfel und die dramatische Schilderung eines Schneesturms enthält. *Die Berge Kaliforniens* sind indes weitaus ehrgeiziger und heute durchaus zu Recht ein Klassiker des Nature Writing, weil sie neue Darstellungsmöglichkeiten erobern: Elemente des Erlebnisberichts, Reiseführers, Sachbuchs, philosophischen Traktats werden literarisch ambitioniert miteinander verschmolzen, und die vielen lyrischen Passagen brauchen einen Vergleich mit dem großen Dichter aus Mannahatta, Walt Whitman, kaum zu scheuen. Ein erstaunliches Faktum, wenn man sich vergegenwärtigt, dass Muir bloß eine dürftige literarische Schulbildung besaß, weil sein Vater die meisten poetischen Bücher zu lesen verboten hatte, und dass er zum Schreiben zunächst aus rein finanziellen Gründen gekommen war. Dem Autodidakten gingen Texte, die publiziert werden sollten (im Gegensatz zu Tagebucheinträgen), schwer von der Hand, in Briefen hat er immer wieder geklagt, dass er mit jedem Satz einzeln gerungen habe. Dennoch erfinden gerade Muirs frühe Artikel, in dem Band *Summering in the Sierra* (1984) wieder zugänglich, ein neuartiges Genre, die Reportage aus der Wildnis — forsche, ungeschliffene Briefe, die den Leser auffordern, die Naturschönheiten mit eigenen Augen zu sehen. Als Muir 1894 die zum Teil zwanzig Jahre alten Artikel für *Die Berge Kaliforniens* zusammenstellte, beschwor er im Grunde eine Wildnis herauf, die seitdem mit jedem Jahr kleiner geworden war.

Abgesehen von der Erzählung *Stickeen* (1909) und der Herausgabe von *Picturesque California* (1888–90), hat Muir zu Lebzeiten nur fünf Bücher veröffentlicht, *The Mountains of California* (1894), *Our National Parks* (1901), *My First Summer in the Sierra* (1911), *The Yosemite* (1912) und *The Story of My Boyhood and Youth* (1913). Posthum erschienen die nach Muirs eigenem Verfahren aus Tagebüchern und Artikeln zusammengestellten Bände *Travels in Alaska* (1915), *A Thou-*

sand Mile Walk to the Gulf (1916), *The Cruise of the Corwin* (1917) und *Steep Trails* (1918). Das gewaltige Korpus der Tagebücher und Briefe liegt im Druck nur in verschiedener Auswahl vor, *The Life and Letters of John Muir* (1924), *John of the Mountains. Unpublished Journals of John Muir* (1938), *To Yosemite and Beyond* (1999), *John Muir's Last Journey* (2001), allerdings sind mittlerweile sämtliche 78 Notizbücher digital erfasst, zum Teil transkribiert und im Internet abrufbar. Sie offenbaren, trotz vieler Wiederholungen, eine literarische Ambition von Anfang an und eine Frische, die den späteren Buchversionen zuweilen fehlt.

In Europa hatte Jean-Henri Fabre ein paar Jahre früher als Muir auf höchstem Niveau gezeigt, wie sich Autobiographie und wissenschaftliche Beobachtung miteinander verbinden lassen. In Amerika gilt John Muir, neben Henry David Thoreau und Ralph Waldo Emerson (deren beider Werke intensiv von ihm studiert wurden), als einer der bedeutendsten Vertreter eines ganzen Genre, des American Nature Writing, und literarischer Klassiker von beträchtlichem Rang. Deshalb soll ein kurzer Überblick veranschaulichen, zu welcher Vielfalt seine literarischen Erben gelangten.

Vor Muir trugen andere amerikanische Autoren zu dem Genre bei, für das es im deutschsprachigen Raum weder eine Entsprechung noch einen Namen gibt. Der Ursprung ist allerdings in England zu finden und scheint, wenn man den Historikern glauben darf, auf ein Buch zurückzugehen, das Charles Darwin auf seinem Forschungsschiff H.M.S. Beagle begleitet hat und in Thoreaus Holzhütte am Walden Pond im Regal stand: *The Natural History of Selborne* (1789) des englischen Pastors Gilbert White, eine Folge von 110 Briefen über Flora und Fauna einer Gemeinde in Hampshire, die mit aufklärerischem Blick und lebendiger Darstellung um die kleinen Dinge der »countryside« bemüht war.

Mit weitaus explorativerem Gestus führte sich das amerikanische Nature Writing ein: In Reiseberichten wie denen von William Bartram (1791) wurden die neu entdeckten Landstriche stets mit einem Seitenblick auf ihre künftige Nutzbarmachung beschrieben. Für die ersten puritanischen Siedler war die Wildnis fast gleichbedeutend mit dem Bösen, und es bedurfte romantischer Vorstellungen, um der Natur Schönheit und Eigenwert zu verleihen. Erst die Ornithologen Alexander Wilson, John James Audubon und Thomas Nuttall verbanden in den ersten Jahrzehnten des 19. Jahrhunderts impressive poetische und persönliche Momente mit sachlichen Beschreibungen.

Im Jahre 1836 definierte Ralph Waldo Emerson in seinem bahnbrechenden Essay *Nature* die Beziehungen des Menschen zur Natur neu: »Wenn ich auf nacktem Boden stehe, — mein Kopf von heiterer Luft umspült, empor in die Unendlichkeit des Raumes gehoben, — vergeht jeder schändliche Egoismus. Ich werde zum durchsichtigen Auge; ich bin nichts; ich sehe alles; die Strudel universellen Daseins durchwirbeln mich; ich bin Teil und Teilchen Gottes.« Der Mensch ist ein Glied in der Kette der Wesen, dennoch ist die Natur zu seinem praktischen Nutzen vorhanden, ihre physikalischen Gesetze entsprechen den moralischen Gesetzen.

Emersons Ideen hatten Einfluss auf Walt Whitman und Henry David Thoreau. Der Dichter feierte in seiner Dichtung exzessiv die Phänomene der Welt, der Philosoph stellte die Natur in den Mittelpunkt seiner Betrachtungen vom »Wesentlichen des Lebens«, und sein zwei Jahre dauerndes abgeschiedenes, nicht jedoch vollkommen isoliertes Hüttenleben (*Walden*, 1854) hat später zahlreiche Nachahmer gefunden, etwa Henry Beston (*The Outermost House*, 1928) oder Helen Hoover (*A Place in the Woods*, 1969). Allerdings sind Thoreaus hierzulande kaum bekannte Essays, etwa *A Week on the Concord and Merrimack Rivers, A Winter Walk, The Maine Woods, Cape Cod* und vor allem die Tagebücher für das Nature Writing von größerem Interesse, weil gesellschaftskritische, persönliche Reflektionen hinter die Naturschilderungen zurücktreten.

George Perkins Marsh war der Erste, der im Hinblick auf Wälder und Gewässer die Beziehungen von Kultur und Natur untersucht, die Auswirkungen menschlichen Handelns auf Ökosysteme benannt und nebenher gezeigt hat, dass naturwissenschaftlich fundierte Prosa und poetische Darstellung einander nicht ausschließen müssen (*Man and Nature*, 1864). Dass Natur bedroht ist und deshalb geschützt werden müsse, hatten sich auch andere Autoren auf ihre Fahnen geschrieben, denn parallel zur Entdeckung der Natur in der Literatur verlief im 19. Jahrhundert ihre Zerstörung. Einwanderer und die wachsende Bevölkerung drangen immer weiter nach Westen vor, so dass 1890 die Frontier offiziell für geschlossen erklärt wurde, Eisenbahnnetze durchzogen die einstmalige Wildnis, Wälder wurden für Dampfmotoren gefällt, Prärien und Sümpfe unterlagen rapidem Wandel, ganze Tierpopulationen waren ausgerottet, die Industrie führte Monokulturen in die Landwirtschaft ein.

Das Nature Writing war und ist ein lebendiges und permeables Genre, es umfasst Field Guides, Abhandlungen zur Naturgeschichte, philosophische Essays über die Rolle des Menschen in der Natur, Berichte von Wanderungen, Reiseberichte, persönliche Erfahrungen über das Leben im Hinterland oder auf einer Farm, Naturschilderungen und kritische Artikel zur Ökologie, und es scheut sich nicht, diese verschiedenen Elemente miteinander zu verknüpfen. Die Biologin Rachel Carson, berühmt durch *Silent Spring* (1962), eine Abrechnung mit Herbiziden und Pestiziden, hat mit der maritimen Trilogie *Under the Sea-Wind* (1941), *The Sea around Us* (1951) und *The Edge of the Sea* (1955) zu einer ebenso sachlichen wie inspirierten Prosa gefunden. Man vergleiche etwa ihre Beschreibung des nächtlichen Makrelenfangs in ›*Seine Haul*‹ (*Under the Sea-Wind*) mit Robinson Jeffers' nur vier Jahre früher veröffentlichtem Gedicht ›*The Purse-Seine*‹. Auch ein Jahrhundert nach Marsh bemühte sich das Nature Writing darum, auf die Komplexität in der Forschung Antworten nach Menschenmaß zu finden. Joseph Wood Krutch stellte neben die Gesetze der Darwinschen Evolution die Prinzipien Freude und Wunder (*The Great Chain of Life*, 1956), Bernd Heinrich konzentrierte sich auf die Schönheit natürlicher Prozesse (*Winter World*, 2003; *Summer World*, 2009), wobei er geschickt Fakten mit eigenem Erleben verwob, und Ann Zwinger erkundete mit naturwissenschaftlicher Erfahrung den Green River von seiner Quelle in Wyoming bis zur Mündung in Utah (*Run, River, Run*, 1975).

Reisebeschreibungen oder rambles (Streifzüge) erkunden größere geographische Einheiten, dabei liegt ein Fokus auf den Wüstenregionen der USA. Mehr als drei Jahre verbrachte John Charles Van Dyke, Bibliothekar und Professor für Kunstgeschichte, in den Wüsten Kaliforniens und Arizonas und beschrieb in *The Desert* (1901), durch John Ruskin beeinflusst, alle denkbaren Formen und Farben der Landschaft. Mary Austin verhalf dem *Land of Little Rain* (1903), einem Areal zwischen Death Valley und Mojavewüste, zu überregionaler Bekanntheit und Edward Abbey, nach eigenem Bekenntnis mehr Naturliebhaber als Naturschriftsteller, bereicherte das Genre mit dem ebenso tiefgründigen wie spannenden *Desert Solitaire* (1968): Die Einsamkeit der Cañons in Utah steht fundamental dem entgegen, was Abbey »Industrietourismus« nennt, den Besuch möglichst vieler Plätze in möglichst kurzer Zeit.

Hinwendung zum Ort, Meditation über Naturphänomene, den Jahreslauf und die Jahreszeiten kennzeichnen das Nature Writing im Allgemeinen; doch besonders reizvoll ist die Erkundung kleinformatiger Szenerien, einzelner Schluchten, Flüsse oder Hügel. Susan Fenimore Cooper beobachtete eine erstaunliche Fülle an Pflanzen und Tieren, notierte aber auch Einzelheiten des täglichen Lebens oder indianische Traditionen an der Frontier (*Rural Hours*, 1850) und Aldo Leopold verfolgte den ökologischen Wandel auf seiner Farm in Wisconsin (*A Sand County Almanac*, 1949). Es sind die schönen, bewahrenswerten Stätten, denen die Aufmerksamkeit gilt, sei es die Schlucht des Red River in Kentucky, den Wendell Berry erfolgreich gegen Zerstörung verteidigte (*The Unforseen Wilderness*, 1991), oder

der Glen Canyon in Arizona, dessen künstliche Überflutung Wallace Stegner scharf kritisierte (*The Sound of Mountain Water*, 1969). Natur solle mit Bedeutung aufgeladen werden, bekräftigte Sigurd F. Olson: »Listening Point ist eine nackte vergletscherte Felszunge in Quetico-Superior. Jedes Mal, wenn ich dorthin kam, fand ich etwas Neues, das weite Bezirke des Denkens und Interesses eröffnet hat. Für mich war es ein Ort der Entdeckung, der, wie all diese Ausgangsorte, eine über das Gewöhnliche hinausgehende Bedeutung angenommen hat.« (*Listening Point*, 1958) Diese Bedeutung erreicht manchmal metaphysische Dimensionen, sie kann aber auch nur das Gegengewicht zu einer überhand nehmenden Zivilisation sein, wie John Hay formuliert: »Wir reduzieren unsere Umwelt, physisch und hinsichtlich unseres Verhaltens, so dass wir auch das Maß unserer Aufmerksamkeit verringern. Die Hälfte der Schönheiten der Welt wird nicht mehr erkannt.« (*In Defense of Nature*, 1969)

Besondere Erwähnung verdient das *deep mapping*. Dabei wird die dokumentarische Tiefenlotung eines überschaubaren Areals unter allen denkbaren Aspekten vorgenommen: persönliche Erinnerungen, Erfahrungen, Interviews, Überlieferungen, Ortsbeschreibungen, Zitate. Der Romancier Wallace Stegner begründete mit *Wolf Willow* (1955) diesen Zweig des Nature Writing — allerdings hat ihn Thoreau mit seinen Journals, die minutiös die Umgebung seiner Heimatstadt Concord erfassen, um ein Jahrhundert vorweggenommen —, und als namengebendes Werk gilt *PrairyErth: A Deep Map* (1991) von William Least Heat-Moon, worin mit Melvillescher Sprachgewalt das Chase County in Kansas, ein 744 Quadratmeilen großes Gebiet mit 3000 Einwohnern, literarisch kartographiert wird. Doch auch Autoren wie Scott Russel Sanders (*Staying Put*, 1993), dessen vornehmlicher Schreibimpuls die Kontinuität eines Ortes innerhalb des Wandels ist, sind dieser Richtung verpflichtet. In den bemerkenswerten *Lektionen der Wildnis* lotet Gary Snyder die spirituelle Dimension verschiedener Orte aus, beschwört unnachgiebig die Würde und den Wert der

Natur und der Allmende, plädiert für den Erhalt der Wildnis — rauhe, ungezähmte Systeme, wozu auch Schimmelpilze, Mäuse auf der Veranda, Spinnen in den Ecken zählen — und verknüpft schließlich die verschiedenen Fäden zu einer buddhistisch geprägten Erkenntnis: »Die Flüchtigkeit all unserer Handlungen führt uns in eine Art Wildnis der Zeit.«

Die Natur ist in der amerikanischen Literatur allgegenwärtig — meist nicht nur als szenische Staffage. Der Romancier Rick Bass beschreibt in *Winter* (1991) und *The Book of Yaak* (1996) das Leben in einem kleinen Tal mit dreißig Einwohnern in Montana und der Lyriker John Haines reflektiert in *The Stars, The Snow, The Fire* (1989) seine Aufenthalte in einer abgelegenen Hütte in Alaska. Nicht die Zivilisation grundsätzlich zu verdammen, sondern tieferen Einblick in die eigene Existenz zu bekommen, ist das Motiv solcher Texte. Kaum noch zu überschauen sind die Gedichte, die verschiedene Landschaften samt Flora und Fauna und vor allem das Meer beschreiben. Für Robinson Jeffers stellte die unberührte Natur der kalifornischen Küste das Richtmaß gegen die menschlichen Torheiten dar, John Hall Wheelock besang *›The Divine Insect‹* und Wendell Berry pries das Farmerleben.

Natur ist jedoch auch in den Großstädten anzutreffen. Fachlich nüchtern, nicht ohne Enthusiasmus, zeichnet John Kieran *A Natural History of New York City* (1959), humorvoll erzählt Leonard Dubkin in *Enchanted Streets* (1947) von Bäumen, Vögeln und Insekten, als er auf der Suche nach einem neuen Job in den Straßen Chicagos umherstreift, und liefert nebenbei eine kleine Schule des Sehens.

In den USA — und auch in England: es seien aus der erstaunlichen Fülle hier zumindest die Namen Richard Jefferies, Roger Deakin, J. A. Baker, Robert MacFarlane und jüngst Chris Yates mit dem herrlichen poetischen *Nightwalk* (2012) erwähnt — erfreut sich das Genre zunehmender Beliebtheit und ungeminderter Kreativität. Umfängliche Anthologien ermöglichen einen ersten Einblick in die kaum überschaubare Vielfalt (*Nature Writing. The Tradition in English*, 2002, und *American Earth*, 2008), sie werden ergänzt durch zahlreiche thematische Sammlungen. Im deutschen Sprachraum hingegen, wo literarisches Schreiben über die Natur noch eine rühmliche Ausnahme darstellt — Godela Unselds *Brook-Tagebuch* oder Anita Albus' *Von seltenen Vögeln* zum Beispiel —, wartet das Nature Writing darauf, einerseits als literarischer Kosmos rezipiert und andererseits für die Sondierung unserer eigenen Landschaften eingesetzt zu werden.

JÜRGEN BRÔCAN
Dortmund im Dezember 2012

Anmerkungen

Eigennamen von Tieren, Pflanzen und Orten richten sich bis auf wenige Ausnahmen nach den Schreibungen in Muirs Büchern.

Die wichtigsten Maße sind umgerechnet die folgenden:
1 Zoll (inch) = 2,54 cm
1 Fuß (foot) = 30,48 cm
1 Yard = 91,4 cm
1 Meile = 1,6 Kilometer
1 Quadratrute (square rod) = 25,29 m²
1 Acre = 4046,8 m²
1 Scheffel = 36,37 Liter

DIE BERGE KALIFORNIENS: Bei *The Mountains of California* (1894) handelt es sich um John Muirs erstes eigenständiges Buch, das aus achtzehn zwischen 1875 und 1882 in Zeitschriften wie *Scribner's Monthly, The Century Magazine, Harper's Monthly Magazine* usw. erschienenen und überarbeiteten Essays besteht. Nur in die Kapitel eins und zwölf nahm Muir neues Material auf. Einzelheiten dazu sind verzeichnet in *Nature Writings* (The Library of America: New York 1997, S. 850f.).

1 ZUM ERSTEN MALE: 1868. Ein knapper Bericht über Muirs Aufbruch von San Francisco am 2. April in Begleitung eines »jungen Engländers« und die gemeinsame Reise zum Yosemite Valley findet sich in ›*Rambles of a Botanist Among the Plants and Climates of California*‹ (*Old and New* [Boston], vol. 5, no. 6, June 1872, S. 767–772).

2 NEVADA: Die Sierra Nevada ist nach dem spanischen Wort für Schnee, *nieve*, benannt, also: das Schneegebirge.

3 QUARZABBAU: Im Englischen *quartz-mining*, die Förderung von Gold, das in unterirdische Quarzadern eingelagert ist.

4 VESIKULÄRE LAVA: Als Blasen- oder Vesikulartextur bezeichnet man in der Geologie das Auftreten von Blasenhohlräumen in magmatischen Gesteinen.

5 SCHMUCK FÜR ASCHE: Anspielung auf Jesaja 61:3.

6 DIE GLETSCHER: Über die gestaltende Kraft der Gletscher hatte Muir bereits 1874–75 eine Artikelreihe im *Overland Monthly*, San Francisco, publiziert, die posthum unter dem Titel *Studies in the Sierra* in Buchform erschienen. Der Amateur-Geologe Muir erhielt zunächst Unterstützung von Koryphäen wie Joseph LeConte (1823–1901) und Louis Agassiz (1807–1873), die später jedoch wie Josiah Whitney (1819–1896) und Clarence King (1842–1901) von einem katastrophischen Ursprung der Sierra ausgingen. Erst Anfang des 20. Jahrhunderts konnte die Wissenschaft zu dem Schluss gelangen, dass Muir der Wahrheit wohl näher kam als jeder andere Geologe seiner Zeit, auch wenn sich herausstellte, dass nicht eine einzige, sondern mehrere Eiszeiten für die Gestaltung des Yosemite Valley verantwortlich waren, und dass es zudem einer Erosion durch Wasserkräfte bedurft hatte.

7 VERÄNDERUNGEN: »Was wir in unserer ungläubigen Ignoranz und Furcht Zerstörung nennen, ist eine immer feinere Schöpfung.« (John Muir: *Travels in Alaska*, 1915)

8 DEN BRÜDERN SCHLAGINTWEIT: Hermann von Schlagintweit (1826–1882), Adolf Schlagintweit (1829–1857) und Robert von Schlagintweit (1833–1885), deutsche Naturforscher und Entdecker, sie bereisten und erforschten u.a. zwischen 1846 und 1853 die Alpen.

9 NÉVÉ: Firnschnee

10 CAPTAIN HODGSON: John Anthony Hodgson (1777–1848), von 1821–23 und 1826–29 Surveyor General of India, Vermesser des Himalaya, vgl. *Account of Captain Hodgson's Journey to the Head of the Ganges* (Edinburgh 1823).

11 PROFESSOR RUSSELL: Israel Cook Russell (1852–1906), amerikanischer Geologe und Geograph, arbeitete am Mono Lake und erforschte Alaska. (*An Expedition to Mount St. Elias*, Nat. Geogr. Mag. vol. 3, 1891; *Mount St. Elias and Its Glaciers*, Am. Jour. Sel. vol. 43, 1892).

12 DER MUIR: Größter Gletscher der Glacier Bay, tatsächlich benannt nach John Muir, der 1879–81 mehrmals die Küste Alaskas bereiste und als erster sein rasches Verschwinden dokumentierte.

13 ROCHE MOUTONNÉE: Rundhöcker (auf englisch auch *sheepback*, Schafsrücken), eine durch Detersion und Detraktion der Gletschermassen entstandene Felsformation.

14 WIE IN DEN FLUSS DER SCHNEE FÄLLT: Zitat aus Robert Burns Gedicht *Tam O'Shanter*: »Or like the snow falls in the river, / A moment white — then melts for ever«.

15 TALUS: Schuttkegel

16 SCHNEEFAHNEN: Eine andere, zum Teil gekürzte, zum Teil erweiterte Version dieses Abschnitts findet sich in *The Yosemite*, 4. Kapitel, *›Snow Banners‹*.

17 MONO TRAIL: Von Muir ausführlich beschrieben im 8. Kapitel von *My First Summer in the Sierra* (*›The Mono Trail‹*).

18 DUNKELKÖPFIGER SPERLING: Im Original *dun-headed sparrow*, gemeint ist wahrscheinlich die Schwarzkehlammer (*Amphispiza bilineata*).

19 COULOIR: Bergschlucht

20 TRENNFLÄCHEN: In der Geologie versteht man unter Trennflächen verschiedene Arten der Unterbrechung eines Felsgefüges, u.a. die Kluft, die durch Tektonik, Druck- und Temperaturveränderungen, und die Schieferung, die durch Tektonik und Metamorphose entsteht.

21 ERSTEN GIPFEL: Im Original »fountain peaks«, soviel wie: ursprüngliche Gipfel, hier möglicherweise auch ein Hinweis auf die Berge als ›Quellen‹ für die Gletscher.

22 PEST, DIE IM FINSTERN UMGEHT: Vgl. Psalm 91:6 »Nor for the pestilence that walketh in darkness«.

23 MAULTIERHIRSCH ... DER SCHWARZWEDELIGEN ART: Der Maultier- oder Großohrhirsch (*Odocoileus hemionus*) lässt sich in zwei Unterartengruppen aufteilen, die Schwarzwedelhirsche — der kleinen Sitka-Schwarzwedelhirsch (*O. h. sitkensis*) und der Columbia-Schwarzwedelhirsch (*O. h. columbianus*) — und die eigentlichen Maultierhirsche, zu denen der Kalifornische Maultierhirsch (*O. h. californicus*), der Rocky-Mountain-Maultierhirsch (*O. h. hemionus*) und *O. h. eremicus* aus den Wüsten des Südwestens zählen.

24 ICH BESUCHTE DEN BLOODY CAÑON ZUM ERSTEN MAL IM SOMMER 1869: Eine etwas ausführlichere Beschreibung dieser Episode lieferte Muir im 9. Kapitel von *My First Summer in the Sierra* (*›Bloody Cañon and Mono Lake‹*).

25 VACCINIUM: Heidelbeere, hier wohl *Vaccinium caespitosum.*

26 BAUMWOLLSCHWANZKANINCHEN: *Sylvilagus nuttallii,* engl. *Nuttall's cottontail* (Muir: »sage-rabbit«), dt. Berg Baumwollschwanzkaninchen.

27 ICH WAR FROH, ALS SIE UNTEN AM PASS AUSSER SICHT KAMEN: Muirs Haltung den Indianern Kaliforniens gegenüber war stets etwas zwiegespalten. Einerseits war er über ihre schlechten Lebensbedingungen betrübt, wandte sich gegen den indianischen Genozid, erkannte die indianischen Besitzansprüche an usw., andererseits — zur eigenen Verwirrung, die sich nicht mit seinem Konzept einer allgemeinen menschlichen Brüderlichkeit verbinden ließ — teilte er die (in den 1870er Jahren allerdings nicht ganz unbegründete) Angst vieler Weißer vor indianischer Gewalt. In *My First Summer in the Sierra* räumte Muir ein: »Wenn ich sie besser kennen würde, dann könnte ich sie vielleicht besser leiden.« Für Muir stellte die Reinlichkeit das höchste Merkmal eines zivilisierten Menschen dar, wenn er also gegenüber den Indianern ein gewisses Unbehangen empfindet, dann vor allem aufgrund ihrer mehrfach beklagten »uncleanliness«, die nicht mit seinem Bild eines harmonischen Naturgefüges vereinbar ist. Dass rassistisches Gedankengut ihm zeitlebens fremd und zuwider blieb, zeigte sich bereits bei den Begegnungen mit schwarzen Exsklaven auf seiner Reise in den amerikanischen Süden, dennoch war auch Muir wie viele seiner Zeitgenossen nicht völlig frei von gewissen Ideologien. In dem unveröffentlichten Tagebuch *World Trip: The Chinese* (1903) findet sich eine Passage, die seine Gedanken dazu verdeutlichen: »Einige der besten Menschen auf Erden sind Chinesen, und wir dürfen sie nicht hassen. Der Hass einer jeden Rasse menschlicher Wesen ist töricht und verrucht. Wir sollten in christlichem Mitgefühl und Nächstenliebe mit unseren chinesischen Nachbarn leben, allerdings sinnvoll und natürlich getrennt.«

28 DONNER-GRUPPE: Unter der Führung von Jacob und George Donner aus Illinois wurde Ende Oktober 1846 eine Gruppe von 82 Auswanderern in den Bergen der Sierra Neveda von einem acht Tage andauernden Schneesturm eingeschlossen. Die Retter aus Sutter's Fort (heute Sacramento) erreichten die Gruppe erst am 18. Februar 1847 in tiefem Schnee und brachten die Überlebenden ins Tal. Am 21. April verließ der Letzte das Lager; bis zu diesem Zeitpunkt waren insgesamt 35 Auswanderer an Erschöpfung und Unterernährung gestorben, ihr Fleisch diente den anderen als letzter Ausweg vor dem Hungertod.

29 FLIEGENSCHNÄPPER: Die Tyrannen (*Tyrannidae*), auch Neuweltfliegenschnäpper, aus der Familie der Sperlingsvögel.

30 EPILOBIUM OBCORDATUM: Die Gattung *Epilobium* (Weidenröschen) umfasst Stauden und gehört zu den Nachtkerzengewächsen (*Onagracaea*).

31 PERISTOM: Bei Laubmoosen der Zahnbesatz um die Öffnung der Sporenkapseln, der durch hygroskopische Bewegungen das Ausstreuen der Sporen kontrolliert.

32 LEGUMINOSÆ: Hülsenfrüchtler.

33 VANESSA ist eine Gattung der Edelfalter (*Nymphalidae*) mit rund zwanzig Arten, *Papilio* eine Gattung von Tagfaltern aus der Familie der Ritterfalter (*Papilionidae*).

34 SCHNEEHUHN: Muir schreibt verallgemeinernd »grouse«, d. h. Rauhfußhuhn.

35 ANGRENZEN DER SCHATTEN: »boundless contiguity of shade«, Zitat aus William Cowper, *The Task*, Buch II, Zeile 2.

36 DEODORAWÄLDER: Himalaya-Zeder (*Cedrus deodara*).

37 STACHELHÜLLEN: Im Original »burs«, wörtlich Kletten; im Englischen auch für die stachelige Hülle der Kastanienfrucht benutzt. Muir verwendet das Wort als Synonym für Zapfen.

38 HOOKER: Sir Joseph Dalton Hooker (1817–1911), englischer Botaniker, Forschungsreisender und von 1865 bis 1885 Direktor des Royal Botanic Garden in Kew.

39 WEISSKIEFER: Muir nennt die *Pinus sabiniana*, die im Deutschen Weißkiefer, Nusskiefer oder Sabines Kiefer und im Englischen *Gray Pine*, *Digger Pine*, *Foothill Pine*, *Ghost Pine* und *Bull Pine* genannt wird, ebenso »Nut Pine« wie die weiter unten beschriebene *Pinus monophylla* (auf Deutsch: Einblättrige Kiefer, Einnadelige Kiefer oder Nusskiefer).

40 CHAPARRAL: Abgeleitet vom spanischen *chaparro* (klein; Zwergeiche), eine Vegetationsformation, die v.a. im subtropischen Winterregengebiet Kaliforniens und der Baja California anzutreffen ist, gekennzeichnet durch z.T. undurchdringliches, niedriges, immergrünes Strauchland mit eingesprengten Heideflächen.

41 DAVID DOUGLAS: Der schottische Naturforscher David Douglas (1799–1834) bereiste zwischen 1824 und 1834 die Vereinigten Staaten. Muir zitiert aus *The Canadian Naturalist and Geologist*, Vol. v, Montreal 1860, dieser Text weicht erheblich vom Wortlaut des *Journal Kept by David Douglas During His Travels in North America* (London 1914) ab. Die Übersetzung hält sich aus Gründen der Authentizität an Muirs Vorlage.

42 RETINOSPORA OBTUSA, SIEBOLD: Gemeint ist die Hinoki-Scheinzypresse (*Chamaecyparis obtusa*); unter dem Namen *Retinispora obtusa* [!] veröffentlichten Philipp Franz von Siebold und Joseph Gerhard Zuccarini eine Beschreibung dieses Baums im zweiten Band ihrer *Flora Japonica* (1844) und nannten ihn »la gloire des forêts«. In älteren Quellen, z.B. in *Synopsis der Nadelhölzer* (1865) von J.B. Henkel und W. Hochstetter, wird der Fusinoki im Deutschen auch als Hinoki-Lebensbaum-Cypresse bezeichnet.

43 SCHINDLER: Vgl. Muirs längere Klage über die Schindler im 10. Kapitel von *Our National Parks*, ›*Die amerikanischen Wälder*‹ (›*The American Forests*‹): »Von allen Zerstörern und Waldverpestern scheinen die Schindler die glücklichsten. Vor zwanzig oder dreißig Jahren waren Holzschindeln, eine Art längliche, brettähnliche Schindeln, die mit Schlägel und Kletzhacke gespalten werden, für die Bedachung von Scheunen und Ställen sehr begehrt, und noch heute werden viele den üblichen Schindeln vorgezogen, besonders jene, die aus der Zuckerkiefer gefertigt werden, weil sie sich beim heißesten Sonnenschein nicht verbiegen oder reißen. In Kalifornien treffen sich fahrende Glücksritter nach Ernte und Dreschen häufig, um ihre Pläne für den Winter zu bereden; und ihr Gespräch ist interessant. Ich habe einmal einen Mann in einer solchen Gesellschaft friedlich Pfeife rauchend sagen hören: ›Jungs, wenn dieser Job vorbei is', steig ich ins Entengeschäft ein. Da steckt das fette Geld drin und die Fressalien sind umsonst. Tule Joe hat letzten Winter fünfhundert Dollar mit Stockenten und Krickenten gemacht. Schoss sie am Joaquin, knüpfte sie dutzendweise am Hals auf und schickte sie nach San Francisco. Und als er keine Lust mehr hatte, durch die Tümpel zu latschen, und ihn das Rheuma packte, hat er die Enten einfach sausen

lassen und is' in die Hügel der Contra Costa gegangen, um Tauben und Wachteln zu jagen. Das ist'n verdammt gutes Geschäft, und du bist dein eigner Boss, und alles macht richtig Spaß.‹

Ein anderer aus der Gesellschaft, ein Bursche mit dichtem Bart und einer Spur Aufschneiderei in der Stimme, sagte gedehnt: ›Manchen reicht die Vogeljagd, meine Sache sind Bären, außerdem zur Abwechslung hin und wieder mal 'n Hirsch oder 'n kalifornischer Löwe. Es gibt immer 'nen Markt für Bärenfett, und manchmal kannste die Schinken verkaufen. Sind genauso gut wie Schweineschinken. Und ich bin auch mein eigner Chef, wenn die Bären nich' zu groß und zu viele sind. Alte Grizzlys hasse ich — die wollen mit 'ner Kugel getötet werden, aber die Schwarzen und Braunen haben schönes Fett, und wenn ich sie richtig erwische und im Visier hab', hole ich sie mir jedes Mal.‹ Ein weiterer sagte, er würde, sobald der Regen einsetzt, etliche Mustangs fangen, sie vor einen Mehrscharpflug spannen und Weizen in den Ebenen des San Joaquin anbauen. Die meisten jedoch bevorzugten den Handel mit Schindeln, bis sich etwas Einträglicheres und ebenso Sicheres mit der gleichen Bequemlichkeit und Unabhängigkeit finden ließe.

Mit einem billigen Mustang oder Maultier, das zwei Decken, einen Sack Mehl, ein paar Pfund Kaffee und eine Axt, eine Trummsäge und eine Kletzhacke trägt, steigt der Schindler in die Berge zum Kieferngürtel hinauf, wo er am leichtesten zugänglich ist, meist auf einem Minen- oder Sägemühlenweg. Dann schlägt er sich in die unberührten Wälder, in denen die Zuckerkiefer, hinsichtlich Größe und Schönheit die Königin aller hundert Kiefernarten, auf den offenen sonnigen Hängen der Sierra in ihrer ganzen Pracht ragt. Er wählt sich ein günstiges Plätzchen für eine Hütte nahe einer Wiese mit Fluss, entlädt sein Tier und pflockt es auf der Wiese an. Dann hackt er in eine Kiefer nach der nächsten hinein, bis er eine findet, bei der er mit Gewissheit fühlt, dass sie leicht splittert; diese fällt er, sägt einen vier Fuß langen Teil ab, spaltet ihn, und dieser erste Schnitt von sieben Fuß Durchmesser vielleicht liefert ihm genügend Schindeln für eine Hütte und deren Ausstattung — Wände, Dach, Tür, Bettgestell, Tisch und Stuhl. Neben seiner Arbeitskraft sind nur ein paar Pfund Nägel erforderlich. Stangen aus Schösslingen bilden den Rahmen dieses luftigen Gebäudes von meist sechs mal acht Fuß, darauf werden die Schindeln überlappend genagelt. Dann werden einige Bolzen aus demselben Teil wie die Schindeln in viereckige Stöcke gespalten und zu einem Schornstein getürmt, dessen Innenseite und Zwischenräume mit Lehm verputzt und verfüllt sind. Im Überfluss an Brennholz sind nun Obdach und Behaglichkeit an der eigenen Feuerstelle gesichert. Jetzt macht sich der Schindler ans Werk, sägt und spaltet für den Markt und verschnürt die Schindeln zu Bündeln von fünfzig oder hundert. Sie sind vier Fuß lang, vier Zoll breit und etwa ein Viertel Zoll dick. Die ersten paar Tausend verkauft oder tauscht er beim nächsten Sägewerk oder Kramladen und bekommt dafür Provisionen. Schließlich wirbt er mit allen Mitteln dafür, dass er vorzügliche Zuckerkiefer-Schindeln feilbietet, leicht zu beschaffen und billig.

Nur die unteren, astfreien, leicht spaltbaren Teile der riesigen Kiefern finden Verwendung — vielleicht zehn oder zwanzig Fuß eines Baumes, der zweihundertfünfzig hoch ist; der Rest ist ein Trümmerhaufen, der verrottet oder die Waldbrände speist, und tausende wurden tief eingekerbt und wegen ihrer Faserung verschmäht. Diese Verschwendung und Verwüstung erstreckt sich auf rund sechshundert Meilen über fast alle leichter zugänglichen Hänge der Sierra und der Cascade Mountains im südlichen Oregon in einer Höhe zwischen drei- und sechstausend Fuß. Glückliche Räuber! sie wohnen in den schönsten Wäldern, im gesündesten Klima, atmen wundervolle Düfte Tag und Nacht, trinken kühles lebendiges Wasser — Rosen und Lilien ihren zu Füßen im Frühling, der Wohlgerüche verbreitet und Blumenkelche läutet, als wolle er sie bei ihrem zerstörerischen Werk aufheitern. Es gibt niemanden, der es ihnen verbietet. Sie erwerben kein Land, zahlen keine Steuern, wohnen im Paradies, vor dem kein Engel aus Washington oder dem Himmel steht und es ihnen untersagt. Jede dieser klapprigen Schindelbaracken ist ein Zentrum der Zerstörung, und das Ausmaß dieser in aller Stille angerichteten Schäden ist insgesamt gewaltig.«

44 »LAUSCHE, WAS DIE KIEFER SPRICHT«: Kein Zitat, wie die Anführungsstriche vermuten lassen, sondern eine Anspielung auf Ralph Waldo Emersons Gedicht ›*Woodnotes II*‹ (*Poems*, 1847).

45 VERATRUM ALBA: Weißer Germer, Nieswurz.

46 CYPRIPEDIEN: Die Gattung *Cypripedium* gehört zur Familie der Orchideen.

47 L. PARVUM: *Lilium parvum*, die Sierra-Lilie oder Kleine Gebirgslilie, 1862 von Albert Kellogg beschrieben und benannt.

48 EICHELSPECHT: Im Original »crimson-crested woodcock«. Da die Waldschnepfe (*woodcock*) weder eine rote Haube hat noch Löcher bohrt, und der Schwarzkehlspecht (*crimson-crested woodpecker*) nur in Mittel- und Südamerika heimisch ist, handelt es sich vermutlich um ein Wortspiel, in etwa »der Hahn des Waldes mit dem hochroten Kamm«. Gemeint ist wohl der vor allem in Kalifornien beheimatete *acorn woodpecker* (*Melanerpes formicivorus*).

49 HEER UND LESQUEREUX: Die Schweizer Naturforscher Oswald Heer (1809–1883) und (Charles) Leo Lesquereux (1806–1889).

50 ›SCHAFHÜTER‹: Trotz der ironischen Gänsefüßchen macht Muir nicht die Schäfer allein, sondern vor allem die Eigentümer der Herden verantwortlich. Im ersten Kapitel von *My First Summer in the Sierra* kritisiert Muir unmissverständlich: »Der kalifornische Schafbesitzer hat es eilig, reich zu werden, und wird es oft auch, jetzt da das Weideland nichts kostet [...].«

51 GEWÖHNLICHE STROBE: *Pinus strobus*, auch Weymouthskiefer, engl. *White Pine*.

52 TAMIAS-ARTEN: Wahrscheinlich sind der Gebirgs-Chipmunk (*Tamias alpinus*) und der Lodgepole-Chipmunk (*Tamias speciosus*) gemeint.

53 IHRE NAMEN VON DEM BAUM ABGELEITET: Die *Pinus flexilis* heißt auf engl. *White Pine*.

54 KALIKO: Hier bunte Kattune bzw. Baumwollstoffe.

55 CHAMÆCYPARIS LAWSONIANA: Lawsons Scheinzypresse.

56 GERBERLOHE: Die Rinde der Steinfruchteiche oder Südeiche, heute *Lithocarpus densiflorus*, wurde wegen der enthaltenen Gerbstoffe zur Ledergerbung verwendet, daher auch ihr englischer Name *Tanbark Oak* oder *tanoak*, also soviel wie: ›Gerb-Eiche‹.

57 GEWÖHNLICHE BLAUEICHE: *Quercus douglasii, Blue Oak*, bei Muir auch: »Douglas Oak«.

58 BOTANIKPIONIER: Albert Kellogg (1813–1887), Mitbegründer der California

Academy of Sciences und Autor des Buches *Forest Trees of California* (1882).

59 SCIURIDÆ: Die Familie der Hörnchen wird heute in 51 Gattungen mit 270 bis 280 Arten aufgeteilt. John Muir erwähnt das Westliche Grauhörnchen (*Sciurus griseus*), das Douglas-Hörnchen (*Tamiasciurus douglasii*), das Streifenhörnchen bzw. den Chipmunk (*Tamias*) und das Ziesel (*Spermophilus*). Zur Verwirrung führt oft, dass das Eichhörnchen im Englischen als *red squirrel* bekannt ist, die Bezeichnung Rothörnchen (oder Chickaree) in den USA jedoch auf die Gattung *Tamiasciurus* angewandt wird.

60 KAUGUMMI: Die ersten Kaugummifabrikanten der Vereinigten Staaten, John Curtis Jackson, Thomas Adams und John Colgan, verwendeten verschiedene Harze als Grundstoff für ihre Kaugummis.

61 AM MOUNT SHASTA … IM STURM GEFANGEN: Ausführlich beschrieben in ›*Snow-Storm at Mount Shasta*‹ (in *Harper's Monthly*, September 1877).

62 ZAHLREICHEN VERWANDTEN: Kalifornisches Grauhörnchen (*Sciurus fossor*), Kolorado-Chipmunk (*Tamias quadrivittatus* [!]), Townsend-Chipmunk (*T. Townsendii*), Kalifornischer Ziesel (*Spermophilus beecheyi*) und das *Spermophilus douglasi*, für das kein deutscher Name nachweisbar ist.

63 OLD HUNDREDTH: Geistlicher Hymnus aus dem 16. Jahrhundert, dessen Text auf dem 100. Psalm basiert.

64 »MEINEN FRIEDEN GEBE ICH EUCH«: Zitat aus Johannes 14:27. Bei Muir spricht allerdings nicht Jesus diese Worte, sondern die Natur; einer der vielen Hinweise auf Muirs Abkehr von einer Bibelreligion.

65 WILDE WINTERÜBERSCHWEMMUNG: Geschildert im 2. Kapitel von *The Yosemite*, ›*Winter Storms and Spring Floods*‹.

66 19. JULI 1869: Die Geschichte eines Regentropfens hat Muir in einer leicht abweichenden Version später noch einmal ins 5. Kapitel (›*The Yosemite*‹) von *My First Summer in the Sierra* aufgenommen: »19. Juli. Beobachtete Tagesanbruch und Sonnenaufgang. Sacht wandelt sich das Blassrosa und Violett des Himmels in Narzissengelb und Weiß, die Sonnenstrahlen strömen durch die Pässe zwischen den Gipfeln und übergießen die Kuppeln von Yosemite, wobei sie deren Grate in Brand stecken; die Grautannen im Mittelgrund fangen den Glanz mit ihren Turmspitzen ein; und unser Lager im Wald füllt sich durchschauernd mit dem herrlichen Licht. Alles erwacht munter und freudig; Vögel beginnen sich zu regen und unzählige Insektenvölker. Das Rotwild zieht sich leis in die belaubten Verstecke im Unterholz zurück; der Tau schwindet, Blumen strecken ihre Blätter, jeder Puls schlägt höher, jede Zelle des Lebens jubelt, die Felsen scheinen voller Leben zu zittern. Die Landschaft leuchtet wie ein menschliches Gesicht im Glanz der Begeisterung, und der blaue Himmel, blass rings am Horizont, neigt sich friedlich über alles wie eine große Blüte.

Am Mittag begannen wie gewöhnlich große buckelige Kumuluswolken über dem Wald anzuschwellen, und der Regensturm, der aus ihnen fällt, ist der eindrucksvollste, den ich jemals gesehen habe. Die silbernen Lanzen der Zickzackblitze sind länger als üblich, und der Donner wunderbar imposant, heftig, krachend, höchst verdichtet, spricht mit solch ungemeiner Energie, dass es scheint, ein ganzer Berg würde mit jedem Schlag zerschmettert, doch wahrscheinlich sind nur ein paar Bäume zerspellt worden, einige von ihnen habe ich bei meinen Gängen ringsum gesehen, wie sie über die Fläche verteilt waren. Zuletzt folgen auf die klaren schallenden Schläge tiefe grollende Töne, die allmählich matter werden, wenn sie in der Ferne in die Winkel der hallenden Berge rollen, wo sie scheinbar willkommen geheißen werden. Dann noch ein Donner und noch einer, vielmehr ein krachender, zersplitternder Schlag, in schneller Folge, der zufällig irgendeine große Kiefer oder Tanne von oben bis unten in lange Bahnen und Splitter spaltet und in alle Himmelsrichtungen verstreut. Jetzt kommt der Regen, mit einer ähnlich verschwenderischen Pracht, und bedeckt den Boden oben und unten mit einem Laken fließenden Wassers, eine transparente Schicht, die sich eng wie Haut über die schroffe Anatomie der Landschaft spannt, sie lässt die Felsen glitzern und glänzen, sammelt sich in den Klüften, überflutet die Flüsse und bringt sie zum Brüllen und Dröhnen als Antwort auf den Donner.

Wie aufregend, der Geschichte eines einzelnen Regentropfens nachzuspüren! Geologisch betrachtet ist es, wie wir sahen, nicht lang her, seit die ersten Regentropfen auf die neu entstandenen blattlosen Landschaften der Sierra fielen. Wie anders jene, die jetzt fallen! Glücklich die Schauer, die auf eine solch heitere Landschaft niedergehen — kaum ein Tropfen, der nicht ein schönes Fleckchen finden kann —, auf die Bergspitzen, auf die leuchtenden Gletscherböden, auf die großen sanften Kuppeln, auf Wälder und Gärten und struppige Moränen, platschend, funkelnd, prasselnd, spülend. Einige wandern zu den hohen Schneequellen, um deren wohlbehütete Lager aufzustocken; andere in die Seen, reinigen die Bergfenster, betätscheln ihre glatten Glasoberflächen, erzeugen Grübchen und Blasen und Sprühnebel; wieder andere in die Wasserfälle und Kaskaden, als seien sie begierig darauf, in ihren Tanz und ihr Lied einzustimmen und ihren Schaum noch feiner zu schlagen. Viel Erfolg und gute Arbeit für die glücklichen Bergregentropfen, jeder sein eigener hoher Wasserfall, der von den Klippen und Senken der Wolken zu den Klippen und Mulden der Felsen herabsteigt, vom Himmelsdonner ins Donnern stürzender Flüsse. Einige, die auf Wiesen und Sümpfe fallen, kriechen still außer Sichtweite zu den Wurzeln der Gräser, verstecken sich leis wie in einem Nest, schlüpfen und sickern hierhin, dorthin, suchen und finden ihr festgesetztes Werk. Andere, die in den Türmen der Wälder herabsteigen, rieseln Sprühnebel durch die glänzenden Nadeln, flüstern jeder einzelnen Frieden und guten Mut zu. Einige Tropfen mit frohem Ziel schimmern auf den Flanken der Kristalle — Quarz, Hornblende, Granat, Zirkon, Turmalin, Feldspat —, prasseln auf Goldkörnern und schweren abgeschliffenen Nuggets; andere fallen mit dumpfem Platschen und Bassgetrommel auf die breiten Blätter von Nieswurz, Steinbrech und Frauenschuh. Einige glückliche Tropfen fallen direkt in Blütenkelche und küssen die Lippen der Lilien. Wie weit müssen sie wandern, wieviele große und kleine Kelche füllen, Zellen, die zu klein sind als dass man sie sähe, Kelche, die einen halben Tropfen fassen, ebenso wie Seebecken zwischen den Hügeln, jedes mit derselben Umsicht aufgefüllt, jeder Tropfen in der gesegneten Menge ein silbriger neuer Stern mit Teich und Fluss, Garten und Hain, Tal und Berg, alles, was die Landschaft einschließt, in seinen kristallnen Tiefen gespiegelt, Boten Gottes, Engel der Liebe, ausgesandt mit Herrlichkeit, Prunk und Machtentfaltung, vor denen die größten Darbietungen des Menschen lächerlich sind.

Dann ist der Sturm vorüber, der Himmel ist klar, die letzte Welle des Donnergrollens verebbt an den Gipfeln, und wo sind nun die Regentropfen — was ist aus diesem leuchtenden Pulk geworden? In beflügeltem Dunst sind einige bereits zurück in den Himmel hinaufgeeilt, andere sind in den Pflanzen verschwunden, kriechen durch unsichtbare Türen in die runden Räume der Zellen, andere sind in Eiskristallen eingesperrt, wieder andere in Felskristallen, weitere in porösen Moränen, um deren winzige Quellen sprudeln zu lassen, noch andere unternehmen eine Fahrt auf den Flüssen, um sich mit dem größeren Regentropfen des Ozeans zu verbinden. Von Gestalt zu Gestalt, Schönheit zu Schönheit, stets im Wandel, niemals ruhend, rasen sie alle im Überschwang der Liebe dahin und singen mit den Sternen das ewige Schöpfungslied.«

67 ERDBEBEN IM JAHRE 1872:
Im 8. Kapitel von *Our National Parks* unternahm Muir eine Beschreibung dieses Ereignisses; er arbeitete damals als Zimmermann für das nahe den Yosemite Falls gelegene Upper Hotel von James Hutchings und hatte sich ungefähr eine Viertelmeile vom Hotel entfernt eine schlichte Holzhütte gebaut.

»Zu den interessantesten und erflussreichsten Sekundärmerkmalen der Cañonlandschaft gehören die großen Lawinen-Schuttkegel, die sich im Abstand von ein oder zwei Meilen gegen die Wände lehnen. In der mittleren Yosemite-Region sind sie meist zwischen drei- und fünfhundert Fuß hoch und bestehen aus großen, kantigen, wohlerhaltenen, unbeweglichen Felsblöcken, überwuchert von grauen Flechten, Bäumen, Sträuchern und herrlich blühenden Pflanzen. Einige der größten Brocken haben vierzig bis fünfzig Kubikfuß und wiegen zwischen fünf- bis zehntausend Tonnen; und wo die Trennfugen besondert breit sind, findet man ein paar Blöcke von annähernd einhundert Fuß Durchmesser. Diese wundervollen Felshaufen sind überall in den Cañons der Gebirgskette verstreut und versperren sie in einigen schmaleren Bereichen vollständig; wahrscheinlich wird kein Bergsteiger die wilde Rauheit der von ihnen verursachten Bahnen vergessen. Selbst die raschen, überwältigenden Flüsse, die gewohnt sind, alles aus dem Weg zu räumen, werden an manchen Stellen von ihnen gezügelt und unter Kontrolle gehalten. Schäumend, donnernd, in herrlicher Flutmajestät drängen sie lange polternde Felsblockzüge ohne erkennbare Mühe beiseite, können indes die größten nicht bewegen, die allen Angriffen der Jahrhunderte widerstanden haben und in den Kanälen wie Inseln zur Ruhe gekommen sind, mit Gärten obenauf, mit Gischt gesäumt, mit Blumen darüber.

Über einige Punkte hinsichtlich des Ursprungs dieser Schuttkegel war ich lange im Unklaren. Offensichtlich stammten sie von den Steilwänden oberhalb, die Größe eines jeden Talus entsprach ungefähr einer Schramme in der Wand, deren rauhe kantige Oberfläche im Kontrast zu den runden, vergletscherten, unzerstörten Partien stand. Ich erkannte auch, dass fast jeder Talus, anstatt aus allmählich angehäuftem Material zu bestehen, Stein für Stein auf übliche Weise verwittert, abrupt aus einer einzigen Lawine gebildet wurde und in den letzten drei- oder vierhundert Jahren nicht größer geworden ist; denn es wuchsen drei bis vier Jahrhunderte alte Bäume auf ihnen, einige standen am oberen Ende nahe der Wand ohne Blessur und gebrochenen

Ast; dies zeigte, dass kaum ein Fels auf sie gestürzt war, seit sie sich angesiedelt hatten. Außerdem schienen alle Schuttkegel im Gebirge wegen der auf ihnen wachsenden Bäume und Flechten dasselbe Alter zu haben. Sämtliche Phänomene wiesen direkt auf ein gewaltiges früheres Erdbeben hin. Doch ich ließ diese Frage jahrelang unbeantwortet, ging von Cañon zu Cañon, beobachte wieder und wieder; ich maß die Höhe der Schuttkegel auf beiden Seiten des Gebirges und die unterschiedlichen Winkel ihrer Hänge; untersuchte, wie ihre Felsen angeordnet waren und zusammengehörten und zur Ruhe kamen, und die Trennfugen der Klippen, von denen sie stammten, stets darauf bedacht, zu einem Schluss zu gelangen. Erst nachdem ich gesehen hatte, wie ein Talus entstand, verflüchtigten sich meine Zweifel hinsichtlich ihrer Bildung.

Eines Morgens gegen zwei Uhr wurde ich von einem Erdbeben im Yosemite Valley geweckt. Obwohl ich nie zuvor in den Genuss eines Sturms dieser Art gekommen war, ließ sich das seltsame, wilde erregende Rütteln und Rumpeln nicht verwechseln, und ich stürzte aus meiner Hütte in der Nähe des Sentinel Rock, froh und voller Angst zugleich, und rief: ›Ein nobles Erdbeben!‹ Ich war sicher, dass ich etwas lernen würde. Die Stöße waren so heftig und verschieden und folgten so dicht aufeinander, dass man beim Gehen das Gleichgewicht suchten musste wie auf einem Schiffsdeck umgeben von Wellen, und es schien unmöglich, dass die hohen Klippen dem Zerbersten entkommen könnten. Vor allem fürchtete ich, dass der steile Sentinel Rock, der dreitausend Fuß in die Höhe stieg, umgestoßen würde, darum suchte ich Zuflucht hinter einer großen Kiefer in der Hoffnung, dass sie mich vor abgehenden Felsbrocken schützt, sollten einige so tief herabkommen. Nun war ich überzeugt, dass ein Erdbeben der Verursacher der Schuttkegel war, und der Beweis folgte bald. Es war eine stille, mondhelle Nacht, und in den ersten ein, zwei Minuten hörte man keinen Laut außer einem tiefen, dumpfen, untergründigen Grollen und einem leichten Rascheln in den aufgewühlten Bäumen, als hielte die Natur beim Kampf mit den Bergen ihren Atem an. Dann drang aus der seltsamen Stille und merkwürdigen Bewegung plötzlich ein gewaltiges Brüllen. Ein kleines Stück das Tal hinauf hatte der Eagle Rock nachgegeben, und ich sah ihn in tausend jener großen Felsbrocken fallen, die ich so lange studiert hatte, sie ergossen sich in weitem Bogen über den Talgrund, leuchtend von der Reibung, und führten ein schrecklich erhabenes und schönes Schauspiel auf — ein Feuer, das fünfzehnhundert Fuß überspannte, in Gestalt und Dauer einem Regenbogen gleich, inmitten des gewaltig brüllenden Felssturms. Das Geräusch war unvorstellbar tief und breit und ernst, als hätte die Erde wie ein lebendes Wesen schließlich eine Stimme gefunden und würde ihre Geschwister-Planeten rufen. Mir schien, wenn alle Donner, die ich bisher gehört hatte, zu einem Gebrüll komprimiert wären, dann gliche es nicht diesem Felsgetöse bei der Geburt eines Gebirgsschuttkegels. Welch ein Dröhnen stieg in den Himmel, als all die tausend alten Cañon-Kegel im gesamten Gebirge simultan entstanden waren!

Der stärkste Sturm war bald vorüber, und weil ich neugierig war, den neugeborenen Talus zu sehen, lief ich im Mondschein das Tal hinauf und erklomm es, bevor die riesigen Blöcke nach ihrem wilden feurigen Flug endgültig zur Ruhe gekommen waren. Langsam ließen sie sich nieder, aneinander reibend und raspelnd, stöhnend und flüsternd. Doch es war keine Regung erkennbar, außer in einem Strom kleiner Fragmente, die am Kopf des Talus den Hang herabprasselten. Eine Staubwolke — die winzigsten aller Felsbrocken — wallte über die gesamte Breite des Tals und bildete ein Dach, das sich bis nach Sonnenaufgang hielt; und die Luft war schwanger vom Geruch zersplitterter Douglasien aus einem Wald, der gemäht und geplättet wurde wie Gras.

Ich streunte umher, weil ich sehen wollte, welche anderen Veränderungen sich ergeben hatten. In der Mitte des Tales fand ich die Indianer, die natürlich furchtbar verängstigt waren und fürchteten, dass die bösen Felsgeister sie zu töten versuchten. Die wenigen Weißen, die im Tal überwinterten, hatten sich vor dem alten Hutchings Hotel versammelt, sie tauschten ihre Meinungen aus und erwogen, auf festeren Boden zu fliehen, anscheinend ebenso zutiefst verängstigt wie die Indianer. Es ist stets interessant, todernste Leute zu beobachten, aus welchen Gründen auch immer, und ein Erdbeben macht jeden ernst. Kurz nach Sonnenaufgang folgte auf ein tiefes mattes dumpfes Rumoren eine weitere Reihe von Erdstößen, die nicht annähernd so stark wie die ersten waren, aber die Klippen und Kuppen trotzdem wie Gelee wackeln ließen; und die großen Kiefern und Eichen zitterten und raschelten und flatterten schauerlich mit ihren Ästen. Plötzlich schwiegen die Schwätzer, und der feierliche Ernst auf ihren Gesichtern war voll Ehrfurcht. Vor allem einer dieser Winter-Nachbarn, ein recht nachdenklicher, grüblerischer Mann, mit dem ich mich oft unterhalten hatte, glaubte fest an einen katastrophischen Ursprung des Tales; und nun machte ich die scherzhafte Bemerkung, dass seine wilde Einsturz-und-Versenkungs-Theorie vielleicht bald bewiesen sei, da dieses Grollen und Schüttern im Untergrund die Vorboten einer weiteren Yosemite-Katastrophe wären, die wahrscheinlich die Tiefe des Tales verdoppelte und den Grund verschlänge, wodurch die Enden der Straßen und Wege drei- bis viertausend Fuß in der Luft hingen. In diesem Moment kam eine zweite Reihe von Stößen, und es war sehr hübsch zu sehen, wie entstetzlich still und ehrfürchtig er wurde. Sein Glaube an die Existenz eines geheimnisvollen Abgrunds, in welchen der schwebende Talboden und alle Kuppeln und Zinnen der Wände in jedem Augenblick hinabdonnern könnten, setzte ihm gewaltig zu. Um ihn aufzuheitern und auf einen anderen Blickwinkel neugierig zu machen, sagte ich: ›Kommen Sie, Kopf hoch! Lächeln Sie ein wenig, klatschen Sie in die Hände, jetzt wo die gute Mutter Erde uns auf ihren Knien schaukelt, um uns zu amüsieren und zu bessern.‹ Doch der gutmütige Scherz schien respektlos und vollkommen misslungen, als könne nur andächtige Furcht rechtens zu dem wilden schönheitsgestaltenden Unternehmen gehören. Selbst nachdem die stärkeren Stöße vorüber waren, konnte ich nichts tun, um ihn zu beruhigen. Im Gegenteil, er händigte mir die Schlüssel seines Kramladens aus und floh mit einem gleichgesinnten Kameraden ins Flachland. Nach etwa einem Monat kehrte er zurück; doch an genau jenem Tag ereignete sich ein scharfer Stoß, so dass er abermals floh.

Mehr als zwei Monate lang bebten die Felsen beinahe jeden Tag, und ich stellte mir einen Wassereimer auf den Tisch, um möglichst viel über die Bewegungen zu erfahren. Meist folgten dem dumpfen

Donnergrollen in den Tiefen der Berge plötzlich ruckende, horizontale Stöße aus nördlicher Richtung, danach sich drehende, holpernde Bewegungen. Gemessen an den Auswirkungen war dieses Yosemite- oder (wie es zuweilen genannt wird) Inyo-Erdbeben zahm im Vergleich zu dem Einen, das dieses große Talus-System entstehen ließ und so viel für die Cañonlandschaft getan hat. Die in ihrem Handeln meist sehr umsichtige Natur schuf damals eine Reihe neuer Strukturen, indem sie den Bergen einfach einen Stoß versetzte — der nicht nur die Gipfel und Steilhänge, sondern auch die Flüsse veränderte. Sobald diese Steinlawinen abgingen, begannen alle Flüsse neue Lieder zu singen; denn an vielen Stellen wurden Felsbrocken in ihre Betten geschleudert, die sie aufrauhten und halbwegs stauten, so dass das Wasser gezwungen war, dort in Schnellen zu wogen und zu brüllen, wo es zuvor sanft dahinglitt. Einige der Flüsse wurden vollständig aufgestaut, Treibholz, Blätter usw. füllten die Lücken zwischen den Steinen und ließen Seen und ebene Wasserläufe entstehen; und diese wiederum, allmählich aufgefüllt, sanfte Wiesen, durch die nun die Flüsse leise sich schlängeln. Und zur selben Zeit nahmen einige Schuttkegel die Plätze der früheren Wiesen und Wälder ein. Auf diese Weise werden rauhe Ort glatt und glatte Orte rauh. Insgesamt jedoch wurden die Landschaften durch das, was auf den ersten Blick reine Konfusion und Zerstörung schien, bereichert; denn allmählich bedeckten Haine und Gärten jeden Schuttkegel, ganz gleich wie groß die Felsen waren, aus denen er bestand, und bildeten eine fein proportionierte und schmuckvolle Basis für die Steilklippen. In diesem Werk der Schönheit ist jeder Felsblock sorgfältiger zugerüstet und abgemessen und eingefügt als die Steine in Tempeln. Wenn du für einen Moment dazu neigst, diese Schuttkegel als schlampige, chaotische Halden zu betrachten, dann klettere auf einen hinauf, knote deine Bergschuhe fest überm Spann zusammen, lauf mit angespannten Nerven ohne feilschendes, schwankendes Zaudern hinab und spring in gleichmäßigem Tempo von einem Stein zum nächsten. Du wirst dann bemerken, dass deine Füße eine Melodie spielen, und rasch die Musik und Poesie der Geröllhaufen entdecken — eine schöne Lektion; und jede Wildnis der Natur erzählt dieselbe Geschichte. Stürme aller Arten, Sturzfluten, Erdbeben, Umwälzungen, ›Konvulsionen der Natur‹ usw., wie mysteriös und regellos sie auf den ersten Blick auch scheinen mögen, sind nichts anderes als Harmonien im Gesang der Schöpfung, verschiedene Ausdrücke der Liebe Gottes.«

68 AUDUBON UND WILSON: John James Audubon (1785–1851), französisch-amerikanischer Ornithologe und Naturschriftsteller, Hauptwerk: *The Birds of America*, erschienen zwischen 1827 und 1838; Alexander Wilson (1766–1813), schottisch-amerikanischer Dichter, Maler und Ornithologe.

69 SWAINSON: William John Swainson (1789–1855), englischer Zoologe, benannte den Vogel 1827 in *A Synopsis of the Birds Discovered in Mexico by W. Bullock, F. L. S., and H. S., Mr. William Bullock*, Philos. Mag. (New Series) 1: 364–369, 433–442.

70 DRUMMOND: Thomas Drummond (1790–1835), schottischer Naturforscher, der im August 1825 am Athabasca River botanisierte.

71 PROFESSOR BAIRD: Spencer Fullerton Baird (1823–1887), amerikanischer Ornithologe und Ichtyologe, Assistent und später Direktor der Smithsonian Institution

in Washington, D.C. — Die entsprechende Passage wurde von Muir nicht ganz korrekt zitiert.

72 CUVIER: In *Das Thierreich eingeteilt nach dem Bau der Thiere ...* (dt. 1821) schreibt Georges Cuvier (1769–1823) allerdings: »Das Thier [= der amerikanische Argali] lebt auf den hohen Gebirgen von Nordamerika. Ob es aus der alten Welt herüber gekommen, ist doch wohl zweifelhaft?«

73 WO ICH SELBST VIELE IHRER HÖRNER GESEHEN HABE: Vermutlich auf der Reise 1881 nach Alaska und auf die Aleuten (vgl. *The Cruise of the Corwin*, posthum 1917).

74 PATER PICOLO: Francisco María Piccolo (1654–1729), jesuitischer Missionar, entdeckte das Dickhornschaf 1697; der mexikanische Jesuit Miguel Venegas (1680–1764) publizierte Piccolos Bericht in seinen *Noticia del la California* (1757) erneut, zusammen mit der frühesten bekannten bildlichen Darstellung des Tiers.

75 MACKENZIE: Alexander Mackenzie (1764–1820), schottischer Entdecker, erfuhr auf seiner Reise von 1789 nur mündlich durch die kanadischen Indianer vom »small white buffalo«, sah selbst jedoch kein Exemplar; vermutlich war die Bergziege (*mountain goat*), nicht das Schaf gemeint; auch Meriwether Lewis (1774–1809) und William Clark (1770–1838) erlagen bei ihrer Durchquerung des Kontinents konsequent diesem Irrtum: »the Indians inform us that there is an abundance of the Mountain Sheep, or what they Call white Buffalow on those Mountains« (*Journals*, 27. Juni 1806). Zu Muirs Zeiten war diese Verwechslung allerdings noch nicht hinlänglich bekannt.

76 TRITTSICHERHEIT: wörtlich »gripping powers«, also soviel wie: Griffkräfte.

77 BERGZIEGE DER ROCKY MOUNTAINS: Die Schneeziege oder Bergziege (*Oreamnos americanus*) ist trotz des Namens näher mit den Gämsen (*Rupicapra*) als mit den Ziegen (*Capra*) verwandt.

78 BLAUES BLEI: »In die Schuttanhäufungen der Zuflüsse [des Sacramento und San Joaquin] gelangte das Gold aus Schotterablagerungen eines längst nicht mehr bestehenden mächtigen Stromes, der in einem alten Thale fast 2000 m hoch verlief. Diese älteren Schotterablagerungen, ihrer bläulichen Farbe wegen »Blue Lead« (»Blauer Gang«) genannt, stellen die eigentlich ›secundäre‹ Ablagerung vor, und sie erhielten ihr Gold direct aus der Sierra Nevada. Die betreffenden Ablagerungen wurden weithin durch junge vulcanische Ausbruchsmassen überdeckt und dadurch vor dem allgemeinen Abtrag geschützt. Jener alte Strom lag im Gebiete der über dem Granitkerne des Hochgebirges lagernden, von den das Gold führenden Quarzgängen durchsetzten Schiefergesteine, den primären Lagerstätten des californischen Waschgoldes.« (Franz Toula, *Über den neuesten Stand der Goldfrage*. Vortrag, gehalten den 22. Februar 1899, S. 474f.)

79 IM HYDRAULISCHEN VERFAHREN: Bei der hydraulischen Methode wurden ganze Berghänge durch Wasserstrahlen mit hohem Druck beseitigt, wodurch z. B. das Sacramento Valley verschlammte und die Entwässerung zerstört wurde, sehr zum Unwillen der Farmer, die in den 1870er und 1880er Jahren erfolgreich dagegen protestierten.

80 BRET HARTE, HAYES UND MILLER: Bret Harte (1836–1902), amerikanischer Schriftsteller und Herausgeber, bekannt für seine Geschichten aus dem kalifornischen Goldgräbermilieu; Augustus Allen Hayes,

Jr. (1837–1892), Autor u. a. von *New Colorado and the Santa Fe Trail*; Joaquin Miller (1837–1913), eigentlich Cincinnatus Hiner Miller, genannt »Poet of the Sierras«.

81 MICAWBER-GLEICHES WARTEN: In Charles Dickens' Roman *David Copperfield* wartet der mittellose Wilkins Micawber stets darauf, dass sich »irgendwas ergibt«.

82 AUF SEINEM STUMPF ZU TANZEN: Der 1300 Jahre alte sogenannte »Discovery Tree« wurde 1852 erstmals von einem Weißen gesichtet und bereits ein Jahr später von fünf Männern in fünfundzwanzig Tagen gefällt. Berühmte zeitgenössische Abbildungen zeigen, wie »a cotillion party of thirty-two persons« auf dem Stumpf tanzt; nach Samuel Kneeland war er »large enough to accommodate four sets of quadrilles« (1872).

83 HAUBEN: Die Kalyptra ist bei Moosen eine Haube zum Schutz der Sporenkapsel.

84 WOODWARDIA UND ASPIDIUM: Kettenfarn und Schildfarn.

85 ADENOSTOMA FASCICULATA: Strauchige Scheinheide.

86 CHAMAEBATIA FOLIOLOSA: Kalifornische Fiederspiere.

87 HYBLA UND DEN GLÜHENDEN HYMETTOS: »Besonders berühmt ist der Honig vom Berge Hybla in Sicilien und der vom Berge Hymettus in Attika.« (*Brockhaus Conversations-Lexikon*, Leipzig 1838)

88 WIE DIE LILIEN ARBEITEN SIE NICHT: Anspielung auf Matthäus 6:28.

89 WEISSER SALBEI: Heute *Salvia apiana*, auch Räuchersalbei, weil von den Indianern als Räucherwerk verwendet.

90 WILDEN BUCHWEIZENS: *Eriogonum*, eine Spezies der Bedecktsamer, die zur Familie der Knöterichgewächse gehört und in Nordamerika als Wilder Buchweizen bekannt ist, hier wohl *Eriogonum fasciculatum*.

91 J. T. GORDON: John T. Gordon, am 18. August 1873 auf der Gründungsversammlung in El Monte zum Präsidenten der Bienenzüchtervereinigung von Los Angeles gewählt.

92 CHEVAUX DE FRISE: Spanischer oder Friesischer Reiter, an einer Querstange befestigte, x-förmig angeordnete spitze Hölzer, die seit dem Mittelalter als Barrieren eingesetzt wurden.

93 GOLDSCHUPPIGE EICHE: *Quercus chrysolepis*, auch Immergrüne Canyoneiche bzw. Goldbechereiche.

94 TOFETISATION: Ein Neologismus Muirs, der sich auf die in 2. Könige 23:10 und Jeremia 7:31 erwähnte Opferstätte Tofet bezieht, in der wahrscheinlich rituelle Verbrennungen vollzogen wurden.

Abbildungsverzeichnis

SEITE 238 Eadweard Muybridge, *Tutokanula. Valley of the Yosemite. (The Great Chief) »El Capitain.« Reflected in the Merced.* No. 11, 1872. The Bancroft Library, University of California, Berkeley. BANC PIC 1962.019:11–ffALB

SEITE 251 Eadweard Muybridge, *Valley of the Yosemite. Early Morning from Moonlight Rock.* No. 2, 1872.

SEITE 257 Eadweard Muybridge, *Summit of the Lower Yo-semite Fall at Low Water,* 1867. Iris & B. Gerald Cantor Center for Visual Arts, Stanford University; Elizabeth K. Raymond Fund. JLS.19747

SEITE 281 Eadweard Muybridge, *Falls of the Yosemite. (Great Grizzly Bear.) 2600 Feet Fall.* No. 23, 1872.

SEITE 306 Eadweard Muybridge, *The Pompoms. Valley of the Yosemite. (The Jumping Frogs) »Three Brothers.« 4300 Feet High.* No. 12, 1872. The Bancroft Library, University of California, Berkeley. BANC PIC 1962.019:12–ffALB

SEITE 312 John Muir, fotografiert von Helen Lukens Jones, 1902. Library of Congress, Washington. LC-USZ62-52000

John Muir, 1838 in Dunbar, Schottland geboren, studierte Biologie und Geologie, betätigte sich als Erfinder, Schäfer und Schriftsteller. Der schottisch-US-amerikanische Universalgelehrte gilt als einer der frühesten Anwälte der Nationalparkidee und entwickelte sich im Laufe seines Lebens vom Naturforscher zum Naturschützer. Muir starb 1914 in Los Angeles.

Jürgen Brôcan, geboren 1965, ist Autor, Literaturkritiker und Übersetzer u. a. von Walt Whitman, Marianne Moore und Robinson Jeffers.

Matthes & Seitz Berlin · Paperback · 036

Erste Auflage dieser Ausgabe 2021

Göhrener Str. 7, 10437 Berlin
info@matthes-seitz-berlin.de
Die deutsche Übersetzung folgt der Ausgabe von
The Library of America: John Muir, *Nature Writings* © 1997,
Literary Classics of the United States, Inc., New York.

Satz: Pauline Altmann, Berlin
Umschlaggestaltung: Pauline Altmann, Berlin
Druck und Bindung: GGP Media GmbH, Pößneck
ISBN 978-3-95757-965-2
www.matthes-seitz-berlin.de